김성호가 이야기하는 축산물 유통

김성호 지음

이 시대를 함께 살아가는 유통인(流通人)을 위하여
축산물 유통에 관한 소통, 공감, 나눔의 한마당

군자출판사

축산물 유통

첫째판 1쇄 인쇄 | 2014년 2월 5일
첫째판 1쇄 발행 | 2014년 2월 10일

지 은 이 김성호
발 행 인 장주연
표지디자인 김민경
편집디자인 수디자인
출 판 기 획 노미라
발 행 처 군자출판사
등 록 제 4-139호(1991. 6. 24)

본 사 (110-717) 서울특별시 종로구(창경궁로 117) 인의동 112-1 동원회관 B/D 6층
Tel. (02) 762-9170 Fax. (02) 764-0209

www.koonja.co.kr

*파본은 교환하여 드립니다.
*검인은 저자와의 합의 하에 생략합니다.

ISBN 978-89-6278-842-6

정가 18,000원

"보고싶은 아버지 김재일, 존경하는 아버지 곽병호,
드넓은 자애로움 어머니 권경자, 끝없는 사랑 배순임,
그리고 함께하는 아내 서희와
아들 영록, 영탁, 치형에게"

추천글

"우리나라 축산물 유통실태에 대해 실무자로서 고민한 사항들이 녹아있어 축산물품질평가원이 펴낸 축산물 유통실태 보고서나 한국의 축산물 유통 책자와 함께 보면 더할나위 없이 좋겠다. 축산물 유통에 관심이 있는 국민이라면 꼭 읽어보길 권한다."

– 허영 축산물품질평가원 원장

"저자는 수년 동안 축산물유통의 현장을 누비면서 수많은 유통인을 만나고 조사하면서, 또 매년 저자가 몸 담고 있는 축산물품질평가원에서 발간하는 '축산물 유통실태' 작성에 주도적 역할을 하면서 쌓은 역량을 이 책을 통해 온전하게 발휘하였다. 이 책은 축산물유통의 살아있는 현장 실태와 다양한 국내외 사례, 소비자의 올바른 축산물 고르는 법, 축산물유통 발전을 위한 정책 제언 등을 실감나게 다루고 있다.

이 책은 축산물유통에 대한 이해를 높이고자 하는 독자들에게 더없이 필요한 책이다.

– 이정희 교수(중앙대 경제학부 교수, 前 한국유통학회 회장)

"축산물 유통은 축산물의 특성과 더불어 유통 현장의 상황을 잘 알아야 하고, 품질 및 안전성에 관한 법률이나 규정의 변화도 잘 파악하여야 전반적인 이해가 가능하다. 그 동안 이론과 현장의 흐름을 정확히 꿰뚫고 있는 전문가가 적다보니, 이런 해설서나 지침서가 매우 부족하였다. 축산물품질평가원 김성호 차장은 이 분야 최고의 전문가라고 할 수 있는데, 이번에 아주 훌륭한 내용의 축산물유통 전문서적을 펴내게 되어 축산농가는 물론 이 분야를 공부하는 학생들에게 아주 소중한 길잡이가 될 것으로 생각한다."

– 이병오 교수(강원대학교 농업자원경제학과, 前 한국축산경영학회장)

"우선 내용을 보면서 한마디로 참신하다는 생각을 하였다. 이처럼 이론에 얽메이지도 않으면서 결과적으로는 이론에 충실한 그러면서도 축산물 유통의 현실을 이처럼 실감나게 다룬 책은 아직 본적이 없기 때문이다. 요즘 화두로 떠오르는 창조경제가 바로 이런 게 아닐까? '생각의 차이가 품질의 차이'라는 말로도 대변할 수 있겠다. 항상 모든 일에 열정을 가지고 임하는 김성호 박사 다운 책이다."

– 허덕 한국축산경영학회 수석부회장

"아마도 축산분야에서 김성호 작가만큼 축산물 유통의 "필요성과 불편한 진실"이라는 어려운 문제를 쉽고 구수하게 풀어내는 사람은 없을 것 같다. 축산물 유통이라는 "별로 멋없는 주제"임에도 불구하고, 읽기 시작하면 손에서 내려놓지 못하게 아주 간결하고 핵심만 누구든지 쉽게 이해가 되도록 쓰여 있다. 아마도 가까운 시일 내에 축산분야의 필독도서가 되지 않을까?"

– 김민경 교수 건국대학교 동물생명과학대학

"국민소득의 증가로 건강에 대한 관심이 고조되고 있으며, 매스컴에서는 건강을 주제로 한 프로그램들이 많아지는가 하면 육류에 대한 이야기들이 심심찮게 오르내린다.

그 동안 저자가 들인 고기에 대한 관심과 열정이 이제 세상 밖으로 나와 많은 분들에게 읽혀진다고 생각하니 기쁘기 그지 없다. 유익한 정보들이 전달되었을 때 축산업과 육류의 질이 향상될 것으로 기대되는데, 이 책을 통해 한 걸음 더 나아갈 수 있다고 자신한다."

– 이오형 한국축산컨설팅협회 회장

“맛있고 값싼 쇠고기는 어디서 구입할 것인가?, 생산자, 유통업자, 소비자 모두에게 이익이 되는 축산물 유통문제해결 방안은 있을까?, 축산물 해외수출 확대 전략은 어떻게 세울 것인가?

이러한 의문을 풀고 싶다면 이 책을 읽어야 한다. 이 책은 축산물 유통에 관한 기본적인 이야기, 전문적인 정보, 최근의 이슈까지 모두 망라하고 있다. 또한 축산물 유통의 세계를 스토리텔링 방식으로 서술하고 있어서 마지막까지 재미있게 읽을 수 있다. 풍부한 축산현장 경험과 열정이 녹아있는 저자의 예리한 통찰력은 축산물 유통문제를 고민하는 우리 모두에게 해결의 실마리를 제공한다. 자신 있게 권한다!”

– 황명철 농협경제연구소 축산경제연구실장

“화성에서 온 듯 ‘적당히’라는 한국말을 알아듣지 못하는 공무원, 축산물품질평가원의 김성호라는 유통 마케터는 괴물 투수 류현진처럼 온 힘을 다해 자신의 신념을 전력 투구한다. 자나 깨나 유통만 생각하고 끊임없이 변화를 고민하는 그와의 만남은 공무원에 대한 나의 고리타분한 관념도 180도 바꾸어버렸다.

오직 대한민국의 유통과 축산강국의 실현을 꿈꾸는 한 사람의 순수한 열정이 고스란히 녹아 담긴 뜨끈뜨끈한 이 책을 갖고 있는 것만으로도 맘이 행복해진다.”

– 이일석 ㈜카길애그리퓨리나 양돈마케팅 이사

“축산물 유통과 관련해 누구나 이해하기 쉽게 글을 쓰는 것은 참 녹록지 않다. 우선 저자의 다양한 현장경험과 진솔함이 인터넷 블로그라는 소통의 장을 통해 한 권의 책으로 나온 것을 반기며, 이 책은 축산업계 종사자는 물론 축산물 및 유통에 대한 각종 정보를 얻고자 하는 일반 독자도 충분히 흥미를 갖고 대할 만하다.” **– 홍정민 농수축산신문 기자**

"축산물 유통을 취재하는 기자의 입장에서 이 책은 참으로 고마운 책이다. 축산물 유통 사용설명서라고 해야 할까? 누구나 고기를 즐기고 먹으면서도 도축 · 가공 · 유통 과정은 알기어렵거나 쉽게 알 수 없는 음지라고 생각하는데, 수십년간 계속 이어져온 문제인 축산물의 오해와 진실을 치우침이나 소홀함없이 담대하게 말하고 있다. 막상 쉬워보이지만 속을 알 수 없는 축산물 유통을 파헤쳐 뜨끔하게 만드는 책이다"

– 김은희 축산신문 기자

"축산물에 대한 궁금한 사항을 백과사전 처럼 일목요연하게 잘 정리하였으며, 축산업에 대한 감각적인 편집으로 축산물 유통을 이해하는데는 최고의 저서. 특히, 생생한 현장의 목소리를 듣고 명확한 진단과 처방을 제시함에 활용도가 높을 것으로 생각된다."

– 민배근 한국농수산식품유통공사 수급관리처 차장

"우리는 살아가면서 꼭 알아할 사실들이 있다. 그리고 그 사실들을 파악하는데 있어 실태만큼 중요한 것이 없다. 축산물 유통을 모르고서야 자기가 키운 돼지 한 마리의 가치를 평할 수 있을까!

이 책에는 이 시대를 살아가는 축산인에게 전하여 공감하고 나눌 이야기들이 가득하다.

– 이병석 한돈협회 홍보팀장

머리말

멀게만 느껴지던 이야기, 함께 할 때 좀 더 나아지지 않을까 하는 기대감, 그럼그렇지 뭐 별거 있어 할 수 있는 담대한 말들, 그래도 기대에 부응하려는 노력

살아가면서 누구나 한 번쯤 욕심을 부린다. 꿈을 꾼다.

꿈을 꾸는 이에게, 좀더 나아가려고 노력하는 분들에게 이 글이 도움이 되길 바라면서,

김성호

차 례

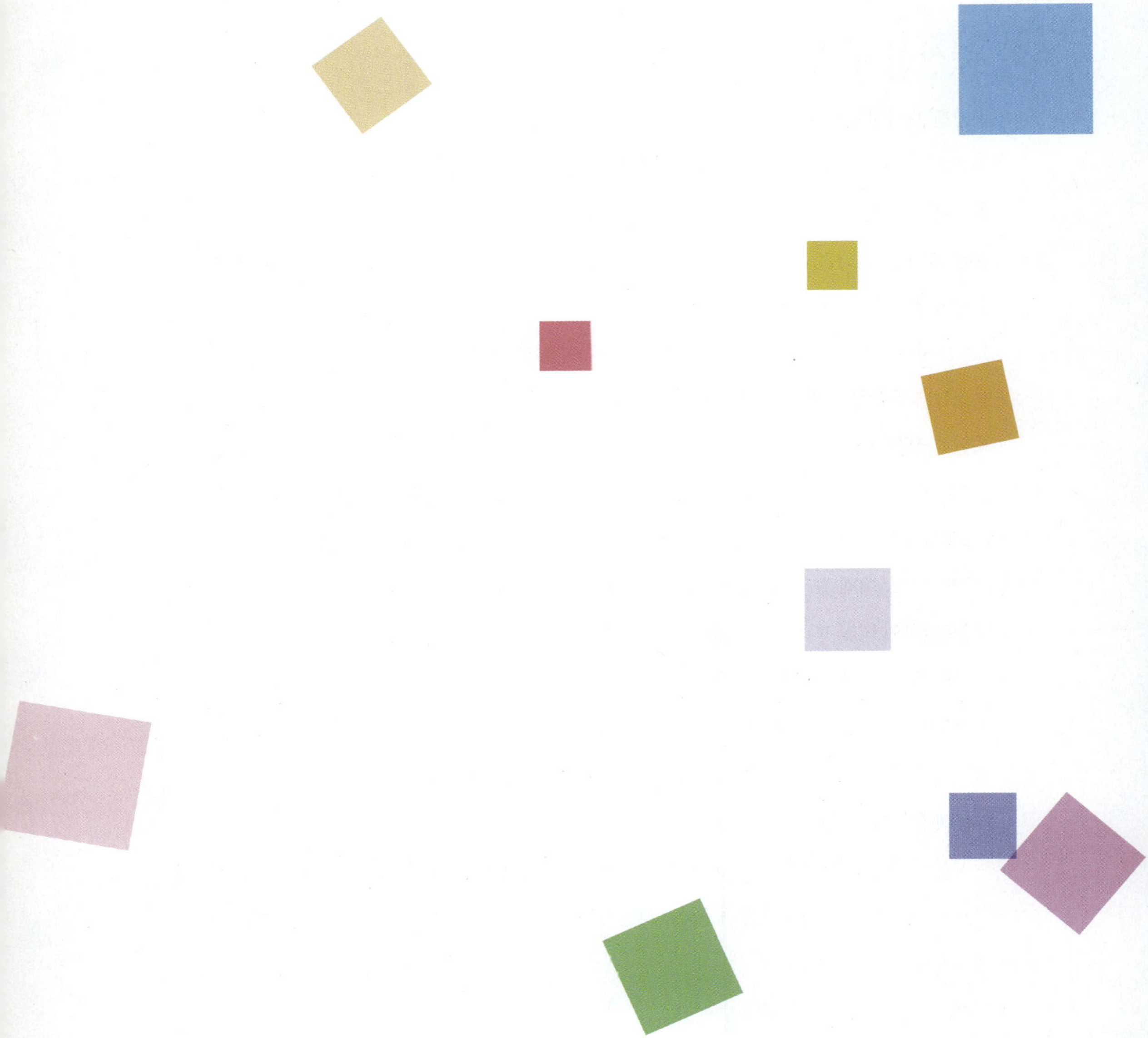

김성호가
이야기하는

축산물 유통

1화. 나는 유통인이다.

나는 '유통인' 이다.

2013.02.04 16:45 http://blog.daum.net/meatmarketing/589

갈수록 쪼들리고 지치고 힘들어지는 바로 그 "유통인" 이다. 물론 나만 힘든 것은 아닐 것이다. 모두가 힘든 이때, 나를 우울하게 하는 소식을 자주 접하다 보니 가슴에 병이 생겼다.

유통이 폭리'를 취한다고 난리다. 농가는 힘들어 죽겠다는 일색이고, "나"만 문제라고 지적한다. MBN(2013.1.30), 한국일보(2013.1.30), 세계일보(2012.11.7), 경향신문(2012.11.7), 한겨레(2012.10.22) 등

처음에는 나도 농가의 어려운 사정에 "저런 저런.. 딱하지.." 하고 그 처지를 동정했다. 물론 내 처지려니 하는 마음에서다.

OO일보 2012년 11월 2일, OO일보 사회면

한우·돼지·닭 등 가격 뚝.... 축산농가 시름

한 번은 좋았다. 두 번째도 그러려니 했다. 그런데, 이젠 아주 상습적이다.

"도대체 왜 나만 문제라고 하지?"

자주 듣다보니 나도 궁금해졌다. 내가 하긴 너무 못나긴 못났지 한다. 그런데, 궁금해졌다. "도대체 내가 유통시키는 비용이 얼마여야 적당한 것이기에 그렇게나 문제라고 할까?"

나는 지난 가을 칠레를 방문했을 때, 아그로수퍼의 또다른 "나"와 만난 자리에서 물어보았다.

"도대체 너는 돼지를 얼마에 파니?", "돼지를 키워서 파는데까지 얼마나 드니?"

처음에는 뭐 이런 놈(?)이 다 있나 하다가도, 처지가 딱해 보였던지 알려준다. "나는 돼지를 키워서 파는데 딱히 얼마나 드는지 따져보지는 않았지만,

대충 돼지 1kg 수출 시 생산에 1.2달러, 도축패킹작업에 1.0달러, 선박에 0.8달러 정도 하지"

답변이 깔끔하다. 칠레 아그로수퍼는 대형 축산기업으로 생산부터 도축, 패킹, 운송, 수출, 판매까지 모두 일관체계로 경영하기 때문에 나와 그대로 맞추기에는 한계가 있겠지만, 그래도 비교는 해 볼만 할테다.

한국에 들어오는데 총 비용 3달러 중에서 생산비용은 40% 정도를 차지했다. 그리고, 이제는 칠레 보다는 아주 가까이에 있는 일본 전농 친구에게 물어보았다.

"이봐, 자네는 쇠고기와 돼지고기를 생산하고 유통시키는데 얼마나 들지?"

그랬더니, 자료를 보내주었다. 생산비, 수수료, 도축비, 가공비, 소매비 등으로 구성되어 있는데, 쇠고기 소매가격 1,000엔/팩에는 생산비가 547~555엔, 돼지고기의 경우에는 생산비가 461~469엔으로 나와있었다. 즉, 쇠고기 1팩에는 생산비가 54.7~55.5%, 돼지고기 1팩에는 생산비가 46.1~46.9%이라는 말이다.

자, 정리해보자. 칠레에 있는 친구나 일본에 있는 친구들은 유통비용으로 46~60% 정도를 쓰고 있다. 그것이 타산이 맞으니까 몸집이 자꾸 커질테지.

이제 그럼, "나"는 유통비용이 얼마였더라. 도대체 얼마 였기에 자꾸만 귀찮게 구는지 따져보았다.

국내 5대 농축산물 총소비액과 유통비용

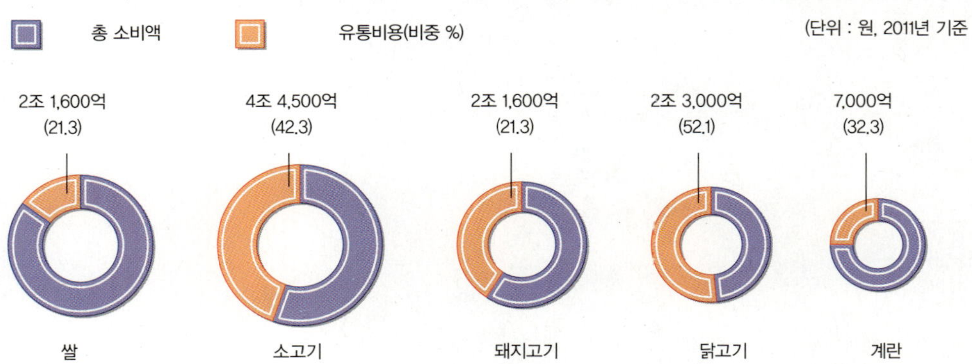

최근 기사(한국일보, 2013.1.30일자)를 보니, 내가 쓴 유통비용이 쇠고기 42.2%, 돼지고기 38.9%, 닭고기 52.1%, 계란 32.3%로 나와있었다.

내가 쓰고 있는 유통비용이 높은 것일까? 낮은 것일까? 내가 폭리를 취하고 있을까? 아닐까?

나는 정말 기자의 말처럼 구조적인 문제를 안고 있을까?

당했다. 그런데, 다시 궁금해졌다. "진짜 내가 쓴 유통비용이 이것 밖에 안되나?"

'유통'은 생산농가와 달리, 출하된 상품을 소비자가 원하는 신선품의 기준에 맞게 가장 신속하고도 안전하게 전달하기 위해 최적화된다. 그것이 공동체 속에서 살아남기 위한 방편이다. 비용을 절감하기 위해 '유통인'들은 자기들끼리 경쟁하고 때론 이기기도 하고 때론 지기도 하면서 기뻐하다가도 울면서 발전해 왔다. 아마도 누구 못지않게 치열하게 싸웠을테다.

'유통구조가 복잡한 것'은 소비자의 요구가 다양하기 때문이다.

바라는 것이 있다면, '유통비용'을 단순히 수치로 계산해서 '유통구조 개선'을 외치지는 말자. 그냥 유통구조를 좀더 합리화해서 비용을 절감하겠다고 하자. 그러면 족하다. 소비자는 봉이 아니다. 더이상 소비자에게 불안감을 심어주지말자.

몇 가지 샘플로 단순 평균해서 나타낸 수치로 전체 현상을 이해하려는 우(愚)를 더이상 벌이지 말았으면 좋겠다.

■대형축산기업의 돼지고기 작업모습

우리나라 한우 유통

2013.01.07 13:54 http://blog.daum.net/meatmarketing/531
축산신문, 미트매거진에 게재

한우는 대체로 2~4단계로 유통되고 있으며, 도축장을 반드시 거쳐야 하는 구조다. 도축과정을 반드시 거쳐야 하므로 일반농산물에 비해 전문 유통주체가 요구되며 유통경로상 직거래와 로컬푸드로 소비하는데 한계가 있다.

출하 현황 – 경매 43.9%, 임도축 출하 56.1%

한우는 태어난 지 27개월부터 32개월 사이에 출하가 된다. 한우 사육두수는 '04년 1,473천두, '05년 1,633천두, '06년 1,841천두, 2007년 2,034천두, '08년 2,269천두, '09년 2,477천두, '10년 2,762천두, '11년 2,820천두, '12.6월 2,984천두로 매년 증가하고 있으며, 한우 농가수는 '04년 184천호로부터 '09년 169천호, '10년 166천호, '11년 158천호, '12.6월 151천호로 매년 감소하고 있으나 한우 호당 사육두수는 '12.6월 기준 19.7두로 전년 동기 대비 11.9%가 증가하고 있다.

한우는 도매시장·공판장에 직접 출하(18.4%)하거나 조합을 거쳐 계통출하(25.5%)를 하는 43.9%의 경매 출하형태와 정육점(25.1%), 식육포장처리업체(18.9%), 조합(12.1%) 등 유통주체가 임도축하는 출하형태를 보이고 있다.

'12.1~8월 기준 농가에서 도축장으로 생축이 이동하는 비율은 소 등급판정 두수 중 도축장 소재지가 아닌 타 시·도로 출하율이 51.0%로 전년 대비 9.7% 증가하였고, 지역별 도축장으로 유입되는 비율을 살펴보면 경북 18.5%, 충남 16.4%, 전남 14.0%, 경기 13.8%, 전북 10.8%, 경남 8.9%, 충북 7.5%, 강원 6.2%, 울산 1.0%, 대구 0.9%, 인천 0.8%, 제주 0.6%, 대전 0.2%, 광주 0.2%, 서울 0.1%, 부산 0.1% 순으로 나타났다.

전국에 소 가축거래상인은 약 966명이 활동하는 것으로 추정되며 대형유통업체에 고정 납품을 하는 가축거래상인은 규모가 확대되어 기업화가 되는 반면 소규모 가축거래상인은 축소되는 상황이다. 한우 1마리 당 5만원 정도의 중개수수료를 받는다.

도축 현황 – 도매시장 8.6%, 공판장 47.4%, 일반도축장 44.0%

도축장은 설립 및 지원주체에 따라 기능별로 축산물도매시장, 축산물공판장, 일반도축장으로 구분하며, 규모에 따라 축산물종합처리장이 추가되는데, '12.1~8월 기준 축산물도매시장은 4개소로 쇠고기 유통의 8.6%를 도축하고 있으며 축산물공판장은 8개소로 쇠고기 유통의 47.4%를, 일반도축장은 58개소로 쇠고기 유통의 44%를 도축하고 있다. 축산물종합처리장은 7개소로 쇠고기 유통의 15.0%를 도축하고 있다.

한우의 도축두수는 '05년 391,302두, '09년 643,543두, '10년 603,300두, '11년 718,256두로 증감을 반복하고 있으며, '12.1~8월 기준 521,642두로 전년 동기 대비 15.5% 증가했다.

한우고기 평균경락가격(결합육 및 등외품 제외)은 '00년 9,700원/kg, '05년 14,552원/kg, '10년 16,036원/kg, '11년 12,782원/kg으로 가격의 오름세가 '11년 이후 내림세로 전환되고 있으며, '12.1~8월 기준 13,207원/kg으로 전년 동기 대비 3.1% 소폭 상승한 것으로 나타났다.

우리나라 소 출하형태 (단위 : 두, %)

구 분	1998	2005	2010	2011	2012.1~6	전년대비
경매	239,067	209,305	310,712	370,189	199,044	
(비율)	19.8	34.2	41.4	43.5	43.9	0.4
- 계통출하					115,451	
(비율)					25.5	
- 개별출하					83,593	
(비율)					18.4	
임도축	965,714	402,337	439,961	479,873	254,498	
(비율)	80.2	65.8	58.6	56.5	56.1	△0.4
- 조합					85,838	
(비율)					12.1	
- 식육포장처리업체					54,626	
(비율)					18.9	
- 정육점					114,034	
(비율)					25.1	
계	1,204,781	611,642	750,673	850,062	453,542	

자료 : 축산물품질평가원, 축산물 등급판정 통계, 계통출하 및 개별출하 비율은 전국 도매시장·공판장(12개소) 설문조사, '12.1~6월 기준

1인당 쇠고기 소비량

1인당 쇠고기 소비량은 '90년 4.1kg, '05년 6.6kg, '09년 8.1kg, '10년 8.8kg, '11년 10.2kg으로 꾸준히 증가하고 있으며, 쇠고기 자급률은 '09년 53.6%, '05년 48.1%, '09년 50.0%, '10년 43.2%, '11년 42.8%로 최근 다소 낮아졌다.

전국 축산물 전통시장

축산물 전통시장은 전국 8개 시·도에서 11개 시장이 운영되고 있으며 서울지역(3) 마장동, 가락동, 독산동, 경남지역(2) 어방동, 주촌면, 부산지역(1) 구포동, 광주지역(1) 양산동, 대전지역(1) 오정동, 인천지역(1) 가좌동, 전남지역(1) 예양리, 전북지역(1) 산외면에 위치하고 있다. 전국 쇠고기 유통물량의 18.7%가 거래되는 것으로 조사되었으며, 서울지역 쇠고기 유입물량 대비 약 55.6%가 전통시장을 통해 거래되고 있다.

쇠고기 유통비용 – 45.3%

'12년 쇠고기 유통경로별 유통비용은 45.3%로 전년대비 3.1%P 증가한 것으로 나타났으며, 소비자가격이 소폭 상승하였으나 판매 부진과 재고 부담으로 이윤은 감소한 반면, 직·간접비 부담이 증가하면서 유통비용 비율이 소폭 상승한 것으로 파악된다.

쇠고기의 대표적인 16개 유통경로 중 양축가에서 식육포장처리업체(우시장, 가축거래상인, 도축장 경유)를 거쳐 대형마트, 소비자로 가는 경로의 유통비용이 소비자가격의 48.8%~66.1%를 차지해 가장 높았으며, 양축가에서 식육포장처리업체(우시장, 가축거래상인, 도축장 경유)를 거쳐 정육점, 소비자로 가는 경로의 유통비용이 46.7%~54.6%로 다음을 차지했다. 다만, 유통경로상 유통비용은 유통주체의 경쟁력, 유통 거래물량, 물류체계, 유통주체간 관계, 계절적 요인 등 복잡한 상황 속에서 결정됨에 유의한다.

쇠고기 유통경로별 유통량

한우농가는 도매시장·공판장에 경매방식으로 43.9%(계통출하 25.5%, 개별출하 18.4%)를 출하하고, 정육점(25.1%), 조합(18.9%), 식육포장처리업체(12.1%) 등을 통한 임도축 방식으로 56.1%를 출하하고 있다.

출하된 한우는 도매시장·공판장에서 55.1%(경매 43.9%, 임도축 11.2%)가 도축되며 도축장에서 44.9%(LPC 11.3%, 일반 33.6%)가 도축되고 있다.

도축된 한우고기는 중도매인(43.9%)이 식육포장처리업체(18.8%), 정육점(15.5%), 조합(4.1%), 대형마트, 일반음식점 등으로 판매하고, 식육포장처리업체가 30.9%(중도매인으로부터 구입한 물량 18.8% 포함)를 일반음식점 5.3%, 대형마트 4.6%, 집단급식소 3.8%, 2차가공·기타 3.3% 등 순으로 판매하고 있다.

소매단계 판매현황을 보면, 정육점 48.1%, 조합 25.2%, 2차가공·기타 6.0%, 일반음식점 5.9%, 대형마트 5.1% 순으로 조사되었으며, 본 조사결과는 정육점·조합 등에서 일반음식점·집단급식소 등으로 2차 유통되는 물량은 배제되었음을 유의한다.

우리나라 소 및 쇠고기 유통경로별 유통량

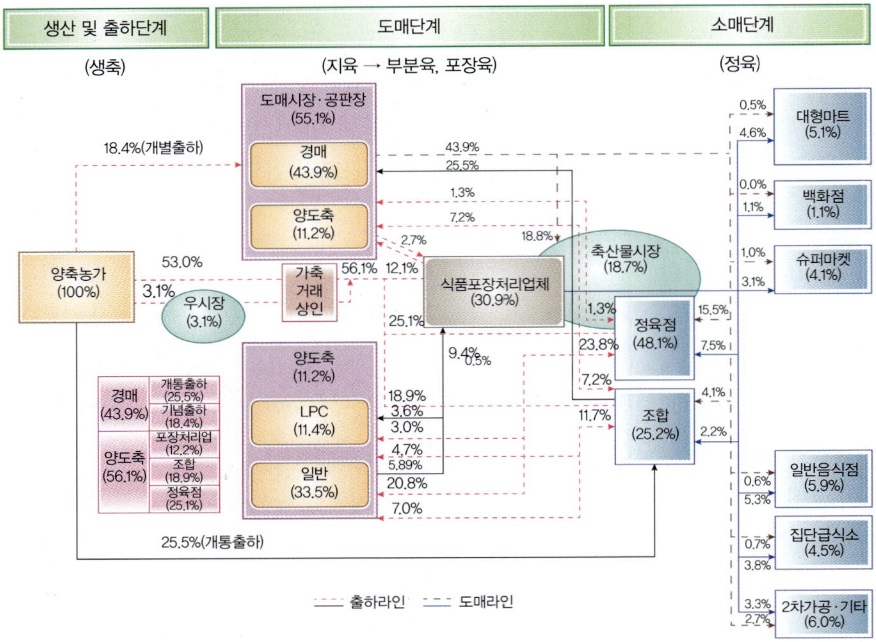

*유의 : 정육점·조합 등에서 일반음식점·집단급식소 등으로 2차 유통되는 물량은 배제

*자료 : 축산물품질평가원, 도매시장·공판장(12개소; 유통비중 100%), 식육포장처리업체(155개소; 유통비중 61.7%) 및 축산물시장(전국 11곳) 설문조사, 등급판정 통계(유통비중 86.8%), '12.1~6월 454천두 기준

우리나라 한돈 유통

2013.01.07 14:26 http://blog.daum.net/meatmarketing/532

축산신문, 미트매거진, 월간피그에 게재

돼지고기는 불포화지방산이 많아 혈관 내 콜레스테롤의 축적을 방지하여 혈류를 왕성하게 하고, 비타민 B1, B2, E가 풍부하여 탄력있는 피부 유지 및 인과 칼륨이 많아 성장기 아이에게 너무나 좋은 식품이다.

한돈은 대체로 2~4단계로 유통되고 있으며, 도축장을 반드시 거쳐야 하는 구조다. 이러한 이유로 일반 농산물 보다 유통단계가 많고 복잡하며, 유통접점 마다 관계하는 주체가 많고 영세하여 유통비용을 증가시키는 요인으로 작용한다.

식육포장처리업체, 한돈 유통 중심

한우의 유통에서 조합이 중심적인 역할을 수행하고 있다면 한돈의 유통은 식육포장처리업체가 그 역할을 수행하고 있다고 볼 수 있다.

출하 현황 – 경매와 임도축 1:9 비율

한돈은 태어난 지 6개월 정도에 출하가 되고 있다. 한돈 사육두수는 '04년 8,908천두, '05년 8,962천두, '06년 9,382천두, 2007년 9,606천두, '08년 9,087천두, '09년 9,585천두, '10년 9,881천두, '11년 8,171천두, '12.6월 9,433천두로 '10년 이전 수준을 회복했다. 이는 '10년말부터 '11년 초에 있었던 구제역으로 인한 사육두수의 1/3이 매몰되어 걱정이 컸던 시기에 비하면 조기 사육두수의 회복으로 인한 불평(가격하락 등)은 어쩌면 더한 불행 보다는 나은 행복 속에 걱정이 는 형국이 아닐까 한다.

한돈 농가수는 '04년 13천호로부터 '09년 8천호, '10년 7.3천호, '11년 6.3천호, '12.6월 6.5천호로 매년 감소 추세에 있으나 한돈 호당 사육두수는 '12.6월 기준 1,446두로 전년 동기 대비 12.4%가 증가하고 있으며 1,000두 이상 전업농 농가수가 증가했으며 특히 5,000두 이상 농가수가 50% 급증하면서 규모화의 진전을 이루었다.

한돈은 도매시장·공판장에 직접 출하(5.0%)하거나 조합을 거쳐 계통출하(5.3%)를 하는 10.3%의 경매 출하형태와 식육포장처리업체(61.3%), 조합(18.1%), 정육점(10.3%) 등 유통주체가 임도축하는 출하형태를 보이고 있다. 한우의 출하가 경매와 임도축이 약 4:6 비율이라면 한돈의 출하는 1:9의 현상을 보이고 있다.

우리나라 돼지 출하형태 (단위 : 두, %)

구 분	1998	2005	2010	2011	2012.1~6	전년대비
경매	2,322,449	2,273,008	1,708,604	1,222,418	665,397	
(비율)	34.8	16.9	11.7	11.3	10.3	□1.0
- 계통출하					340,452	
(비율)					5.3	
- 개별출하					325,053	
(비율)					5.0	
임도축	4,349,180	11,159,554	12,880,459	9,553,192	5,796,613	
(비율)	65.2	83.1	88.3	88.7	89.7	1.0
- 조합					1,162,847	
(비율)					18.0	

- 식육포장처리업체					3,970,154	
(비율)					61.4	
- 정육점					667,378	
(비율)					10.3	
계	6,671,629	13,432,562	14,589,063	10,775,610	6,462,010	

자료 : 축산물품질평가원, 축산물 등급판정 통계, 계통출하 및 개별출하 비율은 전국 도매시장·공판장(12개소) 설문조사, '12.1~6월 기준

'12.1~8월 기준 농가에서 도축장으로 생축이 이동하는 비율은 한돈 등급판정 두수 중 도축장 소재지가 아닌 타 시·도로 출하율이 38.2%로 전년 대비 5.7% 감소하였고, 지역별 도축장으로 유입되는 비율을 살펴보면 충남 22.5%, 전북 13.9%, 경기 13.5%, 경남 12.8%, 경북 11.8%, 전남 9.8%, 제주 5.8% 충북 5.1%, 강원 3.0%, 울산 0.7%, 인천 0.5%, 대구 0.3%, 광주 0.2%, 서울 0.1%, 부산 0.1%, 순으로 나타났다.

전국에 한돈 가축거래상인은 약 89명이 활동하는 것으로 추정되며 대형유통업체에 고정 납품을 하는 가축거래상인은 규모가 확대되어 기업화가 되는 반면 소규모 가축거래상인은 축소되는 상황이다. 한돈 1마리 당 5천원 정도의 중개수수료를 받는다.

도축 현황 – 도매시장 6.5%, 공판장 20.0%, 일반도축장 73.5%

도축장은 설립 및 지원주체에 따라 기능별로 축산물도매시장, 축산물공판장, 일반도축장으로 구분하며, 규모에 따라 축산물종합처리장이 추가되는데, '12.1~8월 기준 축산물도매시장은 4개소로 한돈고기 유통의 6.5%를 도축하고 있으며 축산물공판장은 8개소로 한돈고기 유통의 20.0%를, 일반도축장은 65개소로 한돈고기 유통의 73.5%를 도축하고 있다. 축산물종합처리장은 8개소로 한돈고기 유통의 22.5%를 도축하고 있다.

한돈의 도축두수는 '97년 3,674천두, '05년 6,724천두, '10년 7,323천두, '11년 5,318천두로 증감을 반복하고 있으며, '12.1~8월 기준 4,342천두로 전년 동기 대비 26.9% 증가했다.

한돈고기 평균경락가격(등외품 제외)은 '08년 3,713원/kg, '09년 4,120원/kg, '10년 3,891원/kg, '11년 5,808원/kg으로 가격의 오름세가 '11년 이후 내림세로 전환되고 있으며, '12.1~8월 기준 4,433원/kg으로 전년 동기 대비 27.9%가 감소한 것으로 나타났다.

1인당 돼지고기 소비량

1인당 돼지고기 소비량은 '90년 11.8kg, '05년 17.8kg, '09년 19.1kg, '10년 19.3kg, '11년

19.0kg으로 꾸준히 증가하다가 19kg 정도에서 유지되고 있으며, 돼지고기 자급률은 '09년 77.5%, '10년 80.9%, '11년 60.9%로 구제역 여파로 낮아졌지만 사육두수의 조기회복에 힘입어 '12년은 예전 수준의 자급률을 회복할 것으로 기대된다.

전국 축산물 전통시장

축산물 전통시장은 전국 8개 시·도에서 11개 시장이 운영되고 있으며 서울지역(3) 마장동, 가락동, 독산동, 경남지역(2) 어방동, 주촌면, 부산지역(1) 구포동, 광주지역(1) 양산동, 대전지역(1) 오정동, 인천지역(1) 가좌동, 전남지역(1) 예양리, 전북지역(1) 산외면에 위치하고 있다. 서울 지역 쇠고기 유입물량의 약 55.6%가 축산물시장을 거쳐 거래되고 있음을 볼 때 돼지고기 또한 이와 비슷한 거래량 일 것으로 추정된다.

돼지고기 유통경로별 유통량

한돈농가는 도매시장·공판장에 경매방식으로 10.3%(계통출하 5.3%, 개별출하 5.0%)를 출하하고, 식육포장처리업체(61.3%), 조합(18.1%), 정육점(10.3%) 등을 통한 임도축 방식으로 89.7%를 출하하고 있다.

출하된 한돈은 도매시장·공판장에서 26.5%(경매 10.3%, 임도축 16.2%)가 도축되며 도축장에서 73.5%(LPC 20.6%, 일반 52.9%)가 도축되고 있다.

도축된 한돈고기는 중도매인(10.3%)이 정육점(3.6%), 식육포장처리업체(2.8%), 조합(2.0%), 대형마트, 일반음식점 등으로 판매하고, 식육포장처리업체가 64.1%(중도매인으로부터 구입한 물량 2.8% 포함)를 대형마트 14.7%, 2차가공·기타 13.5%, 일반음식점 5.8%, 집단급식소 4.4% 순으로 판매하고 있다.

소매단계 판매현황을 보면, 정육점 32.3%, 조합 24.2%, 대형마트 14.7%, 2차가공·기타 13.5% 순으로 조사되었으며, 본 조사결과는 정육점·조합 등에서 일반음식점·집단급식소 등으로 2차 유통되는 물량은 배제되었음을 유의한다.

우리나라 돼지 및 돼지고기 유통경로별 유통량

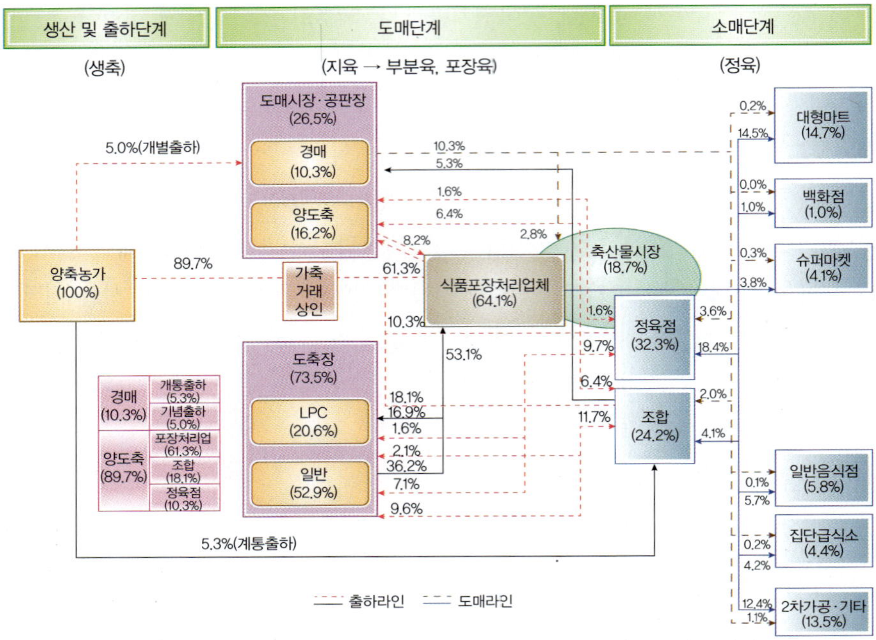

*유의 : 정육점·조합 등에서 일반음식점·집단급식소 등으로 2차 유통되는 물량은 배제

*자료 : 축산물품질평가원, 도매시장·공판장(12개소, 유통비중 100%), 식육포장처리업체(242개소; 유통비중 81.4%) 및 축산물시장(전국 11곳) 설문조사, 등급판정 통계(유통비중 92.1%), '12.1~6월 6,466천두 기준

돼지고기 유통비용 – 43.3%

'12년 돼지고기 유통경로별 유통비용은 43.3%로 전년대비 4.4%P 증가한 것으로 나타났으며, 소비자가격이 상승하면서 간접비 부담이 소폭 감소한 결과 유통경로상 발생되는 이윤이 증가하면서 유통비용 비율이 소폭 상승한 것으로 파악된다.

돼지고기의 대표적인 16개 유통경로 중 양축가에서 식육포장처리업체(가축거래상인, 도축장 경유)를 거쳐 대형마트, 소비자로 가는 경로의 유통비용이 소비자가격의 44.7%~53.1%를 차지해 가장 높았으며, 양축가에서 식육포장처리업체(가축거래상인, 도축장 경유)를 거쳐 슈퍼마켓, 소비자로 가는 경로의 유통비용이 52.6%로 다음을 차지했다. 다만, 유통경로상 유통비용은 유통주체의 경쟁력, 유통 거래물량, 물류체계, 유통주체간 관계, 계절적 요인 등 복잡한 상황 속에서 결정됨에 유의한다.

우리나라 닭고기 유통

2013.02.21 13:04 http://blog.daum.net/meatmarketing/629
축산신문, 미트매거진, 월간양계에 게재

닭고기를 맛있게 먹고 즐길 수 있는 이유는 닭고기 속에 글루탐산이 있기 때문이며, 여기에 여러 아미노산과 핵산맛 성분이 들어있어 강하면서도 산뜻한 맛을 낸다.

닭고기는 대체로 1~4단계로 유통되고 있으며, 도축장을 반드시 거쳐야 하는 구조다. 이러한 이유로 일반 농산물 보다 유통단계가 많고 복잡하며, 유통접점 마다 관계하는 주체가 많고 영세하여 유통비용을 증가시키는 요인으로 작용한다.

계열화업체, 닭고기 유통 중심

한우의 유통에서 조합이 중심적인 역할을 수행하고, 한돈의 유통에서 식육포장처리업체가 중심적인 역할을 수행한다면 닭고기의 유통에서는 계열화업체가 그 역할을 수행하고 있다고 볼 수 있다.

출하 현황 – 계열화업체 약 90%, 양축농가 약 10%

닭은 태어난 지 약 1개월 정도에 출하가 되고 있다. 닭 사육두수는 '06년 55,375천수, '07년 56,227천수, '08년 54,479천수, '09년 67,194천수, '10년 77,871천수, '11년 76,435천수, '12.6월 97,750천수로 매년 증가하고 있으며, 닭 사육농가수(육계)는 '06년 1,391호, '07년 1,370호, '08년 1,255호, '09년 1,562호, '10년 1,763호, '11년 1,645호로 증가해 오다가 다소 주춤한 상태다. 닭의 호당 사육두수는 '12.6월 기준 47,498수로 전년 동기 대비 2.3%가 감소했다.

계열화업체 도계수수 비율 (단위 : 수, %)

구분	전체(육계 · 삼계 등)			육계 만		
	도계수수	계열화업체 도계수수	(비율)	도계수수	계열화업체 도계수수	(비율)
2011	759,609,670	661,525,762	87.1	576,455,045	519,102,594	90.1
2012.1~6	381,684,861	327,286,471	85.7	294,596,436	263,255,037	89.4
전년대비(%)			△1.4			0.7

자료 : 축산물품질평가원, 농수산검역검사본부의 도축자료를 토대로 산출. 계열사 도계장 23개소 기준

닭고기의 약 90%는 계열화업체를 통해 생산·도축 및 포장처리되어 유통되고 있으며, '12.1~6월 기준 계열화업체의 유통물량 약 85.7% 대비 구입경로는 대부분 위탁농가(약 92.8%)로부터 공급받고 있으며, 일시적으로 공급량이 부족한 경우 일반 양축농가(농가 직접구입 약 1.6%, 가축거래상인 약 5.6%)로부터 공급받아 유통시키고 있다.

닭고기의 약 10% 만이 양축농가에서 직접 생산하여 출하하고 있으며, 직접 생산한 물량의 약 10% 정도는 계열화업체와 거래하고, 나머지 물량은 가축거래상인(약 70%)을 통해 거래하거나 직접 거래(약 20%)하고 있는 것으로 나타났다.

전국에 닭 가축거래상인은 약 270명이 활동하는 것으로 추정되며 식육포장처리업체 또는 대리점에 주로 납품하고 성수기 일시적으로 물량이 부족한 계열화업체에 납품하기도 한다. 닭 1마리당 10원 정도의 중개수수료를 받는다.

도축 현황

도계장은 '12.6월 기준 총 37개가 운영 중에 있으며, 지역별 도계수수(육계)는 전북 48.8백만수, 충북 31.5백만수, 경기 30.2백만수, 충남 20.3백만수, 경북 15.2백만수, 대구 4.2%, 경남 2.4%, 강원 1.6, 제주 1.3% 순으로 높게 나타났다.

'12.1~6월 기준 전체 도계수수 382백만수 대비 육계 도계수수는 295백만수로 77.2%를 차지하며, 전년 동기 대비 5.5% 증가하였다.

'12.1~8월 기준 1등급 이상 닭고기의 출현율은 93.7%로 전년 대비 0.8% 감소하였으며, 이는 등급닭고기가 주로 유통되는 학교급식 등 약 10% 시장에만 해당됨에 유의한다.

1인당 닭고기 소비량

1인당 닭고기 소비량은 '00년 6.9kg, '05년 7.6kg, '09년 9.6kg, '10년 10.7kg, '11년 11.4kg으로 꾸준히 증가하고 있다. 닭고기 자급률은 '00년 79.5%로부터 '05년 83.5%, '09년 85.1%로 80%대를 유지해오다가, '10년 79.9%, '11년 76.9%로 최근 들어 다소 하락세를 보이고 있다.

1인당 닭고기 소비량 변화 (단위 : kg, 천M/Ton)

구 분	2000	2005	2009	2010	2011
1인당 닭고기 소비량	6.9	7.6	9.6	10.7	11.4
총 소비량	327	357	469	522	566
- 국내산	260	298	399	417	435
- 수입산	67	59	71	106	131
자급률	79.5	83.5	85.1	79.9	76.9

자료 : 농식품부, 2011 농림수산식품 주요통계 및 2012 업무편람

닭고기 유통경로별 유통량

육계생산은 계열화업체가 닭을 위탁해서 사육하는 79.5% 위탁농가와 20.5% 일반농가로 나타났다. 도계는 계열화업체에서 85.7%, 일반도계장에서 14.3%가 처리된 후 대리점 48.7%, 계열화업체 직접판매 38.1%, 식육포장처리업체 13.2%로 도매시장으로 유입된다. 그 유통물량은 다시 집단급식소 38.5%, 일반음식점 25.5%, 대형마트 25.1% 순으로 소비되는 것으로 나타났다.

우리나라 닭 및 닭고기 유통경로별 유통량

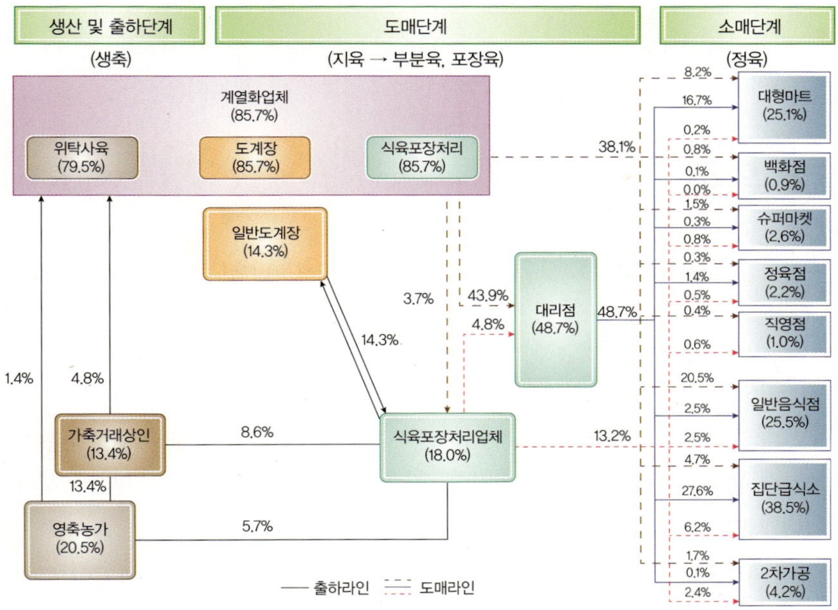

*양축농가로부터의 거래형태도 금번 조사결과에 준해 산출하고, 일반농가에서 출하시 가축거래상인(60%) 경유와 식육포장처리업체 판매(40%)로 가정함

*자료 : 축산물품질평가원, 계열화업체 도계장(13개소; 유통비중 76.1%) 및 식육포장처리업체(9개소)·대리점(30개소) 설문조사, '12.1~6월 도축두수 381,685천두 기준

닭고기 유통비용 – 59.0%

'12년 닭고기 유통경로별 유통비용은 59.0%로 전년대비 13.3%P가 증가한 것으로 나타났으며, 산지가격이 큰 폭으로 하락한 반면 소비자가격은 소폭 하락하여 유통경로상 발생되는 이윤이 소폭 증가한 결과 유통비용 비율이 상승한 것으로 파악된다.

닭고기의 대표적인 11개 유통경로 중 양축가에서 계열화업체(도계장 경유)를 거쳐 대리점, 정육점, 소비자로 가는 경로의 유통비용이 소비자가격의 68.9%~79.4%를 차지해 가장 높았으며, 양축가에서 계열화업체(도계장 경유)를 거쳐 대리점, 일반음식점, 소비자로 가는 경로와 양축가에서 계열화업체(도계장 경유)를 거쳐 식육포장처리업체, 일반음식점, 소비자로 가는 경로의 유통비용이 74.9%로 다음을 차지했다.

반면 양축가에서 식육포장처리업체(가축거래상인, 도계장 경유)를 거쳐 집단급식소, 소비자로 가는 경로의 유통비용이 34.6%로 가장 낮게 나타났다. 다만, 유통경로상 유통비용은 유통주체의 경쟁력, 유통 거래물량, 물류체계, 유통주체간 관계, 계절적 요인 등 복잡한 상황 속에서 결정됨에 유의한다.

우리나라 계란 유통

2013.04.03 23:11 http://blog.daum.net/meatmarketing/718
축산신문, 월간양계에 게재

1960년대를 전후해 국내 양계산업은 전업적인 대규모 형태로 전환되었으며, 채란 후 노계나 폐계를 육용으로 활용하던 부업형태의 양계산업이 육계산업에서 분리되었다.

양계산업은 육계산업과 분리되어 점차적으로 전업화 또는 규모화가 진행되고 있지만, 육계와는 다른 특성을 가지고 있어 계열화되지는 않고 있다.

우리나라 계란의 중량에 따른 유통규격은 1970년대 초에 실시하였으며, '73년 이전의 규격별 중량이 특란 62g 이상, 대란 55~61g 이었던 것이 2차례에 걸친 변화 끝에 2011.10월부터 특란 60~68g, 대란 52~60g 으로 정부 고시기준에 맞춰 통일되어 유통되고 있다.

계란은 대체로 1~4단계로 유통되고 있으며, 중간유통과정 상 식용란수집판매업체 간 거래까지 포함할 경우 유통경로는 더욱 늘어날 수 있다.

식용란수집판매업체, 계란 유통 중심

집하장이 44개소, 식용란수집판매업체 827개소 등이 계란 유통에 참여하고 있으며, 한우의 유통에서는 조합이, 한돈의 유통에서는 식육포장처리업체가, 닭고기의 유통에서는 계열화업체가 중심역할을 수행하고 있다면 계란의 유통에서는 식용란수집판매업체가 그 역할을 수행하고 있다고 볼 수 있다.

출하 현황

산란계 사육두수는 '06년 57,238천수, '07년 56,093천수, '08년 59,168천수, '10년 61,691천수, '11년

62,425천수, '12.6월 61,953천수로 61,000천수에서 62,000천수 사이에서 유지되는 것으로 나타났다.

이에 비해 산란계 사육농가수는 '06년 1,934호, '07년 1,831호, '08년 1,711호, '09년 1,687호, '10년 1,535호, '11년 1,441호로 계속 감소하는 추세이며, '12.6월 1,379호로 전년동기 대비 5.9% 감소하였다.

1일 식용계란 생산량은 사육수수 증가에 힘입어 '06년 32,887천개, '07년 32,758천개, '08년 33,963천개, '09년 37,333천개, '10년 37,355천개, '11년 37,254천개, '12.6월 39,101천개로 전년 대비 3.3% 증가하였다.

주요 사육품종은 하이라인 70%, 로만 25%, 이사브라운 5% 수준에서 형성되고 있으며, 1980년대 중반부터 계란색이 백색에서 갈색으로 변화한 이래 현재는 거의 갈색으로 변화하였다.

사육기간은 60~75주령에 도태하므로 평균 1년 정도 사육하며, 산란은 부화 후 16~20주령 사이에 시작하여 24주령 이후 본격적으로 알을 생산한다. 계란은 농가에서 자체 생산한 물량과 약 25% 정도 집하장을 경유하여 유통되는 것으로 나타났다.

농가 출하현황 (단위 : %)

구 분	자체 생산	농가 간 거래	유통비율
농 가	84.0	△9.0	75.0
집하장	16.0	9.0	25.0
계	100		100

자료 : 축산물품질평가원

계란은 농가에서 소매상에게 직접 판매하거나 도매상을 경유하여 유통시키고 있는데, '12.1~6월 기준 계란 유통물량은 식용란수집판매업체 59.3%, 소매상 판매 28.8%, 식품유통업체 11.9% 순으로 나타났다.

전국에 약 827명이 활동하는 것으로 추정되며 계란의 약 60%를 유통시키고 있다. 대규모 농가로부터 직접 구매하거나 집하장을 통해 계란을 확보하여 중소 상인들 및 소매업체에게 직접 판매하고 있으며, 일부 대형급식업체에도 판매한다.

1인당 계란 소비량

1인당 계란 소비량은 '00년 184개, '05년 220개, '09년 242개, '10년 236개, '11년 약 231개로 증가해 오다가 다소 주춤한 상태다.

1인당 계란 소비량 변화

(단위 : 개, kg, 천M/Ton, %)

구 분	2000	2005	2009	2010	2011P
1인당 계란 소비량(개)	184	220	242	236	231
1인당 계란 소비량(kg)	10.3	11.0	11.9	11.8	11.7
총 소비량	479	518	581	579	573
자급률	100	100	100	100	100

자료 : 농식품부, 2011 농림수산식품 주요통계 및 2012 업무편람

계란 유통경로별 유통량

계란생산은 양축농가 84.0%, 집하장 자체생산 16.0%로 이뤄진다. 양축농가에서 집하장으로 9% 정도 물량이 유입된 후 집하장을 통해 약 25% 유통되게 된다.

도매단계에서는 식용란수집판매업체 56.6%, 식품유통업체 21.0%에서 구입하여 유통시키며, 그외 농가·집하장에서 직접 판매하는 것으로 나타났으며, 이 물량은 슈퍼마켓 27.3%, 대형마트 22.7%, 2차가공 16.3%, 일반음식점 15.4% 순으로 소비되는 것으로 나타났다..

우리나라 계란 유통경로별 유통량

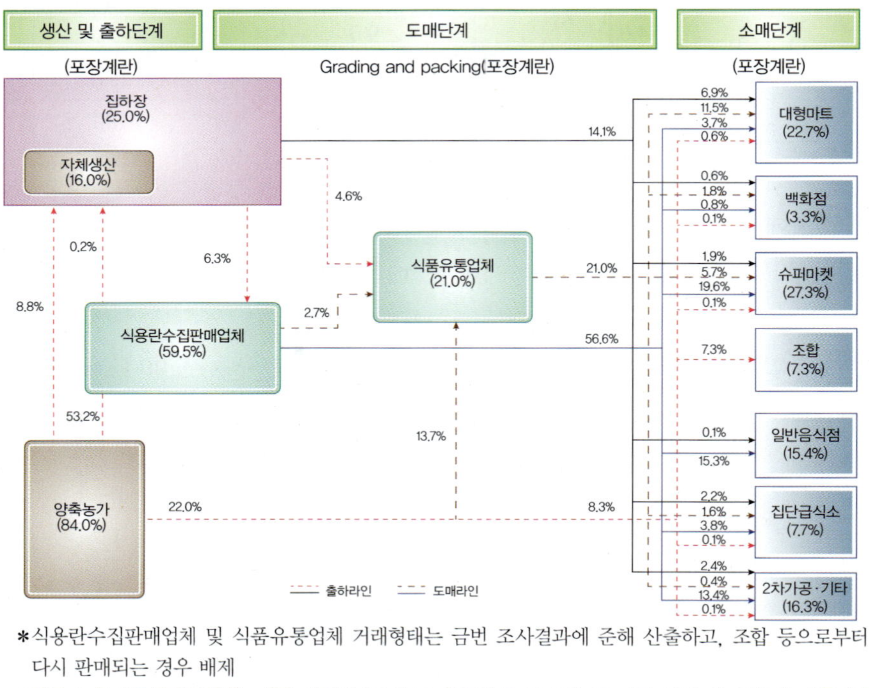

*식용란수집판매업체 및 식품유통업체 거래형태는 금번 조사결과에 준해 산출하고, 조합 등으로부터 일반음식점 등으로 다시 판매되는 경우 배제

*자료 : 축산물품질평가원, 계란 집하장(33개소; 유통비중 80.2%) 및 거래 산란계농장(90)·식품유통업체(24)·식용란수집판매업체(32) 설문조사. '12.1~6월 계란생산량 6,682,647,972개 기준 한국계란유통협회, '10년 전국 도매상인 2,500여명 설문결과를 토대로 양축농가(집하장 물량 제외)에서 유통되는 계란(100%)은 식용란수집판매업(68.3%), 유통업체(20.7%), 조합(11%)으로 반영

계란 유통비용 – 53.1%

'12년 계란 유통경로별 유통비용은 약 53.1%로, 산지가격이 큰 폭으로 하락한 반면 소비자가격은 소폭 하락하여 유통경로상 발생되는 직·간접비와 이윤이 증가하면서 유통비용 비율이 전년 보다 상승한 것으로 파악된다.

계란의 대표적인 10개 유통경로 중 양축가에서 식용란수집판매업체를 2번 거쳐 슈퍼마켓, 소비자로 가는 경로의 유통비용이 소비자가격의 74.8%를 차지해 가장 높았으며, 양축가에서 식용란수집판매업체, 유통업체, 대형마트, 소비자로 가는 경로의 유통비용이 73.5%로 다음을 차지했다.

반면 양축가에서 식용란수집판매업체를 거쳐 집단급식소 및 일반음식점, 소비자로 가는 경로의 유통비용이 가장 낮게 나타났다. 다만, 유통경로상 유통비용은 유통주체의 경쟁력, 유통 거래물량, 물류체계, 유통주체간 관계, 계절적 요인 등 복잡한 상황 속에서 결정됨에 유의한다.

2화. 고기 맛있게 먹는 법

고기를 값싸고 맛있게 즐기는 법

2013.04.02 17:16 http://blog.daum.net/meatmarketing/712
농림축산식품부 블로그, 축산물품질평가원 정보지에 게재

여러분, 고기를 값싸고 맛있게 즐기는 방법이 있다면 어때요?

우리는 주로 고기를 백화점, 대형마트, 슈퍼마켓, 조합, 정육점 등 흔히 "식육판매점"이라고 불리는 곳에서 구매한 후 집(가정)에서 요리를 해서 먹거나, 정육식당, 일반음식점 등 "음식점"에서 외식을 통해 접하게 된다.

또한, 고기는 주로 씹는 맛, 풍미, 연도 등 고객이 요구하는 다양한 맛에 부응하기 위해 신선한 상태 그대로 구워지거나 숙성과정 등을 거치게 된다.

즉, "맛"은 사람의 입맛에 따라, 기대감이나 흥분·절망 등 기분상태에 따라, 그리고 자라온 추억(감성)과 지역 환경(문화) 등에 따라 영향을 받게되고, 더구나, 그 맛 못지않게 중요한 것이 또 있으니, 그것이 바로 "가격"이다.

맛과 가격을 모두 만족하기란 쉽지 않다.

"맛있게 만 만들어 줘?" 하는 사람들이 일부 또는 생각보다는 많이 있을 수 있을테지만, "난 1등급 한우고기 주세요?" 라고 주문하는 사람들도 꽤 많다.

이처럼, 가격은 때로 맛을 앞질러 소비자가 고기를 살까말까 망설임 끝에 결국 최종적인 선택을 내릴 시점에는 어김없이 결정포인트가 되기도 한다.

[한우 등심 1+등급의 유형별 소비자 가격(100g/원)]

구분	'12.12월 (1차 가격조사) 소비자가격	'13.2월 (2차 가격조사) 소비자가격	'12.12월 '13.2월 평균 소비자가격	정육점 가격 대비 가격차이	'12.12월 대비 '13.2월 가격 변동율(%)
식육판매점	12,790	13,268	13,029	6,195(1.9배)	▲3.7%
	8,693	8,973	8,833	1,999(1.3배)	▲3.2%
	7,728	8,000	7,864	1,030(1.2배)	▲3.5%
	7,186	7,536	7,361	527(1.1배)	▲4.9%
	6,716	6,952	6,834	–	▲3.5%
음식점	12,662	13,287	12,975	6,141(1.9배)	▲4.9%
	19,888	19,649	19,769	12,935(2.9배)	▼1.2%
도매단계	1,450	1,403	–	–	▼3.2%
	5,080	4,736	–	–	▼6.8%

* 소비자시민모임·축산물품질평가원 보도자료('13.3.27) '축산물 소비자가격 조사 결과'

그렇다면, 고기를 값싸고 맛있게 즐기려면 어떻게 해야 할까?

지피지기면 백전백승(知彼知己百戰百勝)이라 했으니, 자 우리 곁에 있는 그(= 매점)를 먼저 알아보다.

'13. 3월 소비자시민모임*과 축산물품질평가원이 공동으로 조사하여 보도한 '축산물 소비자 가격 조사결과'를 살펴보면, 우리가 궁금해 하는 그가 속한 곳(판매처 유형별)의 판매가격 차이를 아주 쉽게 파악할 수 있다.

앞서 본 내용을 보기 쉽게 표현해 보면 다음과 같다. 정육점 가격을 100으로 놓고 각각의 판매처 유형들이 판매하는 가격을 비교한 결과이다.

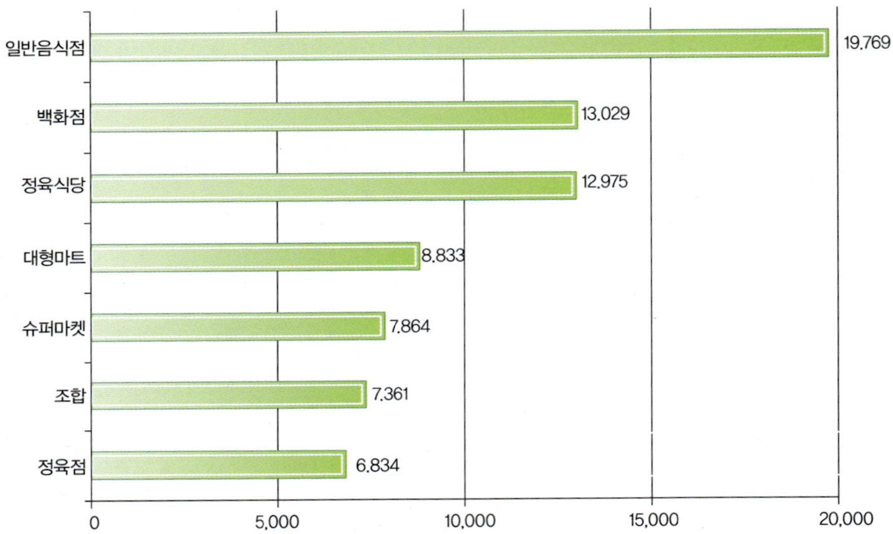

"일반음식점"은 정육점 가격의 2.9배에 달하는데 이는 음식점에서 판매가격 결정 시 원료육이 차지하는 비중이 25~35% 수준으로 낮은 반면, 점포유지비, 인건비 등 고정간접비가 차지하는 비중이 커서 그럴 수 밖에 없는 면은 인정받을 만 하지만, 그래도 비싼 것은 비싼 것이다.

그래도 다행스러운 점은, 한 상차림에 60만원이 넘는 고급음식점이나 한 상차림에 12만원 정도 하는 대중식당에 대해 이용하는 고객이 선택하면 된다는 점이다. 적어도 모르고 바가지 당하는 일은 거의 없다고 보여진다. 그런 면에서 "정육식당"이 음식점 임에도 불구하고 백화점 수준으로 판매가격이 떨어졌다는 점에 주목할 필요가 있다.

따라서, 고기를 주 메뉴로 해서 외식하려면 맛집을 검색해 본 후 평을 들어보고 난 후 가는 것을 권한다. 그럼, 외식이 아닌 가정에서 고기를 먹기 위해 값싸고 맛있게 즐기는 방법은 이제 감을 잡았으리라 본다. 바로 정육점에서 구입하면 된다. 다만, 고기의 품질(1++, 1+, 1, 2, 3, 등외등급)에 따라 가격이 당연히 다르니 나에게 적당한 것(부위, 요리방법 등)을 정한 후 찾아가 보자.

그리고, 혹시 아직도 가보지 않았다면 마장축산물시장도 권한다. 전국 최대의 축산물 전통시장으로써 5,000여 업체가 모여 시장을 형성하고 있는데, 마장동이 곧 시장이다 라고 보면된다. 우리나라 축산물 중 국내육 14%, 부산물 70%, 수입육 60% 정도를 유통시킨다고 추정되는데, 서울·경기 지역의 유통물량의 약 60%가 이곳을 거쳐 거래된다니 놀랍지 않은가!

매년 200만명이 넘는 사람들이 찾아오고 있다니 한 번 가보자. 더구나, 2011.12월부터 고기익는 마을기업을 설립하여 1층 정육점에서 고기를 구입하여 2층에서 곧바로 구워먹을 수 있다니 고기도 사고 먹어도 보고 일석이조이다. 다만, 하루종일 주차 시 1만원 정도 추가 부담이 있으니 차를 끌고갈 때는 먼저 문의(마장축산물시장조합 02-2281-4446~7)해보고 찾아가보자.

[참고] 전국 축산물시장 현황

서울(마장동, 가락동, 독산동), 인천(가좌동), 대전(오정동), 광주(양산동), 전남(예양리), 전북(산외면), 부산(구포동), 경남(주촌면, 어방동) 등 11곳

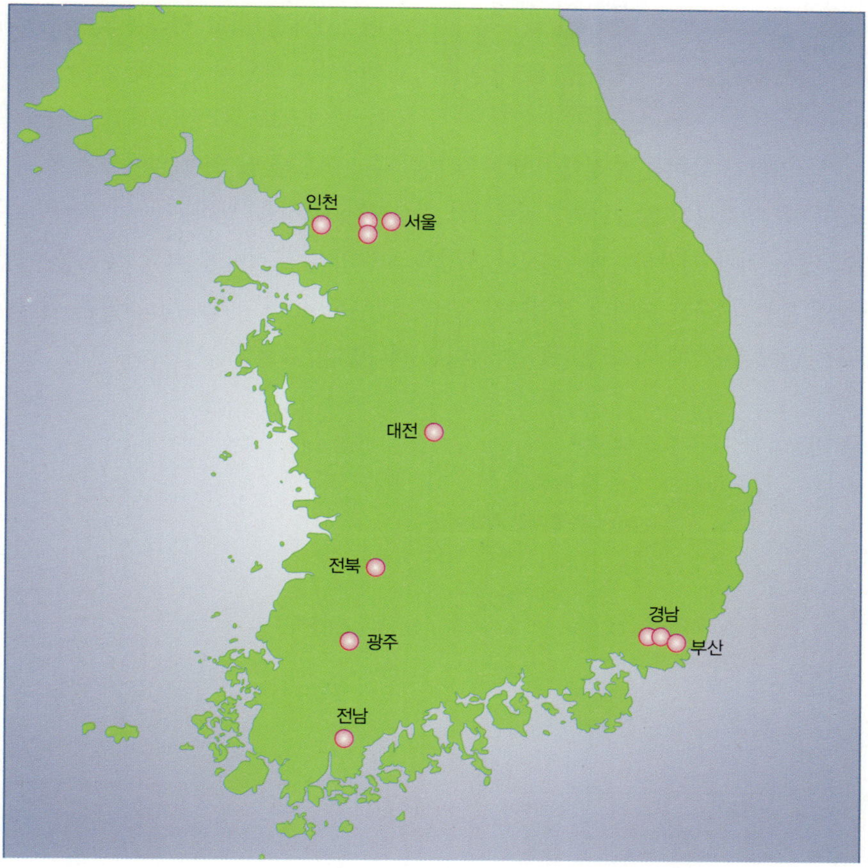

싱싱한 계란 고르는 법

2013.07.28 13:14 http://blog.daum.net/meatmarketing/998
농림축산식품부 블로그, 월간양계에 게재

안녕하십니까? 오늘은 우리 아이들이 좋아하는 계란에 대해 어떻게 고르는 것이 바람직한지 알아볼까 한다. 특히, 여름철 고온다습한 환경에서 어떻게 구입하는 것이 좋은지 알아보자.

계란은 우리 국민 한 사람이 연중 231개를 먹고 있다는데, 어느 가정에서는 매일매일 꼬박 2개씩 아이들 반찬으로 요리해줄테고, 어느 가정에서는 1개 또는 가끔가다가 아이들 투정에 빈반찬에 계란 후라이드를 밥 위에 얹어줄텐데.

가끔 추억의 도시락이 생각나지 않습니까? 어린시절 점심시간, 식사를 알리는 종이 울리면 하나둘 도시락을 열어 밥을 먹기 시작하는데, 네모난 모양의 노란양은 도시락에 꾹꾹 눌러놓은 밥 아래 후라이드 계란이 있는 친구가 어찌나 부럽던지. 아마, 대부분 40대 이상 부모님들은 기억할 겁니다. 이처럼 계란은 없이 못살 때 가장 훌륭한 반찬이요 끼니였다.

닭의 산란기간에 따른 계란의 크기(무게)와 생산량

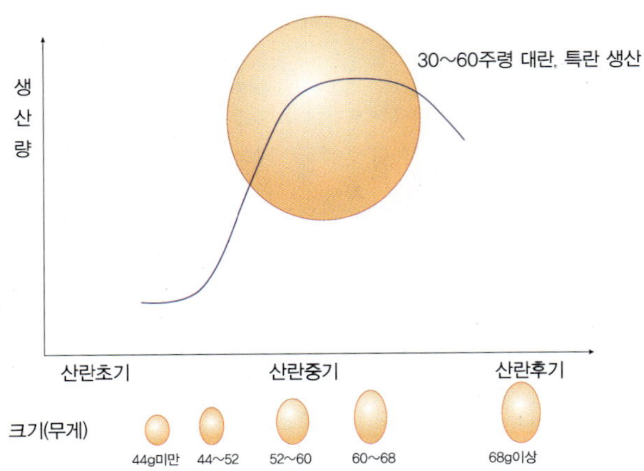

계란은 무게(중량)에 따라 왕, 특, 대, 중, 소란 등 이렇게 5개로 구분한다. 계란을 낳는 닭(산란계)의 산란주기, 생리특성 및 총배설강의 크기 등에 따라 산란되는 계란이 점차 커져가는데, 우리는 주로 40~60주령 사이의 닭이 낳은 특란과 대란을 접하게 된다. 계란 생산량과 유통의 용이성을 감안한 결과이다. 무게는 특란이 60g 이상에서 68g 미만이고, 이 보다 조금 가벼워보이는 대란이 52g 이상에서 60g 미만이다.

계란은 난백(61.6%), 난황(29.0%), 난각(9.4%)으로 구성되어 있으며, 성분은 수분이 74.7%, 단백질이 12.3%, 지방 11.2%, 무기질 0.9% 등으로 구성되어 있다. 우리가 살아가는데 꼭 필요로 하는 성분이 거의 대부분 함유되어 있다고 한다.

갓 낳은 계란은 신선하기가 이루말할 수 없이 좋다는 데, 이수시개로 난황에 꽂아도 깨지지가 않거나 난황을 집어올렸을 때 계란이 들린다고 하니 대단하다.

계란을 선택할 때 소비자가 가장 중요하게 여기는 점은 대부분의 다른 식품과 마찬가지로 '안전'과 '신선' 함이라는데, 안전하기 위해서는 질병(특히, 닭에서 계란으로 이행되는 난계대전염병)이 없어야 하겠으며, 이는 겉을 봐서는 쉽게 알기가 어려우니 국가에서 하는 위생검사를 믿고 넘어가자.

다만, 우리의 안전을 우리 스스로가 지켜내기 위한 노력의 방향에서, 막상 요리를 할 때 계란의 외관을 살펴보거나 후라이판에 퍼진 계란의 정도를 눈여겨 볼 필요가 있다. 계란껍데기에 묻은 오염물질이나 이물질이 과한지 아닌지, 난각의 상태에 이상은 없는 것인지, 기형인지 아닌지, 갈색란인데 흰색란으로 탈색되지는 않았는지, 난각표면이 꺼끌꺼끌거리는 일명 사포질이 심한지 아닌지 등을 살펴봐야 한다.

만일, 계란이 쫙~ 하고 퍼지면 완숙을 해서 먹길 권하며, 통통하니 볼록하게 먹음직스러우면 반숙이 좋을 듯 하다.

그 다음, 낳은지 얼마되지 않았거나 신선하다는 것을 알기 위해서는 등급판정일자, 산란일자 등을 참고하여 선택하면 되겠다.

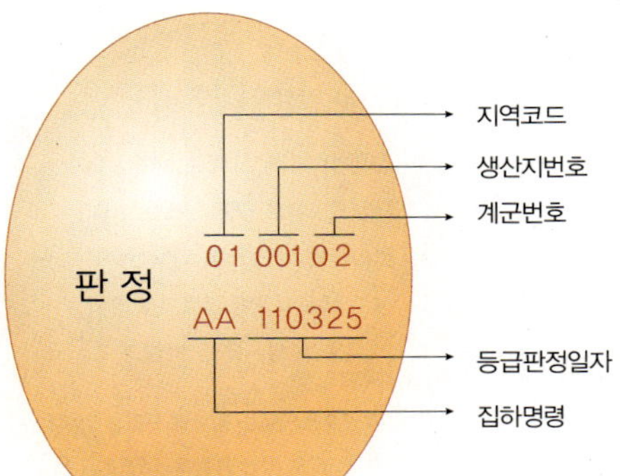

등급계란 난각인쇄 모습_축산물품평가원

참고로, '등급계란'은 국가에서 정한 품질기준에 따라 공공기관(축산물품질평가원)에서 계란의 품질을 평가하여 신뢰할 수 있고 철저한 이력관리를 하고 있어 안심할 수 있다.

그렇다면, 계란을 고를때는 다음을 참고하자.

가. **(구입개수 정하기)** 가정에서 1주일에서 보름 정도에 소비할 만큼의 계란수량을 정한다. 10구 보다는 30구 일수록 개당가격이 저렴하다는 것 감안.

나. **(소비기한 정하기)** 등급판정일자, 산란일자 등을 감안하여 최대 1개월 정도 내에 소비가능한 날짜의 계란을 구입한다. 계란을 구입하는 날과 등급판정일자가 가까울수록 좋은 것은 당연하겠지만 구입한 날로부터 30일 이내 소비가능한 기간으로 구입하는 것이 계란유통을 원활하게 하니 지나치게 간격을 줄이려고만 하지는 말자.

다. **(못마땅하면 유통,생산자까지 피드백하기)** 혹시 계란을 깼는데 쫙~ 하고 퍼지는 계란이 10개 중에 2개 이상이거나 계란껍데기 상태나 오염정도가 심하다고 생각하면 판매업체에 적극 알려주자. 나 보다는 또다른 사람들을 위해.

지금 바로, 냉장고 문을 열어 계란을 꺼내서 한 번 살펴보자. 계란 상태가 어떠한지, 그리고 계란을 깰 때 퍼지는 정도를 유심히 살펴보자. 쫙~ 하고 퍼지는 계란이 많다고 느끼면 판매업체에게 알려주고, 더한 궁금증이나, 잘 모르시는 것이 있으면 축산물품질평가원(T. 031-390-5500)으로 전화하자.

오늘은 어떤 계란요리를 해서 먹을까! 계란찜, 계란후라이드, 써니 사이드 업(Sunny side Up; 마치 태양이 뜨는 듯한 모습, 난황을 터뜨리지 않은 반숙요리), 스크램블(양파, 버섯 등을 넣고 버무린 요리형태) 등 아이들과 함께 만들어보자. 아주 좋아한다. 다음 View에서 1등을 했네. 2013. 7. 30. 09:45분 조회화면

세척하지 않은 계란에 대해 바라는 게 있다면

2013.02.04 13:19 http://blog.daum.net/meatmarketing/585

세척하지 않아 표면 큐티클층이 그대로 있을 수 있어 '보호장치'가 군건할 수 있다는 의견이다. 그렇지만, 한계가 있어 보인다. 어찌 되었든 유통의 한 측면이니까, 그럴 수 있지만 아쉽기만 하다.

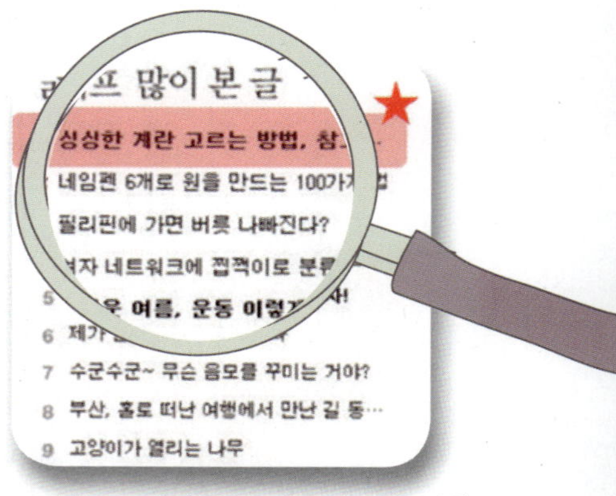

Daum View 1등(2013. 7. 30. 09:45)

왜 국가에서는 세척을 유도하고 있을까?

왜 미국에서는 세척을 의무화 했을까?

왜 EU에서는 국가 간 이동시 세척을 의무화 했을까?

그 만큼 유통단계가 다양하고 복잡하기 때문일 텐데, 내가 먹는 계란이 어떤 과정을 거쳐 왔는지 정확히 알 수만 있다면 그것 또한 소비자가 대응하기에는 도움이 되겠지만, 글쎄 소비자가 그만큼 계란을 구입할 때마다 그 사항을 체크할까 궁금하다.

믿고 사는 것이 소비자의 일반적인 구매태도임을 볼 때 깨진 알, 금간 알 만큼이나 난황, 난백, 질병에 오염된 알도 적지 않은 현실, 단 1개의 계란이 "나"를 위협하는 상황에서 세척하지 않은 계란 브랜드로 이 난관을 어떻게 극복해 나갈지 그것이 궁금하다.

그리고, 세척하지 않은 계란브랜드 이기 때문에 소비자에게 어떤 과정을 거쳤는지 알리기를 권한다. 안전하면서도 품질이 보장된 '세척하지 않은 계란'이 잘 되었으면 좋겠다. 다양한 유통환경 속에 새싹처럼.

> **계란유통협, 공동 브랜드 사업추진 설명회**
> **무세척…표면 큐티클 보호 특징**
>
> 계란유통협회 관계자는 "현재 추진 중인 공동 브랜드 '참 착한 계란'은 기존의 브랜드 계란과 달리 세척을 하지 않아 표면 큐티클의 손상을 막는 것이 특징"이라며 "앞으로도 농장의 신선함을 그대로 소비자에게 전달할 수 있는 브랜드 계란을 만들기 위해 계속 논의를 진행할 것"이라고 말했다.
>
> 출처 2013년 2월 4일 _축산뉴스

우리가 먹는 돼지고기는 몇 등급일까?

2013.08.13 16:13 http://blog.daum.net/meatmarketing/1029

우리는 고기를 무척 즐기는 민족이다. 저 드넓은 초원을 질타했던 고구려의 기상과 찬란한 문화를 꽃피운 신라의 예술성, 그리고 해외 시장을 개척한 백제의 도전정신을 이어받아서 일까?

무더위를 아랑곳하지 않고 천막을 친 그늘 아래 옹기종기 모여서 숯불 위에 올려놓고 익어가는 고기를 보노라면, 잠시나마 시름을 덜어내고 고기의 맛에 푹 빠지게 된다. 그 중에서도 단연 최고의 고기는 돼지고기일텐데, 가격도 비교적 저렴하고 양도 적당하니 대중적으로 좋아하나 보다. 최근에는 닭고기, 오리고기, 햄, 소시지 할 것 없이 구워먹지 못하는 것이 그 무엇이랴 하면서 다양하게 불판에 올려놓으니 할머니, 아버지, 아이들 각자의 입맛대로 즐기는 모습을 종종 보게 된다.

돼지고기는 영양학적으로 불포화지방산이 많아 혈관 내 콜레스테롤 축적을 방지하여 혈류를 왕성하게 하고, 비타민 B1, B2, E가 풍부하여 탄력있는 피부 유지에도 좋으면서 인과 칼륨이 많아 성장기 어린이에게 좋다는데, 앞으로 가격이 하락할 여지가 크다고 하니 그만큼 많이 소비해주는 일이 필요해보인다.

스마트폰에서 돼지고기 경매가격 조회화면(ekapepia 제공)

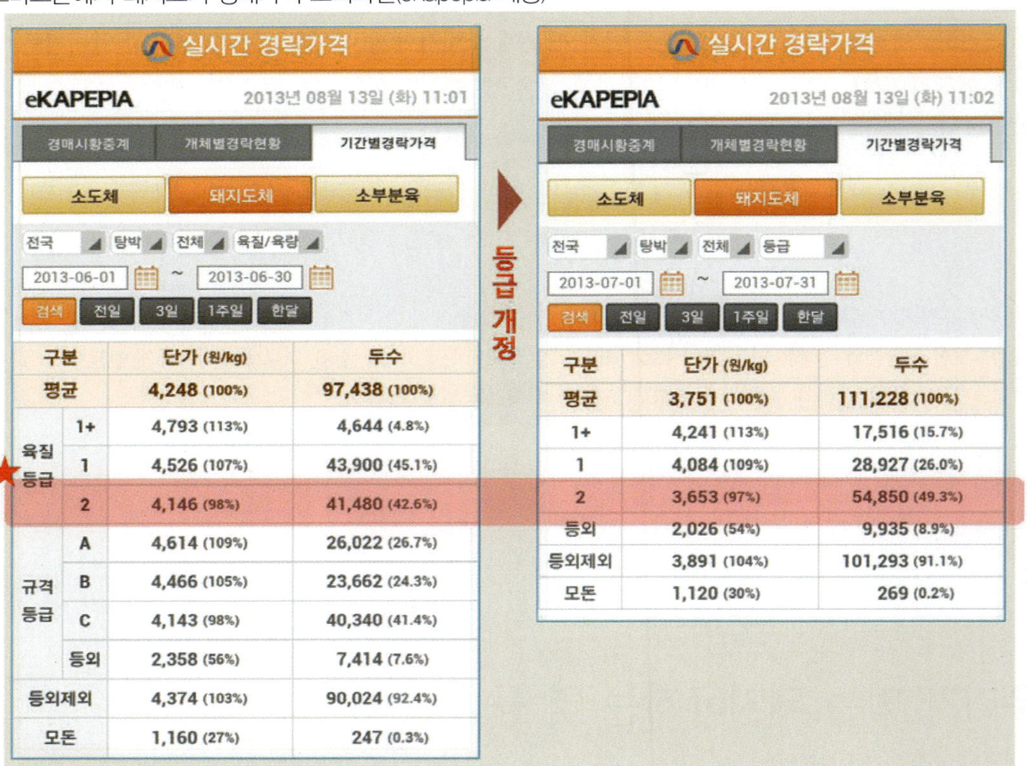

구분		단가 (원/kg)	두수
평균		4,248 (100%)	97,438 (100%)
육질등급	1+	4,793 (113%)	4,644 (4.8%)
	1	4,526 (107%)	43,900 (45.1%)
	2	4,146 (98%)	41,480 (42.6%)
규격등급	A	4,614 (109%)	26,022 (26.7%)
	B	4,466 (105%)	23,662 (24.3%)
	C	4,143 (98%)	40,340 (41.4%)
	등외	2,358 (56%)	7,414 (7.6%)
등외제외		4,374 (103%)	90,024 (92.4%)
모돈		1,160 (27%)	247 (0.3%)

구분	단가 (원/kg)	두수
평균	3,751 (100%)	111,228 (100%)
1+	4,241 (113%)	17,516 (15.7%)
1	4,084 (109%)	28,927 (26.0%)
2	3,653 (97%)	54,850 (49.3%)
등외	2,026 (54%)	9,935 (8.9%)
등외제외	3,891 (104%)	101,293 (91.1%)
모돈	1,120 (30%)	269 (0.2%)

'13년 7월 1일부터 돼지고기 등급제가 개정되었는데. 소비자는 그 사실을 알까? 혹시, 돼지고기 구입할 때 몇 등급 고기인지 보는지 궁금하다.

종전 보다도 2등급 출현율이 높아졌는데, 경매시장에 출하된 돼지 중에서 규격에 미달하는 비율이 약 50%에 육박한다고 하니 이만저만 문제가 아니다. 어떤 놈(?)은 흐물흐물한 지방 탓에 맛은 퍼석퍼석 할 수도 있겠고, 또다른 어떤 놈(?)은 분명히 삼겹살이라고 샀는데 요상타~ 할지도 모를 일이다. 더구나, 구제역 백신을 주사할 때 잘못하면 목살부위에 농양도 심심찮게 보일 수 있다고 하니 이만저만 걱정이 아니다.

돼지고기 결함 종류

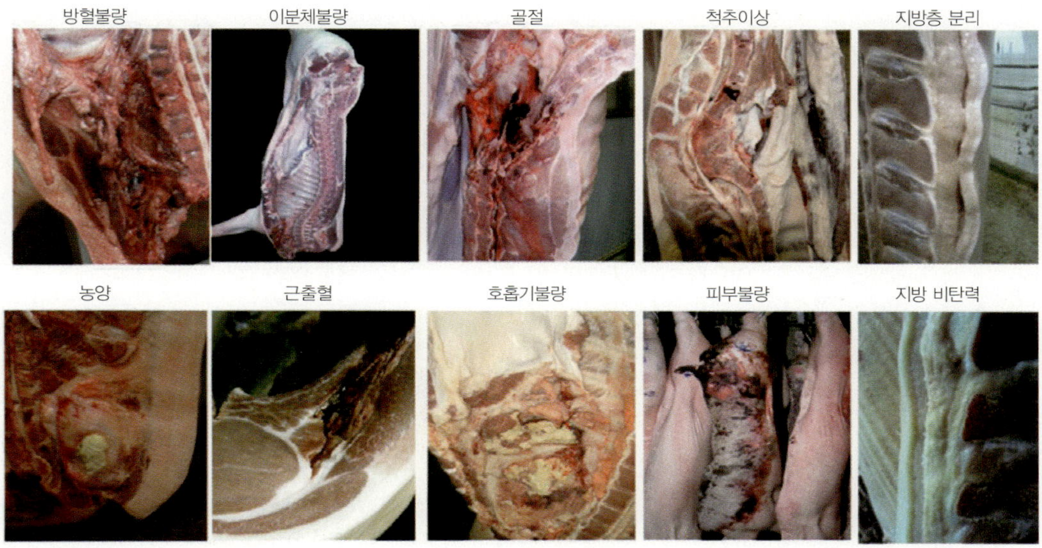

그나마 최고의 등급이 19.3% 가까이 상승했다고 하니 우리나라에서 최고로 치는 돼지고기를 한 번 먹어보자. 얼마나 맛있을까 군침이 돈다.

다만, 식육판매점에서 돼지고기를 팔 때 돼지고기의 등급표시는 자율적으로 하는 것이라고 하니 판매업자에게 물어보거나 등급을 표시해서 판매하는 곳에서 구입하면 좋겠다.

개정 등급제의 전후 비교 – 출현율 (단위 : 두, %)

등급	개정 전(1.1~6.30.)		개정 후(7.1~7.31.)		비교(B–A)
	두수	출현율(A)	두수	출현율(A)	
1+	498,285	6.5	313,454	25.8	19.3
1	4,695,184	61.2	426,664	35.1	▽26.1
2	2,212,174	28.8	425,723	35.1	6.3
등외	264,898	3.5	49,244	4.1	0.6
계	7,670,541	100.0	1,215,085	100.0	–

탕박 기준, 축산물품질평가원

소비자가 살 때 그 가격형성의 토대가 되는 경매가격은 시장변화 속에서 공급과 수요, 특히 계절적 요인으로 인해 변해간다. 돼지의 출하체중이 약 30년 전에는 90kg 였었는데 그 동안 꾸준히 개량하고 기술을 발전해 온 덕에 115kg에 달했다.

평균 출하체중 기준으로 25kg을 높혔다는 것은 국민에게 제공할 식육의 양과 질이 함께 늘었다라고 평할 수 있어 긍정적이다.

돼지의 출하체중과 경락가격 흐름

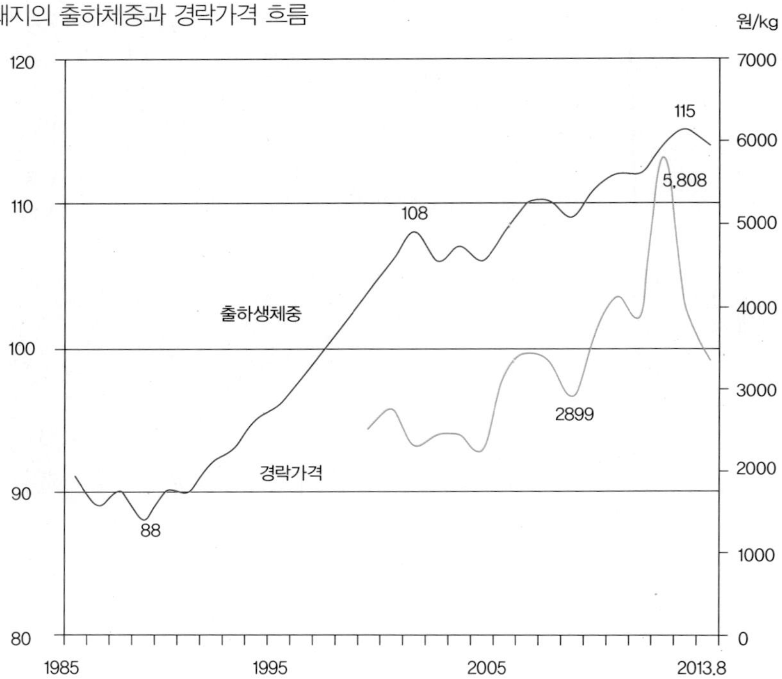

다만, 경락가격은 등락을 거듭하긴 했지만 일정주기를 반복하면서 상승세를 보였었는데 '13년 들어 급격한 하락을 맞아 고전을 면치 못하고 있다. 2011년에 구제역으로 인해 1/3의 돼지를 매몰처리한 여파로 가격이 급등했었다는 것과 이후 회복과정에서 급격히 증가된 사육두수로 인한 가격완충효과까지는 좋았는데, 잔잔한 시장수요 속에서 맞이한 2013년도는 급격히 증가된 생산량을 소비량이 따라잡지 못하게 되고 수출길 마저 막히는 바람에 부산물과 저지방부위 유통시장에서 촉발된 정체로 인해 암울한 모습을 보이고 있다.

'13년 2천원/kg대에서 형성되었던 돼지 경락평균가격이 4월 3천원/kg대로 계절적 요인과 함께 반등에 성공한 후 현재 4천원/kg 안팎에서 갈팡질팡 하는 형세이다.

개정 등급제의 전후 비교_경락가격 (단위 : 두, 원/kg)

등급	개정 전(1.1~6.30.)			개정 후(7.1~7.31.)			비교 (B–A)
	두수	경락 가격	등급간 차이(A)	두수	경락 가격	등급간 차이(B)	
1+	29,718	3,696		17,584	4,237		
1	345,704	3,399	297	29,417	4,075	162	▽135
2	263,807	3,121	278	55,178	3,645	430	152
등외제외 평균	639,229	3,303	575	101,910	3,883	592	17

탕박 기준. 축산물품질평가원

개정 후의 돼지고기는 1등급 이상으로 출하된 규격돈과 그렇지 못한 돼지(2등급) 간에 격차를 벌렸다. 무려 경락가격 kg당 152원이 증가되어 1등급 돼지와 2등급 돼지의 한 마리가격 차이가 14천원/두 정도 더 벌어짐에 따라 농가수익에도 상당한 영향을 끼치게 되었다.

돼지고기 등급별 비교

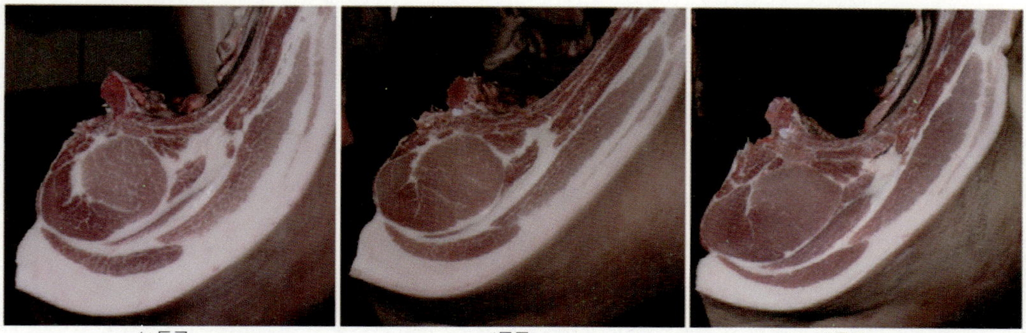

1+등급 1등급 2등급

자, 지금 사려는 돼지의 등급을 물어보자. 도매 유통시장에서 품질에 따라 제각기 다른 가격으로 유통되는 돼지고기가 소매단계에 와서는 품질에 다소 무관하게 비슷한 가격으로 판매되는 것에 대해 어떻게 생각합니까?

소비자가 품질에 따라 제가격을 지불할 수 있어야 품질 좋은 돼지의 생산이 늘어나게 되니 이번 기회에 꼭 물어보자. 도대체 내가 먹는 돼지고기는 몇 등급일까 하고 말이다.

1등급 오리고기가 먹고 싶을 때

2013.07.24 16:44 http://blog.daum.net/meatmarketing/996
농림축산식품부 블로그, 오리마을에 게재

축산물품질평가원

오리고기가 먹고 싶을 때 가까운 판매장을 찾았다. 나의 경우 오리고기를 고를 때 '선택'에 대해서는 크게 고민하지는 않으며 막연히 맛있겠지 하는 기대감에 한 번 먹을까하고 함께 간 사람에게 묻는다. 다른 어떠한 육류보다 건강에 좋다는데 라거나 구울 때 나오는 기름조차 몸에 좋다는 말을 들었기 때문일 수도 있다. 사실인지 아닌지 보다 오리고기 인식에 따른 구매에 고민을 덜었다는데 의가 있겠다.

오리고기는 소•돼지고기('93년), 계란('01년), 닭고기('03년) 등 다른 축산물처럼 2012.7월부터 품질(등급)을 평가받아 소비자에게 판매할 수 있도록 축산물등급제에 포함되어 시행하고 있다. 오리고기의 품질을 평가받으려면, 최소한 냉동 또는 해동된 제품을 원료육으로 사용해서는 안되며, 변색크기가 10cm를 초과하는 것이 없어야 하고, 위 내용물, 분변, 혈액, 담즙 등에 의한 이취 및 이물질 부착이 없어야 한다. 그만큼 소비자의 안전·안심에 신경 쓴 모습이다.

'13년 현재, 오리고기 등급판정은 총 13개 업체에서 참여하고 있으며, '13.4월 기준 총 오리 도축두수 대비 6.7% 정도 품질을 평가받아 유통되고 있는 것으로 파악되었다. 1년이 채 되지 않아서인지, 소비자가 몰라 찾지를 않아서 인지 다소 저조해 보인다. 어서 빨리 확산되어 품질에 따른 소비만족이 높아지길 기대해본다.

오리고기를 섭취하면 좋은 점을 오리협회에서는 크게 다섯 가지 잇점이 있는 고기라고 말한다.

'천하일미'라, 오리는 예로부터 "날개달린 소"라고 불릴 정도로 영양이 좋고 특유의 감칠맛이 우러나와 미식가들 사이에 정평이 나 있다고 한다.

'노화방지'라, 오리고기는 유일하게 알칼리성을 띠고 있는 육류로 체액의 산성화를 막고 인체 노화를 방지하여 탄력있는 몸매와 피부를 유지할 수 있다고 한다.

'성인병 예방'이라, 오리고기는 혈중콜레스테롤, 중성지방 제거 등 심혈관계 기능회복에 효과가 있는 불포화지방산 함량이 매우 높다고 한다. 참고로, 한국인 영양섭취기준은 한국영양학회(한국인영양섭취기준위원회, 2010)에서 한국 사람들이 건강을 최적상태로 유지하고 질병을 예방하는데 도움이 되도록 필요한 영양소 섭취 수준을 제시하고 있는데, 콜레스테롤의 경우 섭취기준 제정을 위한 과학적 근거자료의 부족에도 불구하고 최근 높아진 대사증후군과 만성퇴행성질환 예방을 위해 2010년부터 19세 이상부터 성인에 대해 목표섭취량 기준을 300 mg/day 미만으로 제시하였다. 지질은 50 g/day, 단백질은 60 g/day이다.

육류 콜레스테롤, 지질, 단백질 함량

구분	닭고기(성계)	오리(가슴살)	한우(등심)	돼지(삼겹살)	개고기
콜레스테롤	90.0	77.0	71.0	64.0	43.0
지질	8.1	4.3	–	38.3	20.2
단백질	19.0	17.7	15.9	15.8	19.0

가식부 100g 당 함량, 생것 기준. 2012년 콜레스테롤 성분표 및 식품성분표, 농촌진흥청

콜레스테롤 함량 높은 식품

식품명	가식부 100g랑 함량		식품명	가식부 100g랑 함량	
	지질(g)	콜레스테롤(mg)		지질(g)	콜레스테롤(mg)
달걀(난황)	31.9	130.0	간(송아지)	4.9	334.0
오징어 마른것	6.9	944.6	오징어 삶은것	1.20	320.0
오리알	13.8	884.0	신장(돼지)	3.3	319.0
거위알	13.3	852.0	간(돼지)	3.4	301.0
마요네즈(난황)	72.6	814.4	주꾸미 생것	0.5	301.0
대구포	0.7	562.9	성계 생것	8.5	290.0
간(거위)	4.3	515.0	명란젖	3.3	280.0
간(오리)	4.6	515.0	슈크림빵	13.6	250.0
연어알(염장)	15.7	510.0	잔멸치볶음	12.6	246.9
달걀부침(후라이)	12.8	473.6	간(소)	4.6	246.0
메추라기알 생것	12.5	470.0	허파(소)	2.5	242.0
달걀 삶은것	10.2	444.6	모래주머니(닭)	2.1	240.0
간(칠면조)	5.5	415.0	혀(송아지)	10.1	238.0

신장(소)	3.1	411.0	위(돼지)	10.1	223.0
달걀(전체)	11.2	396.3	파운드케이크	19.9	221.0
청어알	4.1	382.0	뱀장어(구운 것)	24.4	220.0
간(어린양)	5.0	371.0	버터(무염)	81.1	215.0
신장(송아지)	3.1	364.0	대장(돼지)	13.8	210.0
간(닭)	3.1	358.0	곱창	26.1	210.0
명란	1.5	340.0	황태포	3.8	203.0
신장(어린양)	3.0	337.0	뱀장어	17.1	196.0

자료 : 식품의약품안전처

'해독작용'이라, 오리는 맹독인 유황을 먹고도 살아나는 지구상의 몇 안되는 동물로 자체 해독력이 뛰어나 오리고기 섭취 시 체내 질소를 효과적으로 분해하여 불순물 등이 우리 몸에 쌓이지 않고 바로 배출될 수 있도록 돕는데 효과적이란다.

'스테미너'라, 우리나라에서 삼계탕, 장어와 함께 3대 보양식 중 하나로 소화 흡수가 잘되어 예로부터 스테미너 보양식으로 각광받고 있단다.

자, 오리는 제초제를 먹고도 살까? 혹시 넘어져 뒤집히면 일어날까, 못 일어날까? 오리를 만났을 때 자기에게 오게 하려면 어떤 소리를 내야 할까? 궁금하다면, 바로 오리에게 물어보자. 더위와 장마를 이겨내기 위해 오늘 1등급 오리고기를 구워보면 어떨까?

오리에게 물어봐!

Q1. 오리야, 너는 제초제를 먹고도 살아 있니?

난 살아 있어. 뇌에서 해독물질을 분비하여 독극물을 먹어도 살 수 있지.

Q2. 오리야, 너는 뒤집히면 일어나지 못한다고?

응, 난 못 일어나, 체형 때문에 외부의 도움없이는 못 일어나지

Q3. 오리야, 너가 좋아하는 소리는 뭐지?

난, "꽉꽉" 소리가 들리는 방향으로 다가가고, "쉿 쉿" 소리가 나면 도망가

집집마다 1등급 오리고기를 구워먹으면 보이지 않는 '국익'이 증가한다. 국내산 소비에 따른 가격안정과 함께 "정말 맛있다"라는 군침이 대대손손 이어지길 기대한다.

축산물의 유통기한은 어떻게 될까?

2013.02.08 12:54 http://blog.daum.net/meatmarketing/598
농림축산식품부 블로그에 게재

잘먹고 잘 사는 것이 우리들 주된 관심사다.

그런데, 보관을 잘못하여 버리는 경우 너무 오랫동안 보관해서 "이걸, 먹어도 될까? 말까?" 고민하는 경우가 일상에서 허다하다. 설을 맞아 다양한 선물로 꽉찰 냉장고의 걱정을 덜어주기 위해 축산물의 저장기간에 대해 알아보았다.

농촌진흥청 자료에 따르면, 고기는 보관온도와 포장방법에 따라 저장기간이 다르다. 쇠고기의 경우 보통 0~2'C에서 3~4주까지 저장할 수 있다면, 0~5'C에서 비닐로 포장할 경우 4~5주까지, 진공포장은 14~15주까지 저장할 수 있다.

또한 냉동온도가 −12'C에서 4개월, −18'C에서 6개월까지 저장할 수 있다.

냉동육의 저장기간은 드립(육즙이 삼출되는 현상) 발생에 영향을 끼쳐 저장기간이 경과함에 따라 해동 시 드립량을 증가시킨다. 동결저장온도 −20'C ~ −30'C에서 1년 동안은 육의 비타민 A, B1, B2, B6 등의 손실은 거의 없으나 저장온도가 낮고 저장기간이 길면 약 30% 정도의 손실이 발생한다.

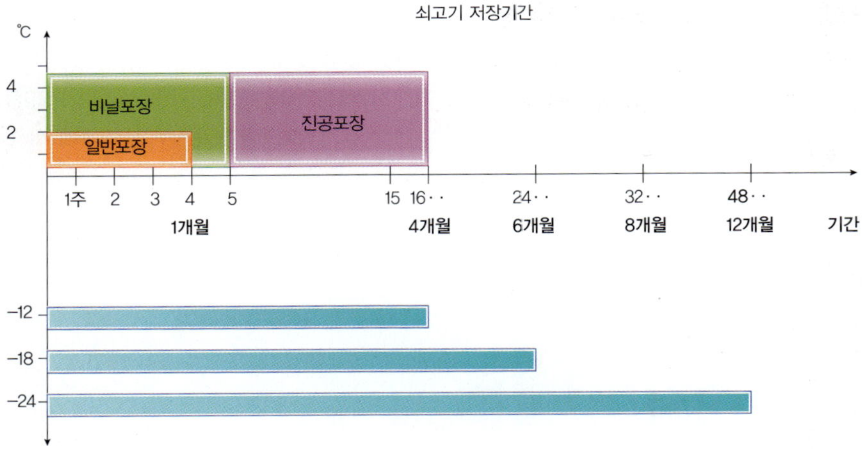

돼지고기는 보통 0~2'C에서 10~14일까지 저장할 수 있다면, 비닐로 포장하면 0'C에서 30일, 5'C에서 15일 정도까지, 진공으로 포장하면 0'C에서 40일, 5'C에서 30일 정도까지 저장할 수 있다. 또한 냉동온도가 −12'C에서 2개월, −18'C에서 4개월까지 저장할 수 있다.

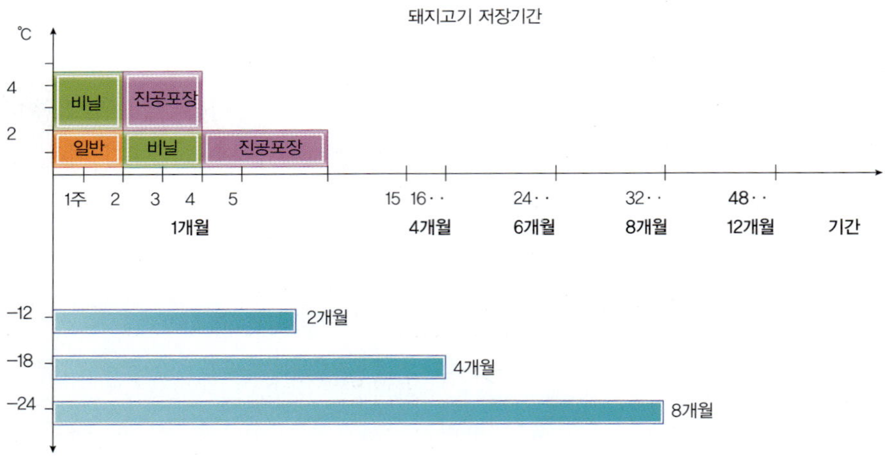

닭고기는 보통 0~2'C에서 2주까지 저장할 수 있다. 또한, 냉동온도 −12'C에서 2개월, −18'C에서 4개월, −24'C에서 8개월까지 저장할 수 있다.

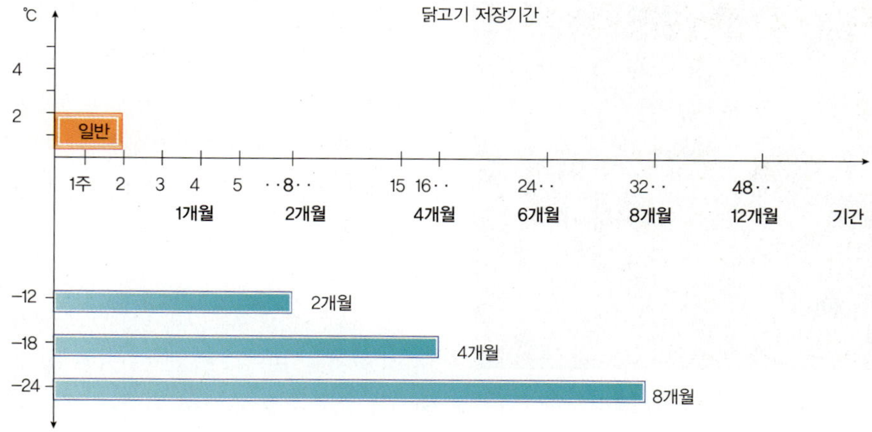

또한, 계란에 대해서는 권장 유통기간을 보관 온도별로 설정하는 작업을 정부에서 추진 중에 있다. 0~10˚C의 냉장상태에서는 최장 35일까지, 10~20˚C에서는 21일까지, 25~30˚C의 여름철에는 7일까지 유통토록 하겠다는 것이다.

계란의 권장 유통기간

보관온도	냉장(0~10℃)	10~20℃	20~25℃	25~30℃
권장 유통기간(인)	35일	21일	14일	7일

마지막으로, 이것저것 따지기 싫다면 딱 하나만 실천하자!!

축산물를 구입하면 냉장보관 하더라도 자주 열거나 하는 경우 쉬이 부패하기 쉬우므로 1주일 이내 먹도록 하자. 장기간 보관이 필요하다고 판단하면 냉장고에 넣을 때 구입한 날짜를 네임펜으로 적어놓아 나중에 하게될 고민을 덜자~ ^^

★축산물 유통 기간 설정에 대하여(접근방법)

2013.06.09 12:31 http://blog.daum.net/meatmarketing/914
축산신문, 월간피그에 게재

"쇠고기는 유통기간이 어떻게 되나요?"

"1년이나 지난 사골이 들어왔어요. 괜찮나요?"

"도대체 축산물 유통기간은 어떻게 되나요?"

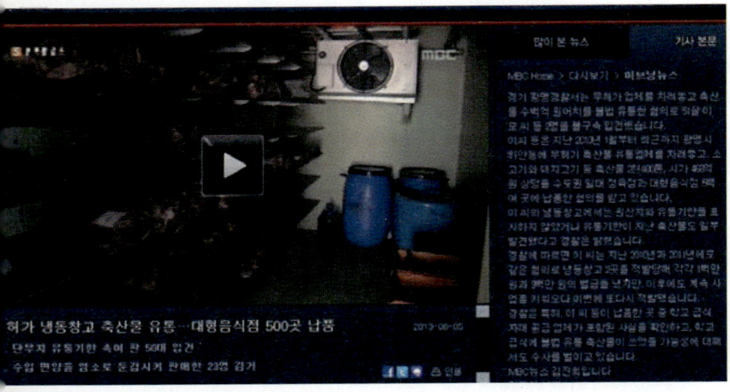

■자료 : MBC

이런저런 질문도 많고 궁금하신 분들이 꽤나 많다. 특히나 업계에 종사하시는 분들의 답답한 마음이 그렇게 표출되고 있는 듯하다. 정해져야 일하기가 수월하기 때문인지 축산물 유통기간에 대해 끊임없이 묻고 되묻고 반복하고 있다.

자, 나도 질문 하나 해보자. 유통기간이 뭔지 아는 분? 아니, 유통기간을 왜 설정해야 하는지 아는 분? 그것도 그러면, 왜 유통기간을 법에서 정하는지, 또는 정해야 하는지 하는 분?

아무리 법전을 뒤적거려도 답을 주지 않는다. 못 찾은 것일 수도 있다. 근 5년을 간간히 질문 받을 때마다 찾아봤는데 못 찾았다. "저, 사실은 잘 모르겠지만 법에는 축산물 유통기간이 명시되어 있지 않아요." 하던 때가 바로 얼마 전이다. 이젠 "법에는 정해진 게 없다" 고 말해준다. 아님 말구 하는 심정으로. 솔직히 못 찾았다.

이런저런 유통기간을 속여 팔아 부당이익을 봤거나 국민건강을 위협하는 행위를 한 기사가 눈에 띄게 많아질 때면 이런 질문이 더욱 기승을 부린다. 마치 몰아세우는 듯 하다. 없는 것을 탓하는 것처럼. 마치 있어야만 하는데 없기 때문에 잘못이라는 것처럼

유통기간은 품질보증기간, 소비기간과는 다르다. 이미 용어에서 다 나와 있듯이 유통기간은 유통하기 까지 허용된 기간을 말하고, 품질보증기간이란 해당 식품의 품질이 인정받은 그 품질을 보장하기 까지의 기간을 말하며, 소비기간은 소비자가 먹기까기 소비가 허용된 기간을 말한다.

다시말해, 소비기간이 소비자가 보기에 가장 길면서 정확하게 소비할 수 있는 기한을 점칠 수 있을테고 유통기간은 소비자가 해당 식품을 보기에 도대체 언제까지 유통되는 거지 하면서 가늠할 때 필요하다. 품질보증기간은 식품 중에서 가장 짧은 속성을 지니면서도 해당 식품의 품질을 보장하기 때문에 신뢰면에서는 가장 좋다고 할 수 있겠지만, 품질보증기간을 하려면 유통에서 힘들어지고 그로인해 품질보증을 지키지 못해 버려지는 식품이 발생하게 되어 낭비(국익)로도 연결될 여지가 있어 무조건 품질보증기간으로 해야돼 라고 하는 것에는 무리가 있어 보인다. 각기 필요한 식품마다 달리 접근할 필요가 있다는 말.

소비기간은 아무 생각없이 소비할 때 가장 편리하다고 여기기 쉽다. 그 때까지만 먹으면 되니까 한다. 하지만 우리는 알지 않은가! 우리가 사와서 곧바로 먹지 않고 다시 냉장고나 심지어 냉동고로 저장한다는 사실을. 그렇다면 다시 물어볼 것이다.

"소비기간이 몇 일 전까지 였는데 저는 사올 때부터 냉장을 잘 했어요. 먹어도 되나요?"

냉장을 잘 했다는 모호한 말. 소비기간은 다시 저장방법과 온도, 취급상 여러 조건에 따라 변할 수 있는데, 그렇다면 그 조건을 명시해 주고 그 조건이 지켜졌을 때 소비기간이라고 정해줄 수 있을 것이다. 그렇지만 그렇다고 해도 소비자가 그 조건을, 그 요건들을 모두 충족시키고 그것을 생각하면서 먹을까?

솔직히 의문이다. 그저 그 기간을 볼 수 있다. 그래서 그 기간이 지나면 버리고. 혹시나, 에이 먹어 보고 배탈나면 말겠지 할 수도 있다.

이처럼 어렵고 어려운 길이 소비자의 눈높이를 맞춰주는 일이다. 결코, 과학적인 기간이 중요한 것이 아니라 소비태도와 그 태도에 따른 소비자의 건강을 먼저 염두에 두어야 한다는 말. 축산물의 유통기간을 굳이 정하려면 가장 최악의 소비자를 모델로 그 식품이 안전하게 소비될 수 있는 가설을 정해 법에서 정해주어야 한다.

그래도 요구하고 있다. 우리에게는 유통기간이 필요하다고. 자, 그렇다면 거꾸러 생각해보자. 우리에겐 이미 유통기간이 있다고 가정해보자. 돼지고기 유통기간이 1달이라고 하자. 그렇다면 그 돼지고기는 1달 안에 모두 유통되어야 한다. 이미 발달된 저장온도와 보관방법 등을 감안하더라도 말입니다. 1달이 넘어서면 (소비자가 모두 그렇게 인식했다고 가정할 때) 모두 돼지고기를 내다버릴 것이다.

1달이 너무 짧은가? 그렇다면 돼지고기 유통기간을 6개월로 하자. 6개월 안에 모두 먹어야 합니다 하면 소비자는 도대체 뭐지 할 수 있다. 5개월 지난 돼지고기를 접한 소비자는 물어볼 것이다. "정말 먹어도 되나?"

오히려 유통기간을 정해주니 의문이 물고늘어져 소비자에게 쓸데없이 의심을 하게 만드는 형국이다. 먹고 먹는데 자기 건강만큼 잘 챙기지 않을 사람이 어디 있을 것이며 냄새로 맛으로 가늠하지 못할 사람들도 없을텐데 오히려 수치(유통기간)를 줌으로써 그 수치로 인해 갈팡질팡 의심만 늘리는 꼴이다.

수치(유통기간)를 정하자는 것은 그 수치를 통해 적정성과 소비자 판단을 돕기 위함일 텐데 오히려 먹는 것에 유통기간을 정하면서 정하는 과정에서의 논란이야 제껴두더라도 정한 후에도 끊임없이 갈등이 생길 것이다. 더구나 저장온도와 보관방법, 그리고 어떤 혁신적인 기술이 개발되었을 때 그 유통기간에 대해 묻고 답하기가 반복된다.

유통기간이 없을 때는 몰랐네 할 수도 있다. 유통기간이 생기니 좋은 면도 있지만 각각의 저장온도, 보관방법, 취급에 따른 변수를 모두 정해줘야 할텐데, 그것을 보고 그것을 따지면서 소비할 사람이 얼마나 될까? 아니면, 그 저장온도, 보관방법, 취급을 일정한 기준으로 제공한 다음 이것은 언제까지 소비할 수 있어요 하고 정해주면 그것은 그것대로 방법일 수는 있다.

그렇지만, 소비자 마다 유통업자 마다 그 요구하는 수준과 정도가 모두 다르니 이렇게 날(유통기간)을 잡기가 힘들다. 또, 사람마다 바라는 점이 다르다. 학자와 소비자단체가 머리를 맞대고 유통기간을 정했다고 하자. 그 기간에 정말 익숙하게 믿고 따를 소비자가 얼마나 될까? 그나마 단속하는 곳이나 궁금해하는 사람들에게는 답을 줄 수 있겠지만 그 기간이 정말 먹어도 되는 기간인지는 두고봐야 할 것이다. 가장 바람직한 유통기간을 말해줄 수는 있지만 정할 수 없는, 마치 한여름에 계란은 1주일 분량 만큼만 구입하여 소비하세요 하고, 한겨울에는 2달까지도 괜찮아요 한다면 그 변수는 더 커지기 때문이다.

한여름에 계란을 1주일 이내 소비하라고 권장할 수는 있겠지만 그것이 정답일까? 가장 좋을 수 있는 기간이 1주일 일까? 아니다. 바로 낳은 계란을 먹는 것이 좋음은 말해야 무엇할 것이며, 그 낳은 계란의 품질이 자기(소비자)가 요구하는 기간 내에 먹을 때(그 기간조차 사람마다 다르다) 만족하면 될 일인 것을. 마치 너는 3일 안에 먹어야 해 라고 정할 수는 없는 노릇입니다. 냉장유통으로 잘 처리된 2주일 된 계란은 바로 낳아 상온에 방치된 3일된 계란만 못하다고 할 수는 없는 일이다.

그럼, 자꾸만 유통기간을 속여 파니 문제다라고 하면 그 속임한 그것을 벌해야 하고, 그 벌을 주기 위해 둔갑판매, 속임판매에 처벌을 강화하면 될 일이다. 마치 유통기간이 없어 발생한 일이야 라고 하면 논지를 벗어났다고 할 만하다. 논란을 없애기 위해 유통기간을 정하겠다고 하자. 그렇지만 그 논란을 잠재울 수는 없을테고 단지 무엇인가 했다 라는 사실에 만족을 할 수도 있을 것입니다. 그렇다고 논의자체를 반대하는 것은 아니다. 우리는 발전하는 사회에 살고 있으니까. 단지, 궁극적으로 원하는, 소비자의 태도와 안전에 초첨을 두고 정말 유통기간이 필요한지 판단해야 할 것이며, 정했을 때 달라진 생활환경과 그것에 준해 소비자가 소비할 것인지, 그로인해 국가적인 손해와 낭비는 없는지, 과연 굳이 유통기간을 정해서 쓸모가 얼마나 있는 것인지 고민할 필요가 있다는 것이다. 그리고, 마지막으로 누구보다 중요한 역할을 하는 유통업자의 현실과 애로사항을 감안해주면 좋겠다.

식품은 현재의 발달된 과학수준에서 얼마나 오래도록 보관(저장)할 수 있을까?

이제는 소포장 용기의 포장방법까지 뛰어나 덩어리(지육) 유통에 더하여 슬라이스된 고기의 유통으로 전환하려고 하는데, 저장방법과 포장방법의 과학수준은 누군가 생각하는 그 수준보다 높게 있다고 한다.

축산물에 유통기간을 정하면 못 팔게 되었을 때 버려지는 식육과 망할 업체들이 수두룩하다. 뭐, 적자생존과 대의를 위했다고 치고, 그 유통기간을 지나치게 넉넉하게 설정할 수는 없을테고 기간의 설정 자체가 이미 논란에 휩싸여 있으니 앞으로 계속 시끄러운 과정을 거쳐 어디론가 향하기는 향할 것으로 보인다

사골은 냉동고에 보관하면 2년도 간다. 믿는지? 그것이 맞다고 가정할 때, 사골은 2년을 유통기간으로 정했다고 하면 그 2년의 기간은 저장온도, 보관방법을 지켜낼 때 성립한다. 그렇다면 다시 대두된다. 1년짜리, 2년짜리 마다 그 저장온도와 보관방법에 대해 적정성을 판단할 주체가 필요해진다. 먹어도 되는지 먹으면 되지 않는지, 먹을 수 없는지 등등 판단해 주어야 한다.

이렇듯이 유통기간을 정할 때 주변을 두루 살펴보길 바란다.

자, 돌고돌아 여기까지 왔다. 정작 필요한 것은 기간의 설정 자체에 있기 보다는 식품(축산물)이 지닌 특성을 인정하고 그 특성에 따라 저장온도와 보관방법, 취급에 따라 달라질 기간이라는 변수를 감안하여 소비자가 궁금해 할 때 판단해줄 주체이며, 그 주체는 이제까지 연구결과와 외국사례를 살펴 그 기간을 참조하면 될 일이요, 우리는 복잡한 시대에 살고 있다. 지나치게 획일적으로 정해지는 삶을 조금

은 지양하고 다양한 삶 속에 판단할 수 있는 역량을 부여했으면 싶다. 그래야 가뜩이나 스마트폰에 꽂고 사는 사람들의 머릿 속을 휘저을 수 있을 것이다. 생각은 생각을 해야 늘어난다. 주어진 숫자만 보고 소비하는 태도를 버릴 수 있도록 조금은 배려하자.

축산물 도축일표시 의무화 '걱정되네'

축산물에 도축일을 의무적으로 표시하도록 하는 방안이 추진되면서 육가공업계가 우려의 목소리를 내고 있다. 위생과 안전에 아무런 문제가 없는 유통기간 내 축산물이라도 도축일이 일정기간 경과한 축산물이라면 소비자들이 구매를 꺼릴 수 있다는 이유에서다.

노웅래 민주당 의원이 최근 대표 발의한 축산물위생관리법 일부 개정안에 따르면 축산물 표시기준에 도축일을 표시토록 하고, 도축부터 제조 · 가공 · 포장까지 기한을 정하도록 했다.

축산물의 표시기준을 강화해 국민건강을 보호한다는 취지인데, 도축일을 표시할 경우 소비자들이 도축일에 가까운 제품을 선호하면서 축산물 소비가 더 위축될 수 있다는 것이 육가공업계의 우려. 실제 꼬리나 사골 등 부산물의 경우 계절적 소비가 일어나기 때문에 상당부분 냉동제품으로 유통이 이뤄지는데, 도축일을 표시할 경우 가뜩이나 제고적체로 몸살을 앓고 있는 부산물 소비가 더욱 위축될 수 있다는 것이다.

또 육가공업체의 경우 일정 정도 재고 물량이 있어야 원활한 유통이 가능한데, 도축일을 표시할 경우 유통 흐름이 깨지고 수급에 있어서도 문제가 생길 수밖에 없다는 입장이다. 여기에 국내 축산물에만 도축일을 표시할 경우 수입 축산물과의 형평성 문제도 대두되고 있는 상태다.

출처 2013년 6월 10일 _한국농어민신문

3화. 쇠고기 시장 활로 모색

외국과 다른 쇠고기 시장에서 활로 모색

2013.03.01 16:54 http://blog.daum.net/meatmarketing/634
농림축산식품부 블로그에 게재

남들과 다른 수급시장에서 계속 쇠고기를 즐기고 싶은 이들에게

우리는 쇠고기를 즐겨 먹는다.

오랜만에 지인들과 만나 함께 들어선 한우전문점에서 숯불에 올려놓은 차돌백이, 살치살, 등심살, 채끝살, 아롱사태 등 모듬구이 한 상을 내심 언제 먹나 기다리다가, 지글지글 냄새를 풍기려하면 날름 집어먹는 친우가 야속하기만 하다.

남들도 우리만큼이나 쇠고기를 즐겨 먹는다.

나라마다 먹는 방식의 차이는 있겠지만, 글로벌 육류단백질 소비량의 증가세를 보면 쇠고기 소비량은 일정한 수준에서 유지되고 있다. 참고로, 돼지고기와 닭고기의 신장세가 눈에 띈다.

세계 육류소비량 추이

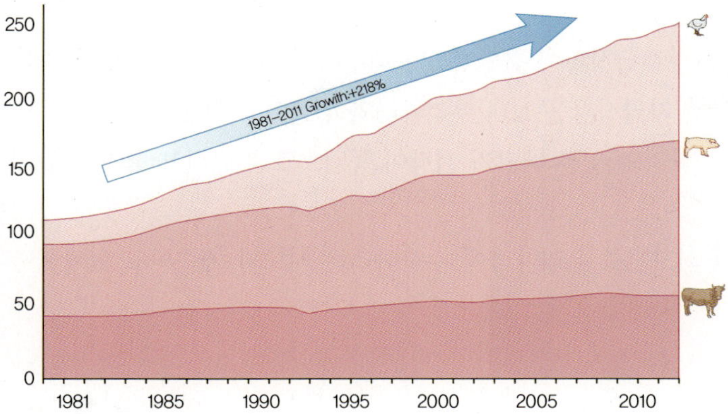

USDA FAS

그렇지만, 그 속을 들여다 보니 쇠고기 시장상황이 우리나라와 일본만 유별났다.

프랑스, 러시아, 중국, 미국, 캐나다, 멕시코, 뉴질랜드, 호주, 브라질 등 주요 교역국을 대상으로 했을 때, 쇠고기 생산자판매가격을 눈여겨 보라. 일정한 패턴으로 유지되고 있음을 알 수 있다. 그런데, 일본과 우리나라의 쇠고기 생산자판매가격을 보라. 마치 지휘자의 현란한 봉처럼 춤추고 있다.

쇠고기 생산자판매가격 동향

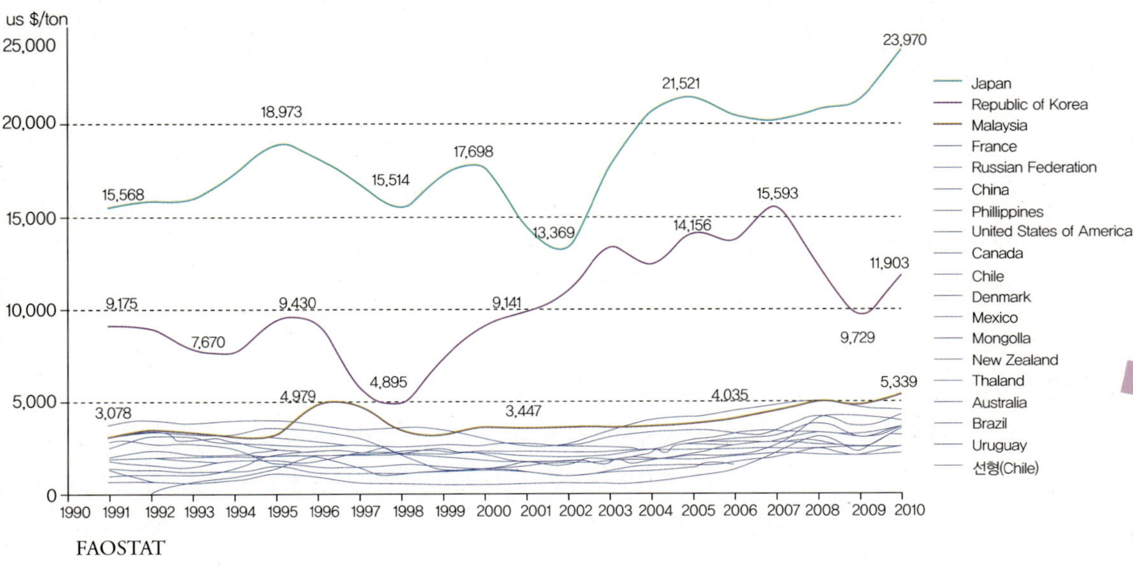

FAOSTAT

왜 우리나라와 일본은 쇠고기 생산자판매가격이 요동치고 있을까? 내려갔다가 올라갔다가 다시 오르내림을 반복하는 이유가 무엇일까?

답은 간단하다. 누구나 알고 있듯이 수급상황이 불안정하기 때문이다. 수입산이 국내산을 계속 넘보고 있다. 재밌게도 2010년 쇠고기 자급상황을 보니 우리나라와 일본이 거의 동일하였다. 좋은 일은 분명 아닌데, 국제사회에서 우리나라와 일본 쇠고기 시장이 동급으로 취급되고 있음을 알 수 있는 대목이다.

더구나 미국산 30개월령 이상의 쇠고기를 우리나라에 수출하려는 시도가 계속되고 있어 우울하다.

우리나라와 일본의 쇠고기 자급률 동향

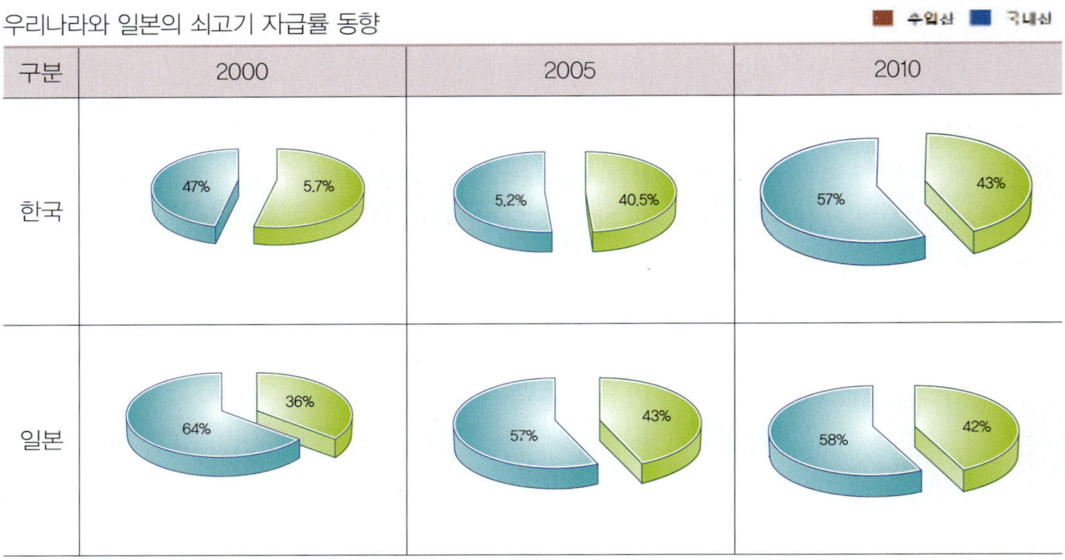

그렇다면, 남들과 다른 수급상황에서 계속 쇠고기를 즐기려면 어떻게 해야 할까? 물론, 누구나 원하듯이 맛있고 저렴하게 말이다. 이를 위해서는 이미 상당한 경쟁력을 갖춘 고급육 (생산)시장과 소비가 부진한 저지방육 시장을 양분하여 접근해야 한다.

해법 1. 이미 상당한 경쟁력을 갖춘 '고급육'을 해외에 수출하자

우선, 약 43%의 한정된 국내육 소비시장에서 국내산 소의 공급과잉은 그 소비가 원활하지 못할 경우 인색한 수요와 풍족한 공급에 따라 산지는 가격하락의 압박을 계속 받게 되고, 소비지는 지금처럼 "산지 소값은 하락했는데 소비지가격은 왜 떨어지지 않는가?"라는 물음에 직면하게 된다. 어쩌면 정작 그것이 본질이 아닐지라도.

잠깐, 풍족해진 공급시장에서 우리나라 쇠고기 품질수준의 변화는 어떤지 살펴보자. 과연, 논할만큼 고급육 생산수준이 높지 않다면 해법을 굳이 언급할 필요가 없기 때문이다.

2012년 현재, 1등급 이상 육질의 고급육 생산은 2000년 25% 수준에서 58% 수준으로 2.3배 급증했으며, 육량의 척도가 되는 등심단면적은 지육률이 거의 대등한 상황에서 2000년 79㎠에서 2012년 90㎠으로 13.9% 상승했다.

그간 축산물등급제를 토대로 가축개량과 고급육생산 기술의 발달에 힘입어 육질과 육량 2마리 토기를 모두 잡은 셈이다.

우리나라 쇠고기 품질수준 동향

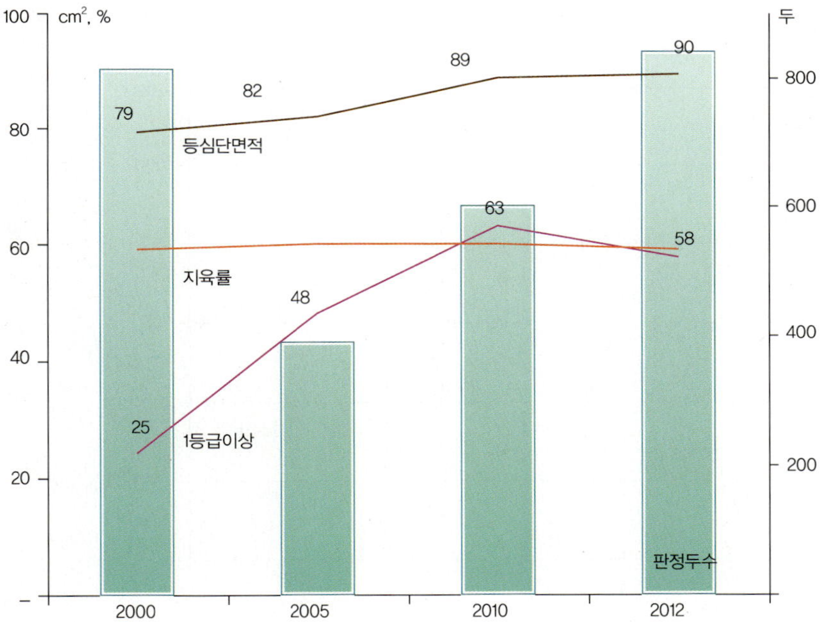

축산유통종합정보센터(www.ekapepia.com), 축산물품질평가원

이처럼 우리나라의 쇠고기 품질은 육질과 육량 양 측면에서 보더라도 외국과 견주어 절대 뒤떨어지지 않는 상당수준에 도달해 있음을 알 수 있다. 그렇다면, 경쟁력있는 고급육을 보다 높은 가격으로 판매하기 위해서는 어떤 접근이 필요할까?

그것은 바로 수출이다. 남들이 우리나라에 계속 요구하는 시장개방을 우리도 해야 한다. 우리나라 보다 약 1.7배 비싼 일본시장과 홍콩, 미국, 동남아 고급육 시장에 수출하는 길이 생산된 고품질육에 대한 합당한 처우가 아닐까?

한우고기 수출가능성 연구(2010.9, 한우자조금)에 따르면, 홍콩, 미국, 동남아 등의 고급육시장을 일본화우가 이미 선점하고 있음을 감안할 때, 해외시장에서 일본의 A4, A5 등급과 경쟁하기 위해서는 현재 9단계로 구분되어 있는 국내의 BMS(Beef Martbling Score) 구분을 더 이상 축소시켜서는 곤란하단다. 웰빙과 마블링 적정성, 수준높은 고급육 생산기술 간에 서로 다른 해법이 필요해진 셈이다.

일본과 우리나라 양국 간의 부위별 명칭 및 정형기준이 달라 정확한 비교는 어려우나, 소비자의 선호도가 높은 일본의 '로스'와 한국의 등심 및 '수입냉장 로스'의 소비자가격을 비교할 때 일본의 '로스'가 한국의 등심에 비해 1.5배 정도 비싸고, 한국의 등심이 일본의 수입냉장로스보다는 소비자가격이 높다는 것을 알 수 있었다.

한·일 간 쇠고기 소비자가격의 비교

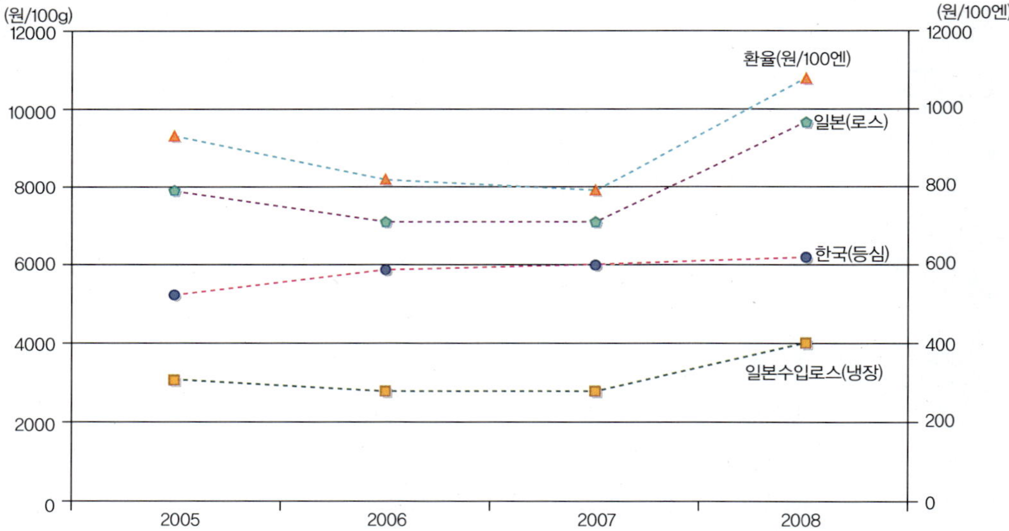

한우 수출가능성 연구(2010.9, 한우자조금)

따라서 일본에 한우고기를 수출할 경우 육질은 일본화우와 유사하며, 가격은 수입육보다는 높고, 화우보다는 낮게 유지하기 위한 마케팅전략이 필요하다.

해법 2. 불균형한 소비습관으로 결국 남아도는 '저지방육'은 즉석가공으로 활로를 모색하자.

어느 순간 중단되겠지 하면서 막연히 기다렸던 쇠고기 부위별 소비편중 현상은 이제 도가 넘어섰다고 다들 심심찮게 말하고 있다. 누구보다 육류를 즐기는 모양은 건강하고 행복한 국가를 위해 바람직하다 할 만하지만, 한 마리를 생산해서 소비가 잘 되는 부위는 모자라서 수입하고 팔고 남은 부위는 재고부담으로 냉동고를 돌리는 형국, 더 이상 계속되어서는 아니될 말이다.

이처럼 신선육 위주의 정육점 판매행위를 신선육, 가공육, 분쇄육, 양념육, 조리육 등으로 다변화함으로써 육류 부위의 편중된 소비습관을 바로잡아 선호부위의 가격은 낮추고 저지방부위에서는 부가가치를 창출코자 추진 중인·식육·가공품 판매업·육성방향에 대해 국민 모두가 관심을 가질 때다.

주요국과 비교해 볼 때 우리나라 쇠고기 유통 가격이 불안정한 이유

2012.03.14 18:01 http://blog.daum.net/meatmarketing/304
세계식품과 농수산, 미트매거진, 한우마당에 게재

지난 2011년부터 2012년초까지 전국을 뜨겁게 달궜던 사건을 기억하는가!

산지 소값은 국내산 쇠고기 수요 대비 공급과잉 등의 이유로 떨어져 농민은 더욱 경영이 힘들어졌음에도 왜 쇠고기의 소비자 판매가격은 변동이 없이 비싸기만 한 것인지가 주요 논쟁꺼리였던 것으로 기억된다.

산지 소값하락으로 농민의 어려움에 대한 사회적 공감대를 넓히는 계기가 되었을 뿐만아니라 소비자의 한 사람으로서 이젠 자주 먹을 수 없이 비싸기만 한 쇠고기에 대한 한풀이라도 하는 양 친지들과의 식사자리에서 쇠고기 가격에 대해 자주 언급이 되었었다.

다행스럽게도, 지난 2.10일자 SBS 방송을 통해서도 알 수 있었듯이 이제는 산지 소값의 회복세가 뚜렷하다기에 안심이다. 사회적 이슈에 대한 정부의 적극적인 대응에 힘입은 바가 크다고 본다.

즉각적인 효과를 보기 위한 수매, 소비캠패인 등의 전개와 함께 중장기적인 가격불안 요인 해소를 위한 소도체 등급판정 시 성숙도 하향기준(No. 8, 9 → No. 7, 8, 9)을 강화함으로써 암소도태를 유도한다거나 송아지생산안정사업을 사육수 기준 4단계로 차등 지급하겠다는 등 대책들이 발표되어 추진되고 있다.

하지만, 과연 쇠고기 가격에 대한 논쟁은 끝났다고 보는가? FAOSTAT를 통해 주요국과 비교해 본 우리나라 쇠고기의 생산자 판매가격 동향을 살펴보면 일본과 우리나라의 쇠고기 생산자 판매가격이 요동치고 있음을 알 수 있다.

> ### 과잉사육으로 소값 하락땐 보관금 안줘
> ### 기준 4단계 차등 지급
>
> 앞으로 축산 농가들에 한우를 과잉 사육했다면 송아지 가격이 크게 떨어지더라도 정부 보전금을 받을 수 없다 농림수산식품부는 이 같은 내용을 담은 '송아지생산안정사업'개선 방안을 7일 발표했다. 정부는 송아지안정보전금을 가입 암소 사육후 수 기준에 따라 4단계로 나눠 차등 지급하기로 했다. 기업 암소 90만두 이하는 사육을 늘려야 하는 '꼭대단계'로 보고 송아지 가격이 기준 이하로 내려가면 마리당 최대 40만원을 지급한다. 90만~100만마리의 '적정단계'는 마리당 30만원, 100만~110만마리의 '위험단계'는 10만원을 각각 보전해준다. 110만마리가 넘는 '초과단계'에서는 송아지 가격이 아무리 떨어져도 보전금을 받을 수 없다. 지난해 말 기준 가입 암소는 124만9000마리로 올해 사육 규모가 이대로 유지되면 가격이 급락해도 보전금을 지급하지 않는 것이다.
>
> 출처 2012년 3월 9일 _한국경제

우리나라는 1990년대 초반만 해도 쇠고기 생산자 판매가격이 9,175 달러/톤으로 비교대상국가 중 가장 높았다가 1996년 일본의 급등세로 현재까지 2위 가격을 형성하고 있다. 이에 비해 다른 국가들은 일정한 가격대를 급등락 없이 유지되고 있음을 알 수 있다.

쇠고기 가격이 요동치는 이유

쇠고기의 가격이 요동치는 이유는 첫째, 쇠고기를 자급할 수 있는 한정된 시장(약 43% 수준)과 공급량(생산량)의 변동성, 그리고 저렴한 가격으로 국내육 유통시장까지 영역을 확대해가는 수입육 간 수급상황에 따른 가격변동성이 크기 때문으로 보인다.

우리나라 쇠고기 자급율 변화(1970~2010)

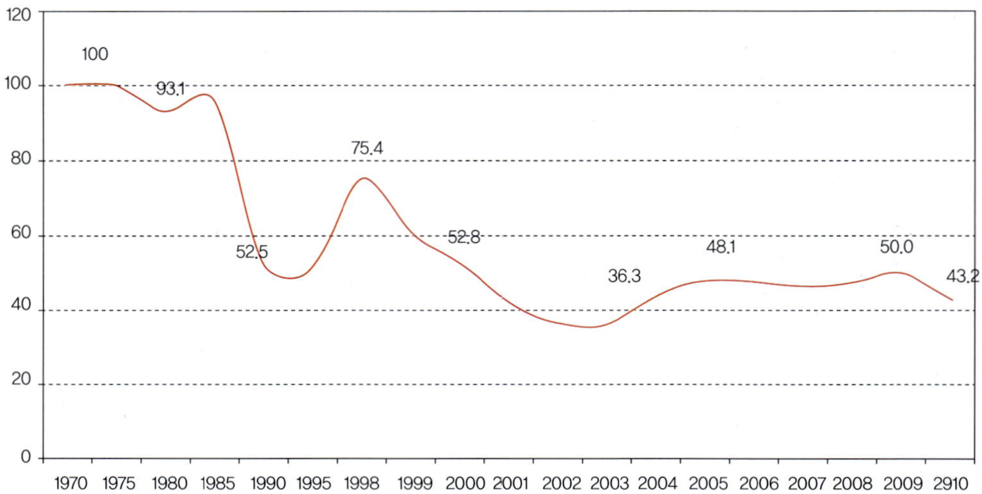

자료 : 2011년 농림수산식품 주요통계(2011. 9. 16)

둘째, 축산물 유통의 구조적인 차이에서 기인한다고 볼 수 있다. 축산물은 짧게는 3단계, 길게는 8단계를 거쳐 유통되고 있으며, 도축장과 식육포장처리과정을 반드시 거쳐야 하는 구조이다. 이러한 이유로 일반 농산물 보다 유통단계가 많고 복잡하며, 유통접점 마다 관계하는 주체가 많고 영세하여 유통비용을 증가시키는 요인으로 작용하고 있다. 도축장 83개소, 가공장 3,638개소, 식육판매업 53,083개소 등.

쇠고기의 소비자 판매가격은 백화점, 대형할인점, 조합, 정육점 순으로 높은 경향을 보이는데 브랜드 가치를 제외한 간접비(점포유지비, 인건비 등)가 큼에 따라 영업비를 증가시켜 판매가격에 차이를 발생한다.

일반적인 경제상황에서 상품의 가격은 공급과 수요에 따라 결정되는데 쇠고기의 소비자 판매가격 결정은 복잡하고 다양한 유통구조로 인해 쉽게 속단하기 어렵다. 2010년도 우리나라 쇠고기 수급상황을 살펴보면 국민 1인당 소비량 8.8㎏을 100으로 볼 때, 수입 쇠고기가 56.8% 시장을 점유하고 판매가격이 국내육 보다 경쟁우위에 있고 대규모 판촉행사 등으로 국내육 쇠고기시장을 계속 넘보고 있는 형국이다. 이에 비해 국내 쇠고기는 43.2% 시장을 점유하고 있으며 등급별 부위별로 유통됨에 따른 가격지지대를 형성하고 있다. 1등급 이상 쇠고기는 소비자의 선호도 등으로 잘 팔리니까 가격의 변동폭이 낮으면서도 가격 자체는 총 유통되는 쇠고기량 대비 희소가치로 인해 다소 높은 가격을 보이더라도 견고한 지지층으로 작용하고 있다.

그리고, 2등급 이하는 수입육과 경쟁하는 구도로 시장을 형성하고 있는데 사료비의 급등 등으로 인한 생산비가 높아 수입육 만큼 판매가격이 낮아질 수는 없는 상황으로 일정한 가격대를 보이고 있다.

우리나라 쇠고기 수급상황(2010)

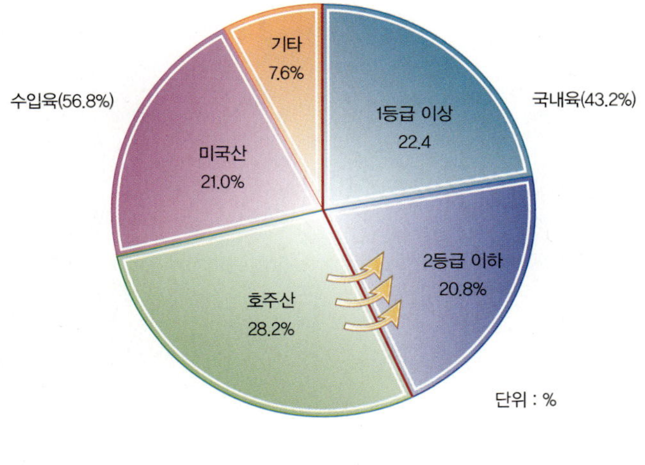

이처럼 치열한 쇠고기 수급상황 속에서 국내산 소가 공급과잉하게 되면 한정된 43.2%의 국내육 시장에서 생산자와 유통업자 간 거래가격 결정의 힘이 유통 쪽으로 옮겨감에 따라 가격은 낮아지는 경향을 보이고, 유통업자와 소비자 간 판매가격에서는 1등급 이상 국내산 고급육의 견고한 소비선호도와 생산비를 감안할 때 소비자 판매가격이 낮아질 수 있는 한계가 분명한 2등급 이하 국내산 쇠고기 사이에서 국내육 쇠고기의 소비자 판매가격은 낮아질 수 있음에도 불구하고 소비자에게 팔리니까 낮아지지 않게 되는 것은 아닐까.

더구나, 수입육 간 경쟁까지 감안할 경우 산지 소값이 하락할 때 쇠고기 소비자 판매가격의 하락까지 동반한다고 가정할 경우 어쩌면 오히려 농민에게는 더한 수익창출의 기회를 놓치는 경우도 발생하지 않을까 고민스런 부분이다.

앞에서 살펴본 것처럼, 축산물 유통경로의 복잡·다양성 및 수입육 간 치열한 경쟁 등 수급 상황을 감안하면 쇠고기 소비자 판매가격의 변동폭이 발생하는 것은 어쩌면 너무도 당연한 일일지도 모른다.

우리는 모두 인정할 것이다. 대다수 국민에게 안정적인 먹거리를 제공하기 위해 쇠고기 가격이 싸면 쌀수록 좋고 농민은 농민대로 잘 사는 나라가 되어야 함에는.

앞으로, 쇠고기 판매가격의 변동폭이 낮아지거나 일정한 패턴을 그리거나 일정한 범위 내에서 움직이도록 대형 축산기업의 출현으로 가격완충역할을 기대할 수 있을 수 있겠고, 1등급 이상 고급육 생산이 높아져 소비자 입맛에 충분한 고기의 공급과 함께 농가 경영안정과 수급상황이 개선된다면 이보다 더 좋을 수 있을까!

이를 위해, 가능한 정부의 직접 개입은 지양하는 것이 좀더 건강하고 자생력있는 축산업 유통환경을 조성하는데 도움이 되지 않을까 싶다.

암소 감축 놓고 '상충된 시각'과 엉뚱한 생각

2013.07.04 14:00 http://blog.daum.net/meatmarketing/968

제가격 받기 위해 일단 줄여놓고 보자고 했다. 현재 진행중이다. 등폭이 10% 이상 벌어질 우려가 있음은 또다시 재현될 조짐. 없어서 가격이 올라가고 많아서 가격이 떨어지는. 흠. 어렵다 어려워.

상당부분 비탄력적인 소매시장을 감안하여 산지의 품질수준도 안정적으로 유지되는 방안이 필요해 보인다. 오히려 산지와 소비자 가격연동에 대해 고민하는 방향 보다도 정육점, 음식점 등의 비탄력적인 가격요소를 감안하여 산지, 도매가격의 품질별 유지방향은 어떠한가?

등락의 널뜀은 불안정함을, 그 불안정한 곡선에는 흥망이 상존하고 있음을.

안정화된 발판에 집중해도 부족할 판에 '가격' 등락에 울고 웃는 상황. 이젠 좀 나아질 때도 되지 않았나 싶다.

암소 감축 놓고 '상충된 시각'

도태장려금 300억원을 투입해 고강도 암소 감축 정책을 펼쳐왔던 정부가 더 이상 암소감축 정책은 없을 것이라고 밝혔다.

이처럼 현재 한우산업은 장기불황을 타개하기 위해서는 암소감축을 더 해야 한다는 입장과 장기적으로 번식기반 붕괴를 우려하는 목소리가 높아지면서 정책 변화의 기로에 서 있는 실정이다.

◆ 얼어붙은 번식의향

송아지 가격이 큰 폭으로 하락한 것은 번식농가들의 번식의향이 사상 최저 수준에 도달했다.

농협 한우개량사업소에 따르면 금년 5월까지 정액판매량은 58만9천스트로우로 전년 동기간 대비 15.9%가 감소했으며 이는 평년보다 20.9%가 낮은 수치다.

이 같은 판매량은 인공수정률 추세치가 가장 낮았던 1999년과 2000년 수준에 접근한 것이다.

더욱이 암소 도축동향을 보면 암소도축이 갈수록 늘어나고 있다.

◆ 암소감축 더 필요 VS 아니다

한우업계도 이 같은 현상을 놓고 의견이 갈리고 있다. 가임암소수가 여전히 많기 때문에 단기간내 가격 회복을 위해서는 저능력 암소의 도태를 더 해야 한다는 의견과 함께 소규모 농가들의 폐업 증가로 인해 번식기반 붕괴의 우려의 목소리가 공존하고 있다.

우선 암소도태를 더 해야 한다는 의견은 가임암소수가 많이 줄어들기는 했지만 3월말 현재 120만두로 여전히 많다는 것이다. 120만두에서 생산된 송아지가 내년에도 영향을 미치기 때문에 불황이 더욱 길어질 것이라는 지적이다.

반면 번식기반 붕괴를 우려하는 입장은 한우산업 특성상 번식기반이 붕괴될 경우 회복이 매우 힘들기 때문에 더 이상 암소감축은 자제해야 한다는 주장이다. 또한 정부도 이 같은 우려 때문에 더 이상 암소감축 정책을 펼치지 않을 것이라는 것이다.

이처럼 현재 한우산업은 현재 중대 기로에 서 있는 것만은 사실이다. 장기간 이어지고 있는 불황으로 지칠대로 지친 한우업계는 암소감축이든 아니든 단기간내 가격을 끌어올릴 수 있는 특단의 대책이 필요하다는 지적이다.

출처 2013-07-04 10:30:28 _축산신문

한우암소감축, 모돈감축에 대한 엉뚱한 생각과 미래를 위해 할 일

2013.07.10 17:33 | http://blog.daum.net/meatmarketing/982

기회요인과 리스크에 대해

한우암소감축, 모돈감축은 정말 할 수 없어서 하게된 자구책이라고 봅니다. 어쩌면 정말 어쩌면 근 10여년을 노력해서 늘린 사육두수를 한 방에 날려버린 꼴이요, 도매가격이 편차를 보이긴 하지만 늘어나는 사육두수 만큼 등락폭이 컸냐고 하면 글쎄요. 아닐 수도 있고 그럴 수도 있고. 다만, 사육두수 증가는 자급율을 높이기 위한 근간인데 감축사업은 가격을 좇아 자급상황(경쟁+튼튼경제 등)을 높일 기회를 날려버렸습니다. 물론, 날렸다고만 보는 것도 문제겠지만요.

언제 다시 이런 기회가 올런지 정비하고 정비해서 언제나 늘어나는 육류소비량을 충당할 수 있을런지 모릅니다. 후~

해결책은 누구나 다 알듯이 생산된 육류가 모두 제때 유통이 되도록 풀어주는 일입니다. 이윤의 문제가 아님은 유통인 모두 인정할텐데요, 이젠 살아남기 위해 무엇인가 해야 할 때인데 개개인이 하기에는 버겁습니다. 수출로, 내수로 모두 소비될 수 있도록 불균형한 소비습관을 바로잡고 수출로 활로를 터줘야만이 다시 기회를 열 수 있을 있는데, 그렇게 하면 덩달아 가격과 수급안정 효과까지 덤으로 얻을 수 있을텐데.

공급과 수요에 의한 가격 결정, 너무 맹신하지 말자!

현상은 진단과 맞대응으로, 활로는 다각도로, 가격을 때려잡으려다 기둥이 흔들린다.

수요에 비해 공급이 많아졌다? 물론 치열한 육류시장에서 가령 쇠고기시장의 경우 약 50% 자급상황. 그런데 국내육이 높아지면 당연히 수입육시장을 파고들어야 하는데 그렇지를 못하니 '공급과잉'이라고 진단했겠지요.

늘어나는 육류소비량, 전 국민이 소비하는 문화를 만들면 되는데 긴급처방을 취한 덕분에 가격안정은 가져올 수 있겠지만 그것에 소모되는 기간과 비용 못지않게 날아간 기회요인이 아쉽기만 합니다.

먹어줘야 하는데 낮출 가격의 마지노선이 있으니 한없이 낮출 수는 없다고 여깁니다. 한 번쯤 고민해봐야 합니다. 확~ 낮추고 다~ 소비되도록 하는 방향은 어떤지. 개개인이 이윤을 취하지 못하도록 하든가, 그렇지 않다면 경쟁을 시켜 수주토록 하는 것. 패커의 규모 증진 보다 힘있고 슬기로운 대형 유통업체의 등장이 필요해보입니다.

그러거나 말거나 가격은 춤추고 농가부터 도축, 가공, 유통, 판매장, 소비자에 이르기까지 의견 소통이 되어야만이 서로간 불신과 오해를 걷어내고 솔선수범하게 가능성을 높이고 각자의 말 보다는 대의를 위해 수긍하고 따를텐데. 이건 또 누가해야 할까요? 서로 헐뜨기 바쁘고 언론은 조장하기 바쁘니 오해나 안 쌓이면 좋겠습니다.

우선, 제각기 다른 생각하는 분들을 모셔놓고 원칙을 정한 후 의견소통을 하면 좋겠습니다. 여기에서 원칙이란, 가령 돼지고기의 맛과 품질을 좌우하는 사육기간과 증체량, 그리고 적정 출하체중이 결정된 그 세팅관계를 단순히 고기량을 줄이기 위해 출하체중을 낮추자는 시각에 대해. 글쎄요, 충분히 먹고 자란 돼지의 맛과 품질로 승부해야 할 때인데 오히려 고기량, 출하체중.. 헐~

유통을 풀어주는 방법을 고민합시다.

가능한 사육두수는 건들지 말고 환경을 바로잡읍시다.

무엇이 선이요 후인지 명확히 합시다. 쏟아부어 나아질 그 무엇이 정확히 있는지 봅시다. 제발.

줄줄이 새는 판에 무슨 돈이며, 발전을 말할 수 있을까요? 의식없이 농장일 하지 못하도록 철저히 하고 줄줄이 새는 에너지, 시설환경부터 바로잡읍시다.

공개될 정부3.0 시대에서 양질의 정보를 놓고 제각기 딴 생각하지 않도록 친절히 설명해줍시다. 의식개몽운동.

그냥 받아들이도록 하는 것은 무책임합니다. 다양한 생각은 발전을 위해 더없이 좋지만 이 시대에 살면서 정해진 어떤 가치에 대해서는 통일성이 더더욱 중요할 수 있습니다.

무엇보다 내수 100%를 가져가되 활로를 다양화 합시다. 수출로 숨통을 틔워줍시다. 불균형한 소비습관을 바로잡읍시다.

그리고, 이 일을 할 누군가를 확실히 키워줍시다. 해낼 수 있도록.

이제는 긴급처방 하지말고 때쓴다고 들어주지 말고 원칙을 세우고 그 원칙 아래 흔들림없이 10년지 대계를 세워 추진해 봅시다. 그러하면 결국 자급률 1%P는 올라가지 않을까 합니다. 이제 무한경쟁 속에 발전이 가능토록 하는 일보다 잘 할 놈(?)을 확실히 확~ 키워 글로벌 경쟁하도록 해줍시다. 뭐가 무서워 뭘 못한다고. 이젠 글로벌 기업을 육성합시다. 소모되는, 계속 소모되는 세금 투자보다는 상승하고 미래를 여는 곳에 투자를 늘립시다. 언제까지 뒤치닥거리하면서 나아지길 기대해야 할까요? 현장의 진정한 소리를 많이 듣기를 바라면서,

한우암소감축에 따른 한우 가격추이와 성숙도 8~9번

2013.07.07 19:01 | http://blog.daum.net/meatmarketing/979
농림축산식품부 블로그, 월간축산컨설팅&시설에 게재

2012.2월 정부는 한우사육두수를 점진적으로 감축하여 적정두수를 유지하기 위해서 한우암소감축장려금지원사업을 시행했습니다.

적정두수를 넘어선 사육두수로 말미암아 가격은 급락하고 소비는 지체되는, 그래서 결국 경쟁력이 약화되는 장기적인 사태를 미연에 방어하기 위해서라고 보여집니다.

1900년대 후반을 보면 재미있는 사실을 알 수 있습니다. 암소감축과 한우가격 간의 상관관계에 대해. 당시 3~4년에 걸친 암소감축으로 인해 근 9년, 즉 2011년 들어 가격급락이 있기 전까지 안정적인 유지세를 보여왔습니다.

한우사육의 적정두수에 대해서는 논란여지가 남아있으며, 채 50%가 안 되는 자급상황에서 수입쇠고기의 가격경쟁력에 뒤짐을 볼 때 갑작스런, 마치 예상 못했다는 듯이 국내산 쇠고기의 공급량이 높아지면 그나마 맛 좋고 품질 좋은 고기는 팔리고 원하는 곳이라도 있기 때문인지 소비에는 큰 무리가 없어 보이지만, 나머지 고기와 부산물은 쌓이고 쌓이니 가격이 다시 이리저리 전가되는 현상이 일어나거나 또는 냉동을 통한 재고부담으로 가져갈 수 밖에 없는 상황에 처하게 됩니다. 그래서, “일단 줄이고 보자” 했죠.

한우 암소도축율과 경락가격(1998~2013.5)

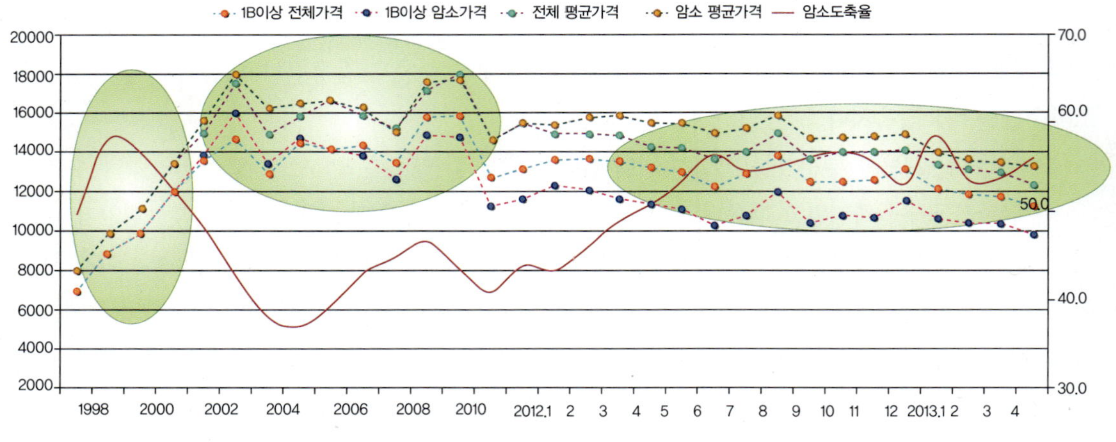

260만두 인지 아닌지 한우사육의 적정두수를 향해 달리는 이 때, 지난 경락가격은 꾸준히 유지세를 보여왔다는 현상에 대해 한우암소의 번식주기가 3~4산, 5~6산, 7~8산으로 각 산차별 비율로 농가에서 암소를 관리하고 있음을 더하게 되면, '팔고 팔리는 시장'을 좇아 높은 등급을 내는 소는 계량을 통해 확산시키고 낮은 등급을 내는 소는 조기에 도태하는 방향이 본인 뿐만 아니라 육류시장에도 더할나위 없이 좋다는 사실은 누구나 알고 있는 일이겠죠.

한우 사육두수와 경락가격(2003~2011)

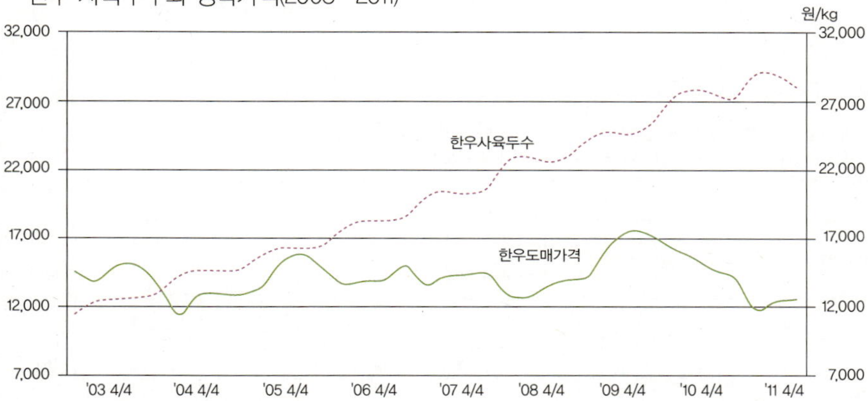

자료 : 축산물품질평가원

쇠고기의 자급상황을 높일 대안은 없는 것일까?

누구나 고민하고 있습니다. 식량주권 없이 국제 경쟁에서 살아남을 수 없다는 사실을 잘 알고 있으며, 약 50% 아래에서 형성된 치열한 자급상황에서 1%P 올리기 위해 얼마만큼 애써야만 가능한지. 그래도 해봤으면 싶군요. 1%P 높이기 위한 다각도의 노력을.

한우 암소도축율과 경락가격(2005~2013.5)

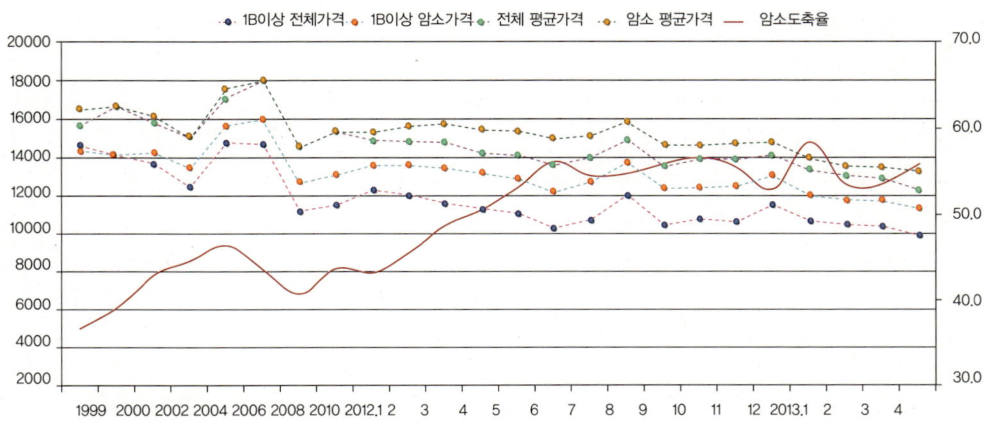

언제쯤 가격회복을 기대할 수 있을까?

한우암소만 잡아들인다고 가격이 올라갈 것이라는 것은 기대감의 발로일 수 있습니다. 가격결정이 공급과 수요에 의해 결정된다 하더라도 그 3~4년 안에 다른 변수가 최소화되어야 가능한데, 외세의 시장점유처럼 직접적인 경쟁 말고도 우리는 갈수록 예측하기 힘든 세상에 살고 있어서 안심하기에는 이르다고 봅니다. 가령, 신종플루, 광우병, 구제역 등 이젠 너무 익숙한 질병과 태풍, 혹한, 가뭄 등 이상기후 현상까지 감안한다면 차라리 '기대감'으로 해보는 편이 그나마 낫다고 할 수 있을 수 있습니다.

한우 암소도축율과 경락가격 추이(2005~2013.5)

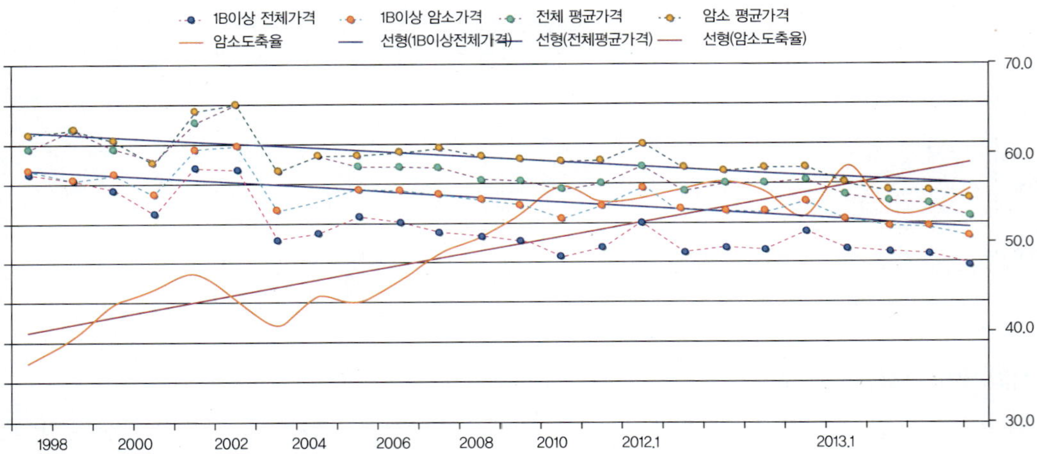

한우 암소도축율과 경락가격(2012~2013.5)

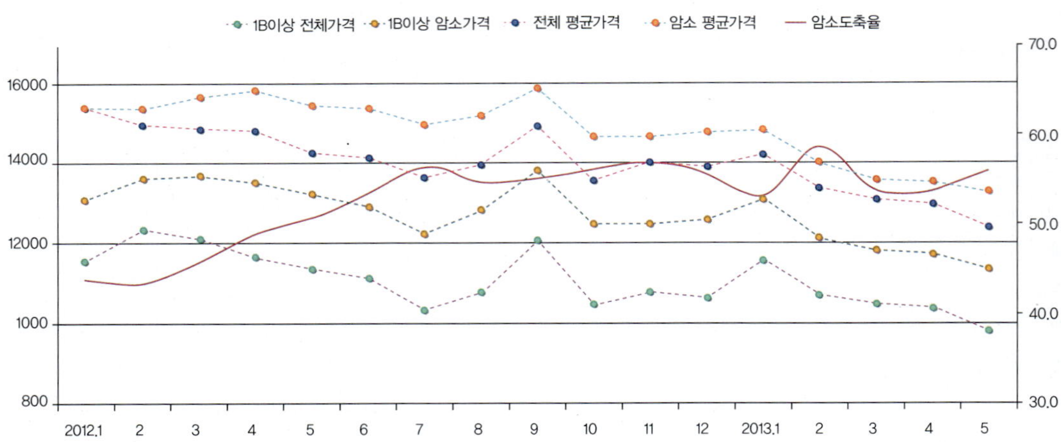

지금 당장 어렵다고 해도 멈춰서거나 나 하나쯤이야 하거나 하는 생각은 금물입니다. 하긴, 한우암소 산차별 적정두수를 관리하고 있는 농가라면 별무리가 없겠지만 그렇지 못한 곳은 변수로 작용하는 만큼 3~4년 동안 해당 농가비율을 높이는 일이야말로 쇠고기 자급률 1%P 상승과 적정 가격, 2마리 토끼를 모두 잡는 방법일 수 있습니다.

지나치게 관대하거나 냉혹할 필요는 없겠지만 아직은 한우암소 감축이 계속되면서도 가격은 하락세를 면치 못하고 있습니다. 하지만, 분명한 사실은 이대로 가다 보면 한우암소 감축과 적정 사육두수, 그리고 시장수요 간의 '접점'에 도달할 것이라는 점입니다.

15만 농가에게 직접적인 지침서를 줍시다. 헛갈리지 않고 3~4년 동안 함께 할 시나리오별 실천 요령을 알려줍시다. "한 두 농가쯤"이야 보다는 "한 두 농가라도" 라는 시각에서 구체화되어 목표에 도달할 수 있도록, 목표했던 것보다 좀더 높은 성과를 달성할 수 있도록 가능한 방법을 함께 해봐야 하지 않을까 합니다.

늘어나는 한우암소 성숙도 8~9번

2012년부터 2013.5월까지 출하된 한우암소 중 성숙도 8~9번을 받은 개체는 다음과 같습니다. 작년 한 해보다도 올해 5월까지 출하품이 높아졌다는 것은 '한우암소감축 효과'에 대한 시장반응이 뜨겁다는 것을 알게 합니다.

한우 성숙도 8~9번 출하비율

구분	한우 암소 두수	성숙도 8~9번	비율
2012	436,977	26,045	6.0
2013.1~5	214,555	37,176	17/3

비록 사소한 일이겠지만, 늘어난 그리고 앞으로 2~3년은 더 늘어날 수 있는 한우암소 성숙도 8~9번 개체를 어떻게 할 것인지 그 처우에 대해 고민이 필요해 보입니다.

소도체 성숙도 판정위치 및 기록표 예시

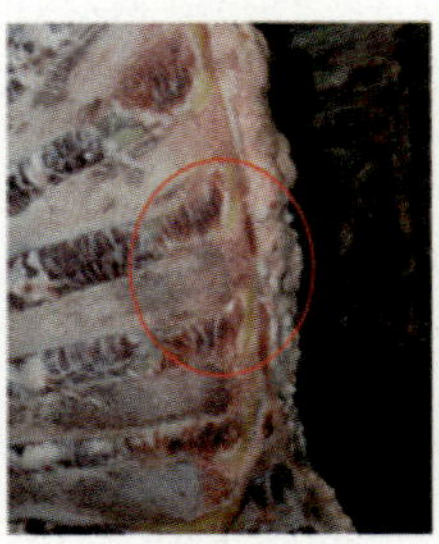

품종	성별	육질						육량						결함	최종등급
		근내지방	육색	지방색	조직감	성숙도	육질등급	등지방두께	등심단면	도체중	육량지수	등급보정	육량등급		
한우	암	3	5	3	2	6	2	5	73	340	69.6		A	근출	2A
한우	암	2	5	3	2	6	2	5	82	358	70.3		A		2A
한우	암	4	5	3	1	7	1	12	75	302	66.4		B		1B
한우	암	7	5	3	1	8	1	13	83	312	66.5		B		1B

자료 : 축산물품질평가원

쇠고기의 성숙도는 척추 연골의 골화정도를 보고 평가하게 되는데, 도체를 생산하는 가축의 생리적 연령을 의미하며 결체조직과 관련하여 쇠고기의 연도와 밀접한 관계가 있고 또한 조직의 성상변화와 풍미와도 관련이 있습니다. 더불어, 연골의 골화정도는 소의 품종, 성별, 영양상태 및 건강상태에 따라 다양하게 나타날 수 있습니다.

성숙도 8~9번 개체는 연골의 골화가 거의 완료된 상태를 말하는 것으로 당장 등뼈만 하더라도 우리고 우려도 사골국물이 나올 것 같지 않네요.

소도체 성숙도 차

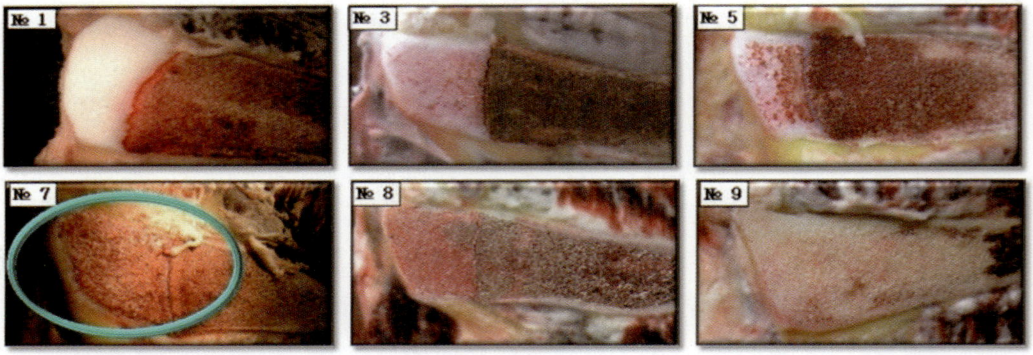

자료 : 축산물품질평가원

작은 소망이 있다면, 한우 암소감축이 정말 원하는 이상의 효과를 낼 수 있도록 도축하는 것에 너무 치우치지 말고 공급량 관리, 정액수요, 농가 산차별 관리, 시장수요, 시장요구, 성숙도 8~9번 개체처리 등에 대해 보다 구체적으로 접근했으면 좋겠습니다.

산지 소값 하락에도 불구하고 쇠고기 소비자 가격이 유지되는 현상에 대해 함께 검토할 만한 사항

2012.01.06 19:27 http://blog.daum.net/meatmarketing/278

왜? 문제라고만 하는가? 언론은 제대로 알리고 있는가? 이슈화를 통해 얻을 수 있는 것은 무엇일까? 너무 소모적이다. 물론, 대다수 국민에게 안정적인 먹거리를 제공하기 위해 쇠고기 가격이 싸면 쌀수록 좋고 농민은 농민대로 잘 사는 나라가 되어야 함에도 이번에는 너무 자중지란에 빠지지는 않았는가 생각된다.

이미 알려진 산지 소값 하락문제는 정부에서 잘 풀어가고 있음에도 언론은 왜 정부를 흔들까? 충분히 검토가 되었을까? 흔드는 저의가 무엇일까? 흔들어 얻게 되는 이익은 과연 어디로 향할까?

어쩌면, 생산자조직이 거대화되었음에도 농민 한 사람 한 사람을 보듬어 안지 못하고, 피해원인을 무작정 정부 탓으로만 돌리는 것은 기댈때가 없기 때문일 것이다.

쇠고기 가격에 대해

■쇠고기 가격결정 특성

- 쇠고기가 만들어 지기 위해서는 유통경로 중 반드시 도축장과 식육포장처리과정을 경유해야 함
  - 기본적인 유통경로만 '생산 → 도축장 → 포장처리업체 → 식육판매장 → 음식점' 등 4단계를 거칠 수 밖에 없음

    *참고로, 농식품부는 현재 도축·포장처리 단계를 패커형태로 단축코자 추진 중
- 추가적인 유통경로를 거치게 되면 유통비용은 당연히 상승하게 됨
  - (생산에서 도축으로) 우시장, 중간 가축거래상인을 거치면 최대 2단계가 증가하여 유통비용이 증가됨
  - (포장처리 후 식육판매장으로) 중간유통상인(총판–직판 등)을 많이 거칠수록 유통비용이 증가됨
- 쇠고기 소비자가격 현황
  - 백화점 〉 대형할인점 〉 조합 〉 정육점 순으로 높은 경향
  - 식육판매장 중 대형할인점의 경우 직접 식육포장처리업체와 거래함으로써 유통과정은 3~4단계에 불과하나 간접비(점포유지비, 인건비 등)가 큼에 따라 판매가격은 정육점 보다 높고 백화점 보다는 낮은 경향을 보임
  - 음식점은 소규모 이거나 영세하기 때문에 거래물량이 적어 식육포장처리업체와 직거래하기에는 양쪽 모두에게 부담스런 면이 있으며, 이 과정에서 중간유통상인(정육업자 포함)이 필요에 의해 발생됨

■쇠고기 소비자가격 결정요인

- 소비자 가격결정은 복잡(경로·판매주체·규모 등)하고 다양(재고부담·비선호부위 등)하므로 쉽게 속단하기는 어려움
  - 다만, 공급과 수요에 따라 가격이 결정됨
- 소비자가 소비하는 쇠고기를 100으로 볼 때,
  - 수입육 약 50%(가격이 낮아 가격경쟁우위에 있음, 판촉영향 등)
  - 국내산 약 50%(등급별 부위별 유통됨에 따른 가격지지대 형성 등)
- 국내산 쇠고기 약 50% 중 1등급 이상이 약 30%로 가격지지
  - 수입육 저가경쟁, 소 공급과잉 등의 여파에도 불구하고 유지되는 현상을 보임(나쁘게만 볼 수 없는 면이 있음)
  - 수입육은 한·EU, 한·미 FTA 등으로 시장점유를 적극 확대하는 추세에 있으며, 공격적인 영업으로 인해 가격이 낮은 상황에서 교섭력이 더 커짐
- 국내산 쇠고기 약 50% 중 1등급 미만이 약 20%로 수입육과 경쟁체제
  - 한우고기 2등급은 수입육 보다 가격이 높긴 하지만 너무 높을 수는 없는 상황
- 소비자가격은 식육판매장의 간접비(점포유지비, 인건비 등)로 인해 큰 폭의 하락은 힘듦

■요지

- 따라서, 국내산 소는 공급과잉으로 인해 산지 소값은 낮아질 수 있어도 유통시장에서는 여전히 선호하는 한우고기의 가격대가 소비자에게 팔리니까 낮아질 수 있음에도 낮아지지 않게 됨
  - 더구나, 수입육 간 경쟁까지 감안할 경우 소비자 가격하락까지 동반할 경우 농민은 치유할 수 없는 고통으로까지 작용 가능
- 다만, 쇠고기 산지 소값은 공급과잉(무분별한 입식; 현재진행형)에 의한 하락이 원인으로 농민 또한 앞으로 책임감있는 참여가 관건

더이상 산지가격을 갖고 논하지 말자

2012.11.06 09:36 http://blog.daum.net/meatmarketing/428

1. 우시장에서 한우 큰암소, 큰숫소의 거래물량이 얼마나 되는지 아는가? (총 도축두수 대비)
2. 우시장에서 주로 거래되는 큰소는 어떤 소인지 아는가?
3. 산지가격이 어떻게 형성되는지 아는가?

가격의 하락이 틀렸다거나 축산농가의 시름이 깊지 않다고 말하고자 하는 것이 아님을 먼저 밝혀두고, 위에서 제기한 사항들에 대해 살펴보면서 단순히 가격 만 보면 안된다는 사실을 말하고자 한다.

한우 큰소(암,수)는 우시장에서 2012.1~6월 총 도축두수 대비 3.6% 정도만이 거래되고 있다. 더구나, 한우 큰암소는 번식에 사용한 후 도태시키는 소이고, 한우 큰수소는 거세하지 않은 수소로 품질이 거세우에 비할바가 아니다.

우시장에서 팔려 주로 일반도축장에서 도축되어(임도축) 소비시장으로 거래됨을 볼 때, 쇠고기의 약 50%가 경매시장을 통해 거래되면서 품질에 따라 차등가격이 형성되어 소비되는 형태와 비교해 본다면 산지가격이라고 단순히 말하면 안될 듯 하다.

우시장에서 거래되는 한우 큰소의 산지가격은 산지에서 거래된 가격임은 맞지만, 구매함과 동시에 도축되어 유통됨을 볼 때 경매시장과는 달리 유통되는 도매단계로 해석할 수 있다.

즉, 품질에 자신있는 소는 경매시장으로, 품질에 다소 떨어지지만 급매할 필요가 있는 소는 우시장으로 향한다고도 볼 수 있다.

자, 이제 우시장에서 거래되는 큰소가 소비시장으로 유입되는 한 경로임을 알았다면 그 거래가격을 단순히 산지가격이 떨어졌다라고 하기에는 모순이라는 점도 있음을 느꼈을 것이다.

내가 보는 "산지가격"은 농가가 판매한 가격, 즉 시장에서 자율적으로 결정된 "경매가격"으로 해석하는 것이 오히려 오류를 조금은 보정하지 않을까 싶다.

제발, 기자분들이 산지가격, 산지가격 하면서 단순히 가격만 갖고 호소하지 않았으면 좋겠다.

모른다면, 전문가에게 물어보라. 여론만 들끓게 하지 말고. 이렇게 소모적인 가격논쟁은 그렇지 않아도 허리띠를 졸라맨 농부들에게 미래를 암울하게 하고, 그렇지 않아도 복잡다양하지만 산업을 이끄는 축산물 유통업 종사자분들에게 또다른 시름과 불신(열심히 일함에도 불구하고 시장의 따가운 질책을 받는다. 매번)을 심어준다.

공급이 수요에 비해 많다면 가격은 떨어진다.

쇠고기 자급율 50%의 한정된 국내산 시장에서 공급이 갑작스럽게 많아지면 아무리 수요가 된다해도 가격은 떨어진다.

가격은 떨어진다. 떨어지는게 맞다. 맞는 것을 갖고 부추기지 말자.

누구나 아는 것을, 그것을 개선하기 위해 노력하는 사람들이 있음을 믿고 기다렸으면 좋겠다. 우리가 우리를 믿지 못하고 서로 불신한다면 속만 상할 뿐이다. 오히려 생산과 유통이 상생하자는 기사에 더욱 정감이 간다.

한우 · 돼지 · 닭 등 각겨 뚝... 축산농가 시름

대전 · 충남 큰암소 한 마리 346만9000원 평년 比 26%나 떨어져

돼지고기 kg당 2993원 전월 比 18% 하락…닭고기는 kg당 1782원

한우, 돼지, 닭 등 주요 축산물의 가격이 크게 떨어져 축산농가들이 울상이다.

대전 · 충남을 중심으로 한우의 경우 지난 30일 기준 가축시장 가격이 한우 큰암소(600kg) 한 마리가 346만9000원으로 전년 동월 평균(368만2000원)보다 10.6%, 평년(469만원)과 비교하면 무려 26.1% 떨어졌다.

출처 2012년 11월 2일 _국민일보_사회

4화. 돼지고기 고민

축산물 유통 상황 속에서 양돈농가가 정작 관심갖어야 할 일

2013.08.13 13:40 http://blog.daum.net/meatmarketing/1027

"김성호가 이야기 하는 축산물 유통"이 출간되면 첫 날 사보신다는 분이 책에 바란다는 점을 말씀해주셨습니다. 책은 책으로 족하고 그분이 고민하는 사항과 처한 현실, 그리고 조금이나마 나아가려는 의지에 대한 답이 되길 바라면서 곰곰히 생각해봅니다.

양돈농가의 고민사항

생산자 관점에서 볼 때, 돼지 출하는 산지 수매상, 계통 출하, 대형 마트 등을 통한 계약수매 등의 선택이 있는 듯 합니다. 한마디로, 생산자는 수동적으로 생산만 하고 있으면 누군가가 내가 키운 돼지 등을 가져가는 개념입니다.
쓰시는 책에 양돈, 한우 등 축산물의 유통을 Supply chain의 관점에서 정리해 주시되, 그 내용을 보고, 생산자가 적극적으로 유통의 어느 단계에서 내가 키우는 가축을 판매할지를 선택, 고민할 수 있는 정보가 담기면 좋을 듯 합니다.
참고로, 저는 양돈생산에 관련된 일을 하고 있고 제 주변에 저와 비슷한 고민을 하고 있는 농장들이 많이 있습니다.

양돈농가의 고민에 대해 답변하는 형태의 글입니다.

감사합니다. 역시, 좋은 말씀이십니다.

돼지의 경우 생산자 입장에서 출하하는 경로로는 크게 식육포장처리업체와 장기계약하는 경우와 경매시장 출하로 나누어 볼 수 있습니다. 결코, 복잡한 구조가 아니며 이것부터 정확히 인지한 다음 풀어봐야 합니다.

식육포장처리업체와 장기계약하는 경우, 이때 등급에 대한 관심이 없다면 통상 69~72% 박피 또는 탕박 경락가격에 생체중량을 곱해 거래를 하고 있으며, 특히 인센티브 두당 2천원에서 8천원 정도에 페널티 2만원에서 4만원 정도 하고 있답니다. 물론 제각기 다르겠지만 그 범주안에 있다고 보여지네요.

두번째는 경매시장에 출하하는 것인데 출하경향에서 보면 알 수 있듯이 매년 경매시장으로 출하되는 돼지의 양이 줄고 있으며 현재 약 10% 수준에 머물러 있습니다. 일각에서는 가격결정력에 문제다 라고 하지만 제가 볼 때 경매시장을 통한 시장수요와 공급 간의 관계에서 중도매인이 매입하여 판매하는 물량이 경매시장에 의존한 구조라면 가격결정력 자체에도 문제를 삼아야 하겠지만 중도매인이 식육포장처리업과 마장축산물시장 처럼 중첩된 경우에는 가격결정력 보다는 공급과 수요 간의 적정성과 그 속을 들여다 본 규격출하율를 따져보는 것이 보다 합리적일 것입니다.

경매시장에 출하되는 약 50%에 이르는 돼지가 비규격돈이면서 경매시장에 가감없이 출하됨에 따라 시장의 품질수요에 따른 기대를 충족시키지 못하고 있는 실정으로 당장 제값 받기도 힘든 판국에 가격까지 아리송한 상황입니다. 어려운데 덮친 격이지요. 그렇지만, 오늘 어제의 일이 아니라 몇 십년 된 관행적으로 일어나고 있으며 바꿀 여지가 없다는데 큰 문제입니다.

우리가 대기 좋아하는 외국산과의 품질경쟁력 제고, 맛, 국내산 돼지가 최고라는 등의 수식어를 내려면 시장구조의 가장 근본적인 병패부터 바꿀 필요가 있는데, 온통 사료값 지원이네 뭐네 '지원' 속에 일시적 처방으로 연장시킨 효과 외에 자생력에 기대해야 하는 상황에서 자생력을 갖추기 위한 시설, 환경, 사양, 경영은 많이 부족해 보입니다.

특히나, 공급량에 따른 갑을의 관계가 유통쪽으로 이동한 현재 계약출하든 경매출하든 어느것 하나 만족할 수는 없겠지만 최선의 방식으로 거래가 이뤄지고 있을 것인데, 다른 어떤 사항보다도 출하되는 돼지의 품질수준, 즉 규격돈 출하를 유도해야 합니다. 어느 공산품의 불량률이 50%를 넘나들면 그 공산품이 팔릴 수가 있을지..? 물론, 생축과 공산품을 대등하게 비교하는 것은 무리겠지만 생산품의 품질 측면에서 볼 때 그렇다는 것이죠.

소의 경우처럼 15만 농가의 입장에서 좋은 등급을 받을 것으로 예상하면 경매시장에 출하하는 것과는 달리, 돼지의 경우에는 정반대의 경우에 처해있습니다. 소의 경매출하율이 매년 꾸준히 상승하여 50%를 넘보는 상황에서 돼지의 경매출하율은 30%대에서 10%대로 훅 주저앉았지요. 더구나 계속 그 상황이라는 것입니다.

규격출하를 원하는 즉, 식육포장처리업체의 안정적 공급량 확보차원에서 5천여 농가 중 전업농과 규모가 큰 농가들은 대부분 업체와 직접 장기계약출하를 하고 있다고 파악되는 반면, 물론 이때의 가격기준도 비규격돈 50%가 산입된 평균경락가격이라는 것! 헐~.

나머지 농가들 특히나 등급출하 성적이 들쑥날쑥한 농가들은 다소 불리한 처지에 있다보니 업체와의 장기계약이 어려워 경매시장에 출하하고 있지 않은가 생각됩니다. 출하는 어느 시점 반드시 해야하며 늦추는 것도 1~2주임을 볼 때 거래상대가 없거나 부족해지면 당연히 출하시점은 놓치기 일쑤고, 출하된 가격은 낮을 수 밖에 없을 것이며 그것을 중개인 중도매인이나 사가서 판매하는 소비자 입장에서는 제가격 주기가 어려운, 조금 그런 시장구조에 처해 있습니다.

개정 등급제의 첫 달 경매시장 출하성적 – "2등급 출하율이 49.3%에 달하고 있다."

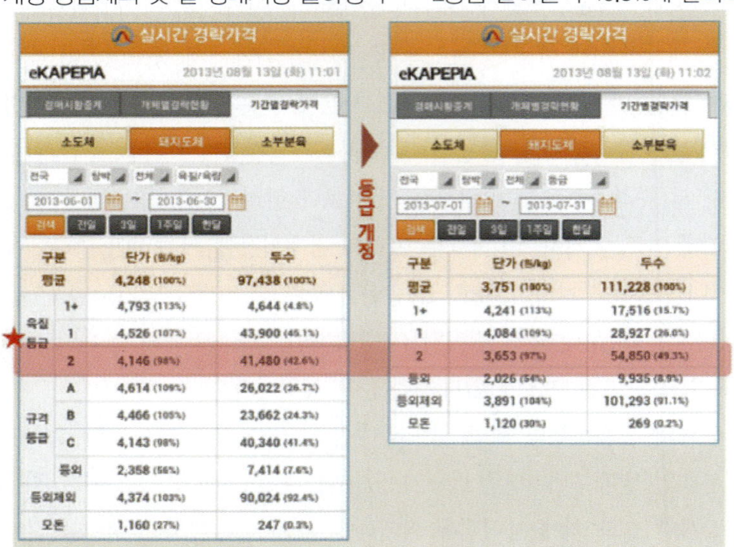

구분		단가 (원/kg)	두수
평균		4,248 (100%)	97,438 (100%)
육질등급	1+	4,793 (113%)	4,644 (4.8%)
	1	4,526 (107%)	43,900 (45.1%)
	2	4,146 (98%)	41,480 (42.6%)
규격등급	A	4,614 (109%)	26,022 (26.7%)
	B	4,466 (105%)	23,662 (24.3%)
	C	4,143 (98%)	40,340 (41.4%)
	등외	2,358 (56%)	7,414 (7.6%)
등외제외		4,374 (103%)	90,024 (92.4%)
모돈		1,160 (27%)	247 (0.3%)

구분	단가 (원/kg)	두수
평균	3,751 (100%)	111,228 (100%)
1+	4,241 (113%)	17,516 (15.7%)
1	4,084 (109%)	28,927 (26.0%)
2	3,653 (97%)	54,850 (49.3%)
등외	2,026 (54%)	9,935 (8.9%)
등외제외	3,891 (104%)	101,293 (91.1%)
모돈	1,120 (30%)	269 (0.2%)

한돈시장을 살리려면 어느 한 개인의 움직임 만으로는 타개하기 어렵다고 보고 있으며, 경락가격을 결정짓는 돼지부터 규격화 유도가 시급합니다. 그것을 위해 시장수요에 맞게 규격돈 출하가

가능한 농가들이 단지 자신의 농가 성적과 경영안정을 위해 업체와 장기계약으로만 출하하지 말고, 다소 귀찮거나 조절하기 어렵겠지만 시장수요에 적정한 수준에서 경매시장으로 출하하는 것이 필요하며, 성적이 안 좋은 농가들은 틈새시장의 누군가(업체)가 대량 매입하여 유통시키는 방식, 즉 경매시장에 출하되지 않아도 그 수준에 맞는 가격에 정산이 되는 시스템으로 장외운용하면 좋을 듯 합니다. 그것도 싫다면, 지원책 없이 시장 자체에 맡겨놓고 지켜보는 방법이 가장 좋을 수 있습니다.

농가 입장에서 축산물을 공급사슬(Supply Chain) 관점에서 출하하는 것을 선택하기란 쉽지 않습니다. 이미 일부 언론이나 남들이 간혹 얘기하듯이 돼지고기 유통이 5단계 내지 8단계니 하는 것에 쏠리지 마시고, 돼지의 경우 주로 3단계. 즉, 생산자로부터 식육포장처리업체 또는 경매시장을 거쳐 정육점을 통해 소비자에게 이르는 경로가 주된 유통임을 볼 때 생산자가 직접 판매하지 않는 형태일 경우 출하처를 선택한다면 식육포장처리업, 식육판매업, 일부 마트(유통업) 외에는 없다고 봐도 무방합니다. 현재.

지금 답변하는 내용은 모두 제가 쓴 글이나 블로그에서 자주 말씀드렸던 사항을 다시 정리해본 것으로, 이미 알고 계시리라 생각됩니다. 다소 실천적이기 보다는 방향성에 치우쳐 있지만 방향성 없이 방치된 사태 보다는 나아보이며 조만간 가까운 미래에 방향을 정해 실천하길 바라는 마음에서 제안해 봅니다.

앞서 말씀드린 경매시장과 가격결정에 대한 것 외에 정작 생산자가 고민할 사항은 특히 양돈시장에서, 계열화에 따른 대응책이랄까요. 계열화를 막아야 한다거나 필요악이라던가 그런 시각이 아니라 계열화의 추세가 꼭 필요한 당면과제라고 보거나 업계에서 이미 움직이는 형편을 볼 때 농가입장에서는 계약출하방식에서 충분히 생산분야에 전담하는 형태로 전문화가 될 것인지, 어떤 모습으로 전환할 것인지 그런저런 고민을 해야 한다는 것입니다. 누가 매입을 했네, 몇 % 매입을 했네에 관심을 갖기 보다는 매입이든 계약이든 거래방식의 하나일 뿐이라는 사실에 입각해서 농가의 거래결정력을 높이는 것에 대해 함께 고민해야 한다는 말이죠.

계열화시장 속에서 농가들의 흩어진 의견은 힘을 내기가 어려우니 합쳐진 의견을 내는 창구가 필요해 보입니다. 가령, 결사반대 처럼 정치적 성향의 운동은 글쎄요, 제가 볼 때 농가입장에서 도움이 되기 보다는 따로움직이는 또는 계열화를 음성적으로 만드는 방향으로 영향을 끼쳐 계열화 진척대비 시장에 노출되는 정도를 낮춤으로써 오히려 긴장감을 느낄 수 없게 만드는 등 좋지 않은 면이 있습니다. 계열화를 장려하든 막든 성공할 그 무엇이라면 상생구조가 탄생할 것이며 그 속에서 5천 농가의 입장 정리는 필요합니다. 그저 의사를 전달하기 위한 주체로서의 집합을 말하는 것이 아니라 생산품의 품질을 높이고 높인 품질에 상응하는 대우를 받기 위해 정해야 할 계약사항부터 고민할 필요가 있습니다.

20% 이상 계열화 된 상황, 실제 더 높다고 보고 있으며 다들 아시듯이 하림, 이지바이오, CJ 등 풍부한 자금력으로 미래를 설계하는 이 때, 가네마네 보다는 다양한 형태의 유통 융복합과 구조단순화가 일어날 수 있도록 지켜보면서 농가는 생산자 입장에서 그 체제 아래에서 무엇을 어떻게 할 것인지 고민해야 합니다.

돼지 5천농가 대 소 15만 농가, 돼지 10개월 출하 대 소 40개월(임신 포함) 출하, 조합 포지션, 응집력, 유통경로 상 관계형성 등을 볼 때 한육우 시장 보다는 당연히 한돈시장이 발빠르게 재편될 가능성이 큰데요, 자 멀지 않은 미래, 지속되는 가격결정문제의 원인을 타개하기 위해서라도, 농가의 전업화를 위한다거나, 유전력/사료 등 비교경쟁우위가 약한 상황을, 기본적으로 규격돈 출하조차 잘 하지도 못하는 현실을 타파하기 위해서라도 아마도 멀지않은 미래 누군가 총대를 매야 할 책임있는 주체의 출연에 대해 과연 시장에서는 반길까요? 거부할까요? 특히나, 어려운 돈육 수급상황 속에서. 감사합니다. 김성호.

p.s. 책에서는 갈증, 고민, 갈망을 한 눈에 보시기 편하리라 기대하면서 바라시는 답변이 되었기를 바랍니다.

일본 돈육시장의 54% 자급률, 남의 얘기가 아니다

2012.03.14 17:59 http://blog.daum.net/meatmarketing/303
세계식품과 농수산, 축산물품질평가원 정보지, 미트저널, 월간한돈에 게재

[제1화] 좌충우돌 유통 현실과 나아갈 방향

다음 내용은 2012년초에 당시의 시장상황(구제역으로 돼지 1/3 매몰, 수급불안, 고가행진 예상)에서 고민했던 사항으로 2013.9월 현재 기준으로 재편집해 보았습니다.

단 3년 동안의 돈육시장 변화와 그 대응자세, 그리고 그 여파... !!

2010년 약 80% 자급율 상황에서, 2011년말~2012년초 구제역으로 돼지가 1/3 매몰되고, 2012년 고가 행진과 할당관세 폐지로 수급안정을 꾀했으나 오히려 부담이 가중된 형국, 2012년말~2013년초 사육두수 조기회복(1천만두 이상 과잉)으로 도매가격이 kg당 3000원 아래로 형성하

니 우울한 마치 시장이 붕괴될 것만 같은 상황 속에서, 사료비 지원 등의 생산기반 강화조치(?)가 내려지고 모돈 10% 감축 등 공급량 감축계획이 발효되는 등 불안불안한 현 상황에 이르기 까지, 단 3년 동안 벌어진 돈육시장 변화와 그 여파, 조밀한 대응의 부재(= 주먹구구식 대응)로 인한 폐해 등에 대해 어떻게 바라보고 어떻게 바꿔나가야 할지, 그리고 정작 함께 고민할 사항은 무엇인지에 대해 나눠보고자 재편집하였습니다.

돈육시장은 마치 태풍치는 풍랑 속에서 언제 뒤집어질 지 모르는 뗏목(not 요트, not 화물선; 급해서 나무로 얽히섥히 만든 것 따위)을 타고 여러 입들(mouth)에 의해 이리저리 풍랑을 만드는 꼴이다.

1900년초가 아닌데, 2014년을 내다보는 이 때, 그렇게나 인재가 없는 것인지? 상황별 수급과 물가관리 시나리오가 불가능한 것인지? 관심이 없는 것인지? 통제가능한 수단을 강구하기 위한 무엇인가 조치가 필요한데 이리치고 저리치어 결국 '떨어져 나가려는 뗏목의 나무기둥'(가령, 0조원 생산단계 지원책)을 다함께 뒤집힐 지언정 함께 하자면서 그 끈을 잡고 있는 형세. (아니면 말구..ㅡㅜ)

마치 그 끈을 놓고 남아있는 기둥이나마 부여잡고 갈길 가는 것은 뗏목(시장) 전체가 무너지는 줄 아는 벌떡이는 가슴을 지닌 사람들. (믿거나말거나). 2013년 9월 현재, 여기에 있는 사람들. 이권과 타협에 능한 사람들, 제목소리 냈다가는 내동댕이 치히기 쉽상이고 한 때 들어봄직한 말로 대우받는. 스케줄을 짜고 고기, 부위, 부산물, 식포장업체, 중간상인, 도축업자, 대형유통업체, 정육점, 조합, 수입업체, 유통량, 유통흐름 속에서 무엇인가 조치할만한 방법이 있다면 해볼만한데도 불구하고. 아직은 거대그룹의 출현이 미진한 상황. 그것을 원하지만 우리나라에 적합한지, 바란다고 가능할지 그것조차 궁금하기만 한 상황. 아니, 너무나 먼 이야기. 여러 변수와 가격 흐름을 주시하면서 세밀하게 조절할 수 있는 역량. 없을까? 있을까? 가능할까? 불가능할까?

그저 그렇듯이 "유통은 너무 복잡하고 어려워" 라는 말에 다들 수긍이라도 하는 듯이. 하루속히 각분야 정책기안자는 통제가능한 수단과 유통가능한 가격을 제시할 수 있어야 할텐데. (유통실태를 제대로 파고나 있는지 몰라. 답습과 반복을 없애야 할텐데)

무엇보다도 정책지원 조건부로 유통가능한 가격모델을 뽑아보는 일부터 하면 좋겠는데.

하나가 힘들면 묶어서 하고, 대신 3개월 단위로 체크하면서 성과없으면 아웃. 시작은 1만개소, 끝은 100개소가 남으니 시장의 경쟁과 자율의지, 정책부응과 함께사니 좋더라 하는. 그런 것 해보면 어떨까? 하나에 올인하고 푸시하고 기대하고 안되면 말고 그런데 시간은 이미 10년이 흘렀다면..ㅎㅎ

또다시 10년이 말없이 지나가버리고, 갈 사람 가고 해볼만한 사람들과 준비된 자들이 턱없이 부족하기만 하니...ㅋ

다양한 유통형태에 맞도록 쫘~악 펼쳐놓고 유통단계에 국한되지 말고 우선 유통가능한 가격모델을 뽑아와 해보면 좋겠는데. 그 다음, 유통비중과 지속가능한 가격유지성을 놓고 골라봐도 좋겠고. 다만, 육성은 방해하지 말자는 것, 특별한 무엇인가를 주려는 방향 보다는 잘 하려는데 괜히 이것저것 덧붙이는 것 하지 말자는 것. 플랜에 맞는 지원을 해주되 상벌을 확실히 하자는 것.

혹시, 기업은 망해도 3대는 간다...?

이런 어처구니 없는 행태는 발생하지 않도록. 경험과 투자에 비례하여 전문인력과 다양한 돌파구에 따른 파생방법들이 도출되도록 하자는 것. 어찌 하나의 플랜에 하나의 답만 있을쏜가! 이를 위해서는 한 사람의 의지 보다는 여러분야 이권세력들의 암묵적인 합의가 선행되어야 하는데. 최소한 방해는 하지 말도록. 산이 바다로 갈 수 있는 여지는 최소화 하고 산을 정복하기 위한 플랜과 사람들..

"그래, 그러면 되겠지. 자~알 했다"고 하자.

[제2화] 일본 돈육시장의 54% 자급률, 남의 이야기가 아니다에 부쳐

급변하는 시장상황에서 '불안감'이 나만의 기우였으면 좋겠다….

우리는 역사 이래 유례없는 홍역을 앓고 있다. AI, 구제역, 광우병, 신종플루 등 질병의 공포 속에서 우리가 먹을 돼지고기 마저 1/3을 땅 속에 묻은 바 있다.

2011년말 구제역 영향으로 2012년도 국내 돼지고기 도매가격이 kg당 6,000원 이상의 높은 가격을 기록하면서 정부가 할당관세 등의 조치를 취하는 등 공급량을 통해 가격안정 효과를 꾀했으나 소비자들이 피부로 느끼기에는 한계가 있었던 것으로 기억한다. 그런데, 이제는 반대의 상황이다. 급작스런 사육두수 회복에 더해 부산물 유통 등 잠재되었던 문제들이 밖으로 드러남에 따라 숨막히는 유통정체와 함께 돼지고기 소비마저 유지 또는 감소되기까지 하니 2012년말부터 2013.4월초까지 도매가격이 kg당 3000원(탕박기준) 아래로 주저앉은 등 시장가격 형성이 불안불안한 상황이다.

이런 상황 속에서 2012년 3월 14일, 한·미 FTA가 발효되었으며 캐나다, EU, 브라질, 호주, 뉴질랜드 등 많은 나라들과 터놓고 교역을 하는 사이가 되고 있다. 한·EU FTA('11.7) 발효에 이어 시장개방이 가속화됨에 따라 우리나라는 한층 더 무한 경쟁시대에 돌입했다고 볼 수 있다. 자국의 자원만으로 생존할 수 없기에 시장 개방을 통한 수급은 어쩌면 반드시 필요한 일이라고 볼 수 있지만, 그로인한 축산업의 변화 또한 불가피한 상황에 직면해 있다.

본 논지에서는 현 상황에서 앞으로 변화가능한 우리나라 축산업의 미래를 생각해보고 그 대비를 위해 서둘러야 함을 공감해 보고자 한다.

2012년초 만해도 "올 돼지 도축두수, FMD 이전 수준 근접 전망(한국농어민신문, 3.12일자)"이란 기사를 읽으면서 구제역 이후 돼지 사육두수 회복과 돼지고기 시장가격 형성 사이에서 기대감에 부풀면서도, 한편으로 마냥 좋아하기 보다는 오히려 근심이 들었었다.

국내산 돼지고기 공급량이 점진적으로 일정 수준으로 올라옴에 따라 수급 안정과 함께 널뛰는 가격의 하향 안정효과까지 기대할 수 있게 되었지만 이는 오판이었으며, 오히려 통제되지 못한 공급량은 시장가격을 흔들고 결국 그 동안 노력한 결실 중 하나인 모돈 10% 감축의 직접적인 시장조치를 꾀하게 된 이유가 되었다.

국내산 돼지고기 가격이 낮아지니 수입산 돼지고기 또한 들고남이 자유롭지 못하게 되고 부산물 유통이 경색국면에 빠져버리니 농가와 유통업자, 도축장 간의 가격정산방식에도 영향을 끼쳐 농가와 유통업체 간의 갑-을 관계에 큰 변화가 생겼다.

앞으로 돼지고기 도매가격 kg당 4000원대를 놓고 이리재고 저리재고 할텐데, 국내 시장의 수급안정과 가격의 불안정 속에서 관계자의 관심은 높아만 갈테고, 수입개방화에 따른 저렴하고 규격화된 수입산 돼지고기 등이 타산을 맞춰 다시 몰려들 텐데, 회복된 지육가격 4,000원대 조차 불안해 보이기만 하는 것은 왜 일까? (우리는 언제까지 불안한 가격에 널뛰는 가슴을 안고 살아야 하는가!)

우선, 주요국 중에서도 일본을 제외하고 가장 두드러진 우리나라 돼지고기 생산자 판매가격 동향을 살펴보면 다음과 같다. 일본과 우리나라를 제외한 주요국 대부분이 고른 가격대를 형성했던 쇠고기 생산자 판매가격 동향(세계식품과 농수산 2012.2월호 62쪽)과는 달리, 돼지고기는 대체로 수급 불안에 따른 가격이 요동치고 국가간 경쟁이 치열할 수 밖에 없음을 엿 볼 수 있다.

우리나라 돼지고기 생산자 판매가격은 2009년 3,205 달러/톤으로 1991년 2,842 달러/톤과 비슷하게 나타났으며 20년 동안 가격이 급등락한 구불구불한 길을 걸어왔다. 현재도 진행중이며 향후 오히려 가격 급등락의 폭이 커질 것만 같은, 마치 앞으로 2~3년은 가슴을 졸이면서 지켜봐야 하는 상황 속에 변화를 겪고 있다.

돼지고기 생산자 판매가격 변화 추이(1991~2009)

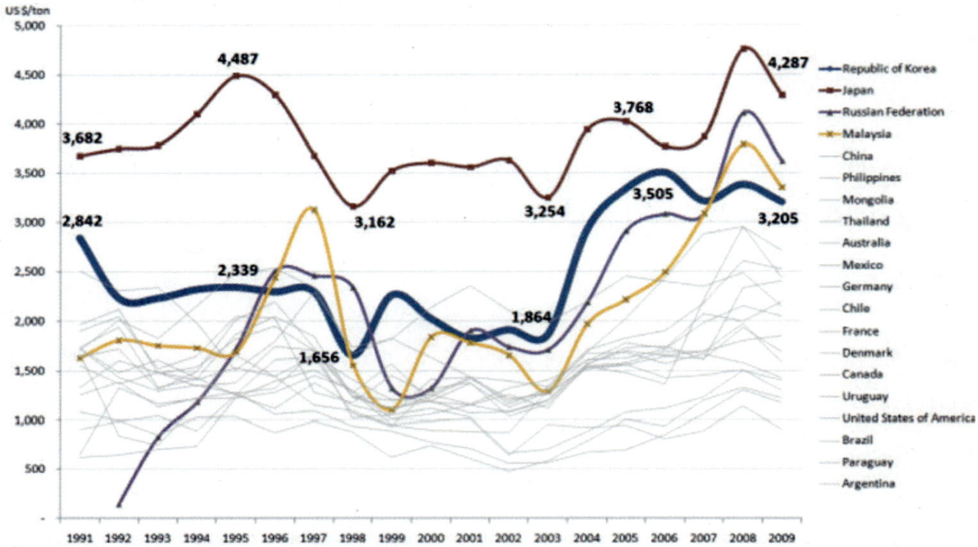

FAOSTAT/PriceSTAT

돈육 유통시장 속에 드러난 사실을 유추해 좀더 면밀한 대응이 필요하다.

첫째, 우리나라 국민은 돼지고기를 좋아하고 있으며, 앞으로도 꾸준히 좋아할 것이라는 점이다.

우리나라 국민 1인당 돼지고기 소비량 변화(1970~2010)

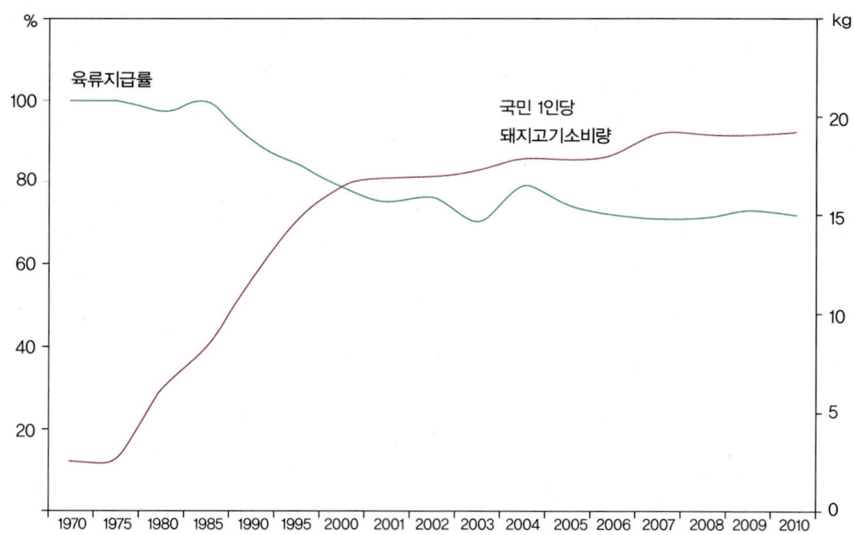

둘째, 우리나라 쇠고기 수급상황은 자급률 43% 수준에서 유지되고 있으며 일본 또한 우리나라와 유사한 시장변화를 거쳐 자급률 43% 수준에서 형성되고 있다는 점이다. 수입육이 국내육 보다 저렴한 가격으로 국내 쇠고기 시장을 계속 밀고들어와 43% 수준을 유지하고 있는 형국이다. 즉, 일본과 우리나라가 먹는 고기의 부위에는 차이가 있지만 대외적으로 미국, 호주, 덴마크, 캐나다 등 해외 주요국이 바라보는 아시아권 축산시장에 대한 마케팅 입장이 비슷하다는 말이다.

우리나라와 일본의 쇠고기 수급상황 비교

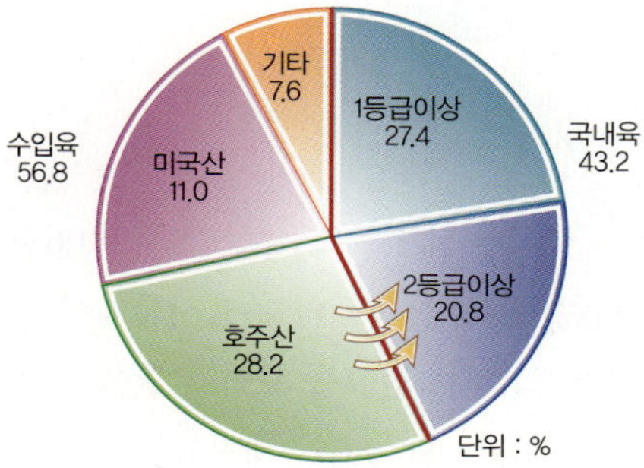

우리나라(2010년)

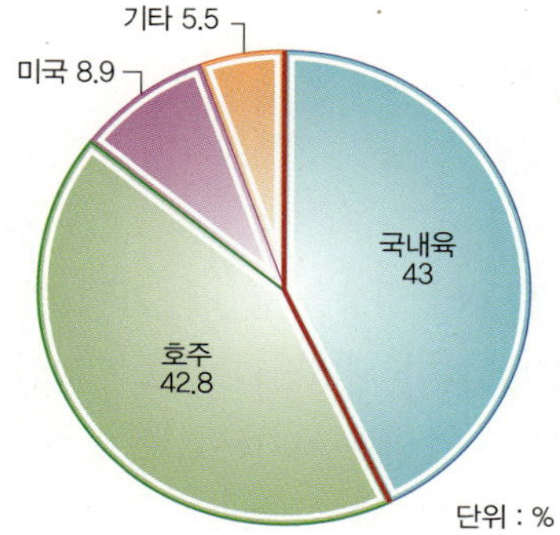

일본(2010년)

셋째, 일본의 돼지고기 수급상황은 시장개방화 등으로 인해 이미 돈육자급률 50% 수준에서 형성되고 있다는 점이다. 미국, 캐나다, 덴마크의 시장점유 확대에 따라 국내산 시장이 축소되었다고 볼 수 있다. 그렇다면 우리나라는 어떻게 진행될까? 진행중일까? 지금이 이미 과도기를 거친 안정세일까? 궁금해진다.

일본의 돼지고기 자급률 변화(1975~2010)

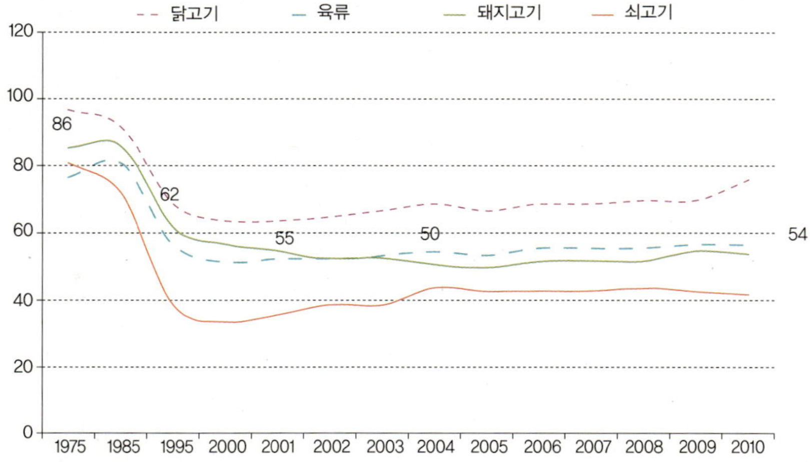

일본 농림수산성

우리나라와 일본의 돼지고기 수급상황(2010)

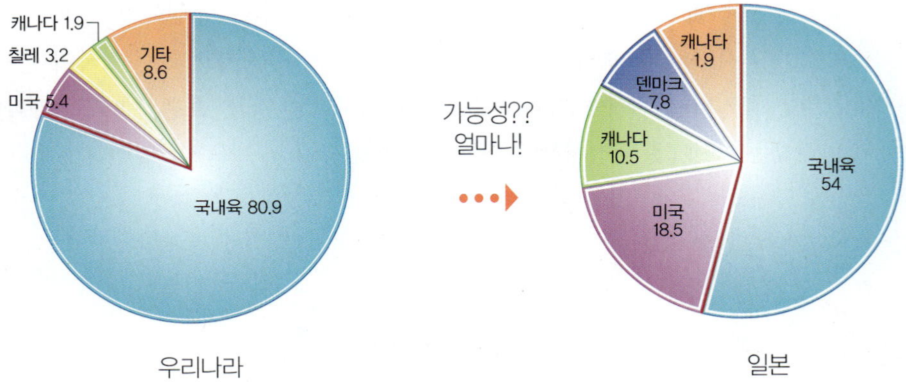

넷째, 해외 주요수출국의 입장을 볼 때, 가령 미국의 경우 자국내 돼지고기 생산량은 2006년 이후 자국내 소비량 보다 높아 해외진출이 꼭 필요한 상황이라는 점이다. 일본의 돈육시장에서 미국산 돼지고기가 수입육 중 1위를 차지하고 있으며 2010년 18.5%의 시장점유를 보이고 있음을 볼 때 한·미 FTA 발효 등에 따라 우리나라의 구제역 전 상황인 2010년도 80.9%의 돼지고기 자급률 상황이 안심하기에는 이르다고 본다. 이는 칠레산 돼지고기 등 남미와 EU 등의 아시아권 내 수출 마케팅전략에서 봐도 마찬가지다.

미국 돼지고기 생산량 변화(1955~2009)

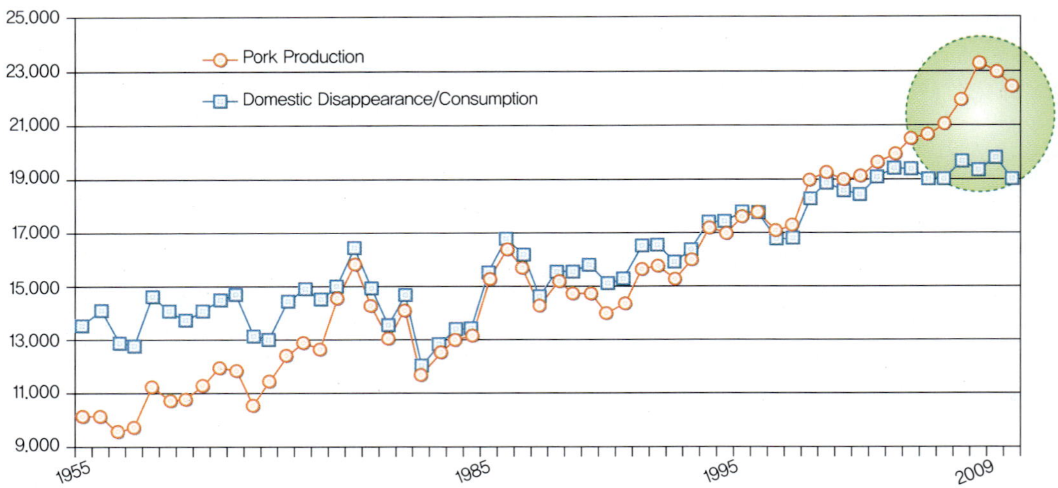

미국육류수출협회

한돈산업의 자급상황, 시장가격, 수출입 상황을 놓고 상황별 시나리오에 따른 대응이 필요하다.

(일본의 경우) 지난 세월 일본인들의 로스와 등심에 대한 기호가 증가하여 왔고, 일본에서 사육한 돼지만으로는 로스와 등심의 수요를 충당할 수가 없으니 수입을 늘일 수 밖에 없었으며, 로스와 등심만 팔아서는 타산이 맞지 않는데다가 값싼 수입고기가 일본내 영세 양돈업자의 경영을 압박하므로 일본내 사육량은 점점 더 줄어들 수 밖에 없는 상황.

일본의 돼지고기 유통은 지육으로부터 부분육으로 이행해왔으며, 수입 돼지고기도 부위별로 수입되고 있다. 일식육 유통센터의 취급량이 늘고 있으며 일본 내 햄·소세지 대기업 7사의 매출액이 총매출액의 50% 이상을 차지하는 만큼 그 역할이 커지고 있는 상황.

현재, 대응가능한 검토방향은

가. 돼지고기 50% 자급률 수준을 염두에 두고 시장변화 시뮬레이션을 구동해 보는 일이다. 시나리오별 대응대책을 세워야 한다.

나. 자급률 변화를 상시 모니터링 하면서 적정 공급량(생산두수)으로 관리하는 일이다. 축산업허가제 시행으로 교두보는 마련했다고 볼 수 있다.

다. 무엇보다도 다가올 미래에 대응가능한 '한국형 돼지고기의 품질'에 대한 개념 정립이 선행되어야 한다. 소비자에게 '한돈'하면 수입육과 비교하면서도 다소 비싸지만 먼저 선택할 수 있는 품질이 되어야 할 것이다. 특히, 친환경 또는 유기농, 동물복지 인증 등 다양한 정책들이 추진되고 있는데 동물복지 선진국인 EU(프)조차 유기농 시장이 자국내 약 2% 수준임을 감안한다면 대다수의 국내산 돼지고기가 일정 수준이상 품질고급화에 올라서야 하지 않을까.

라. 일본의 경우처럼 우리나라 또한 2차육가공산업은 대기업 점유비중이 크므로 저지방부위 소비촉진을 유도하여 부위별 수급의 불안요인을 덜어내고, 지육 중심에서 부분육 유통으로 전환하는 등 유통구조 합리화에 박차를 가해야 한다.

부농의 꿈, 돼지 출하 선별관리부터

2013.02.19 10:07 http://blog.daum.net/meatmarketing/619
농림축산식품부 블로그, 월간축산컨설팅&시설, 월간피그에 게재

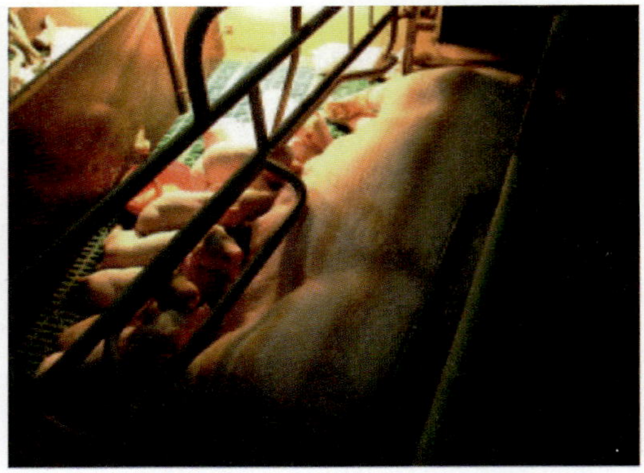

농가가 울상이다.

돼지 경락가격이 kg당 3,000원 아래에서 형성되고 있다.

사료값은 올랐지, 경락가격은 떨어지지 손해가 이만저만 아니다 라는 사실을 예상할 수 있다.

올해 1700만두가 출하될 수도 있다고 하니 1300만두, 1400만두 하던 공급량이 과잉되었음을 알 수 있다.

사실, 소비만 모두 할 수 있다면 맛있고 저렴한 국내산 돼지고기를 충분히 먹을 수 있을터인데, 수요에 비해 급격한 공급량의 증가는 여러 문제점을 일으키고 있다.

경매시장에 가서 출하되는 돼지를 살펴보았다. 한 마리 한 마리 모두 제자식처럼 키운 돼지들인데, 어떤 놈(?)은 가격을 잘 받고 어떤 놈(?)은 형편없는 가격에 낙찰되고 있었다.

농가에서는 돼지를 잘 키우는 것 못지않게 제값을, 물론 가능한 높은 가격을 받는 것이 좋을텐데 그 기준이 되는 돼지 각각의 경락가격이 천차만별 형성됨을 보자 궁금해졌다.

그래서, 2013. 2. 7일부터 2. 12일까지 경매시장에 출하된 돼지들의 성적표를 분석해 보았다. 기간을 길게 갖고서 엑셀에서 피벗을 처리했는데, 공급이 과잉되었다며 산출할 수 없다는 메시지가 출력되었다. 어쩔 수 없이 몇 일간만 잘라서 살펴보았다.

그랬더니, 총 8,936두 중 60.4% 만이 규격돈으로 출하되었다. 이 말의 의미를 아시는 분, 손!

경매시장 돼지 출하경향

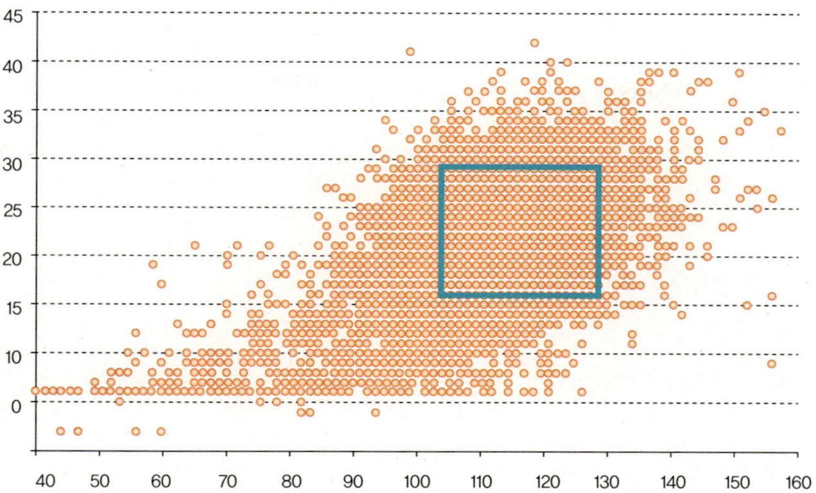

*2013. 2.7~2.12 탕박기준

이것이 말하는 것은 무엇일까? 바로 39.6%는 가격형성에 손해라는 얘기다.

6개월 동안 잘 키워 낸 농가에게 직접적인 피해를 주는 것이요, 전체 돈육시장의 가격형성에 지장을 준다는 것이다. 지금처럼 불황일 경우 특히나 한 푼이 아까운 이때, 못난 놈(C등급 이하) 때문에 전체 평균가격이 낮아진 상황이다.

잠깐!

'규격돈'은 돼지 A등급과 B등급 범위를 말하는 것으로
도체중량 80kg ~ 99kg, 등지방두께 15mm ~ 29mm 범위에 속한 돼지를 말한다.

돼지는 암, 수, 거세 등 3개로 성으로 구분할 수 있는데, 좀더 자세히 알아보기 위해 암돼지 만 따로 때어내어 출하되는 경향을 살펴보았다. 총 4,737마리 중 62.1%가 규격돈으로 출하되었다.

그렇다면, 나머지는 손해라는 사실을 이젠 말하지 않아도 알 수 있으리라.

분포도를 보면, 암돼지는 대체로 저체중과 저 등지방이 문제다. 가계형편이 어려워 출하를 빨리 하려고 해서 그런지, 아니면 암·수 구분사육을 하지 않고 무작위로 출하하다 보니 40마리(1차량) 중에 섞여서 인지 아무튼 덜 자란 암돼지를 출하하는 경우가 많았다.

경매시장 암돼지 출하경향

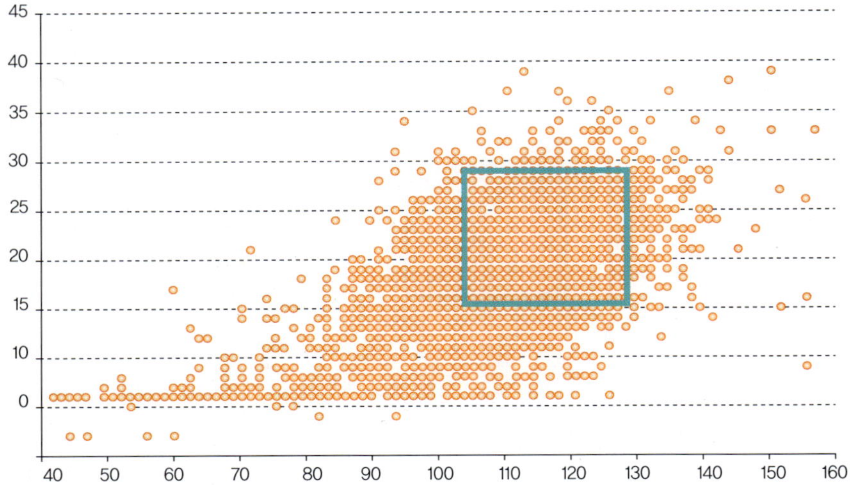

*2013. 2.7~2.12 탕박기준

자, 그렇다면 거세돼지는 어떤지 살펴볼자.총 4,084마리 중 59.5%가 규격돈으로 출하되었다.

거세돼지는 대체로 암퇘지에 비해 고체중과 고 등지방이 문제점으로 지적되는데, 경매시장에 출하되는 거세돼지는 암퇘지와 비슷한 경향을 보이고 있다. 다시 말해, 체중이 적고 등지방이 작은 돼지들을 출하하고 있다는 것이다. 만일, 이처럼 출하를 빨리 해야만 하는 이유가 가계형편 문제라면 어쩔 도리가 없다할 수 있지만, 알거나 모르거나 그냥 출하하고 보자는 식이라면 문제가 다르다.

도매시장 거세돈 출하경향

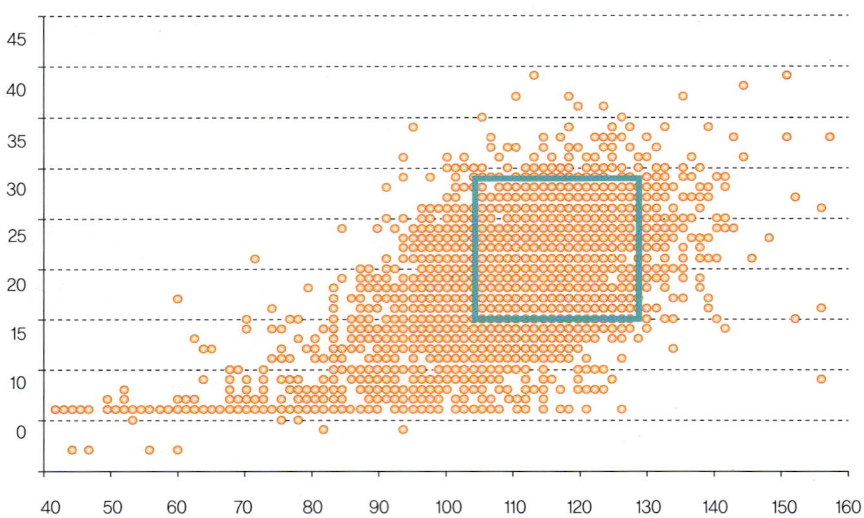

*2013. 2.7~2.12 탕박기준

앞서 살펴본 것처럼, 이것만 기억하자.

① 이제 그만, 덜 자란 돼지를 출하하지 말자.

'규격돈' 생산은 농가 개개인의 부를 증진시킬 뿐만 아니라 그 한 마리 한 마리가 모여 국가 돈육산업을 부강하게 만드는 길이다.

② 다른 곳도 아닌 '경매시장'에는 규격돈만 출하하도록 하자.

그래야 C등급 이하의 돼지들이 깍아먹는 전국평균가격을 다만 몇 푼이라도 올릴 수 있지 않을까. 어쩌면 수매를 통한 가격완충효과 보다는 출하되는 돼지들의 체중을 제보고 낼 수 있도록 체중계를 설치해주면 어떨까. 물론, 그렇다해도 실천하지 않으면 도루묵이겠지만.

③ 무엇보다도 잘 키운 내 돼지가 제 가격을 받을 수 있도록 "출하 선별관리"를 꼭 하자.

이것만 잘해도 어려운 시기에 들어가는 비용이 절감됨은 물론, 가계에 큰 보탬이 된다.

어느 공산품의 불량비율이 39.6% 라면 당연히 영업을 할 수 없을 터인데, 농가의 어려운 사정을 이해하면서도 출하 선별관리를 소홀히 하여 농가 서로에게 피해를 줌은 물론이요, 국가적으로도 큰 손해라는 것은 말해 무엇하랴.

우리 모두 부농을 키우는데 관심을 갖자.

부농은 경영이 안정되고 품질이 좋은 식품을 생산해 내는데 주력할 것이며, 소비자는 좀 더 값싸고 맛있는 고기를 섭취할 수 있으리라.

원료돈 정산방식에 따른 한돈 농가소득 비교

2013.03.04 22:34 http://blog.daum.net/meatmarketing/640
축산물품질평가원 정보지에 게재

원료돈 가격정산방식 비교

- 도체중 등급별 정산방식 : 개체단위 도체중량 × 등급별 평균가격 ± α
- 생체중 지급률 정산방식 : 차량단위 생체중량 × 지급률(69~71%) × 평균경락가격 ± α

'13.1월 돼지 100두 출하 시 정산방법별 농가소득 비교

• 등급별 정산방식이 지급률 정산방식 보다 2,518천원 이익

– A, B, C 등 등급에 따라 농가소득의 격차 확대

※ 상위10% 농가(A 50%, B 40%, C 10%)가 등급별 정산 시 지급률 정산방식 보다 4,100천원 이익

(단위 : 원)

구 분		가격 (원/kg)	1두 가격 (A)	인센티브/패널티 (B)	등급별 출현율 (C)	총금액 d=(A+B)xCx100두
등급별 정산	A등급	3,213	296,881	8,000	39.5	12,042,807
	B등급	3,039	280,804	3,000	28.9	8,201,924
	C등급	2,780	256,872	△ 20,000	27.6	6,537,667
	등외등급	2,058	190,159	△ 40,000	4	600,637
	계(평균)		273,830			27,383,035
지급률 정산	평균가격	3,003	248,648			24,864,840

*'13.1월 출하체중 120kg 기준으로 등급별 정산은 지육율 77%(92.4kg) 적용, 지급률은 69% 적용

*등급별 정산의 계(평균)은 등급별 출현율을 감안한 가중평균 사용. 지급률 정산의 평균가격은 등외등급 제외

*인센티브/패널티는 도체등급제 정산농가 사례 적용

정산방식에 따른 돈육생산액 비교

• '13.1월 정산가격 기준, 돈육 총생산액 4조 3,332억 추정

– 등급정산 100% 시 322,355백만원 상승 효과

(단위 : 백만원)

구 분	1두 가격 (원/kg)	등급별 정산비율			
		현재(24.7%)	50%	80%	100%
등급별 정산	273,830	1,149,812	2,327,555	3,724,088	4,655,110
지급률 정산	248,648	3,182,943	2,113,508	845,403	0
계(총 생산액)		4,332,755	4,441,063	4,569,491	4,655,110
차이 (등급정산 100% 대비)		322,355	214,047	85,619	0

* '13년 예정 출하두수로 추정한 17,000천두로 단순 산출

출하 전 비절식(豚), 줄줄이 새는 Money

2013.04.20 11:49 http://blog.daum.net/meatmarketing/782

세상은 언제나 바뀌고 덧없이 흘러 탓하는 소리가 많아지다가도 언제 좋았나 하면 마치 그런 적이 없는 것처럼 잊혀지기 쉽다. 세상은 나 만이 살아가는 공간이 아니며 나 만을 위해 살 수도 없고 나 만이 홀로 깨끗해봐야 독이 된다는 생각을 하기 쉽다.

돼지 출하변화에 따른 그 평가가격(도매)

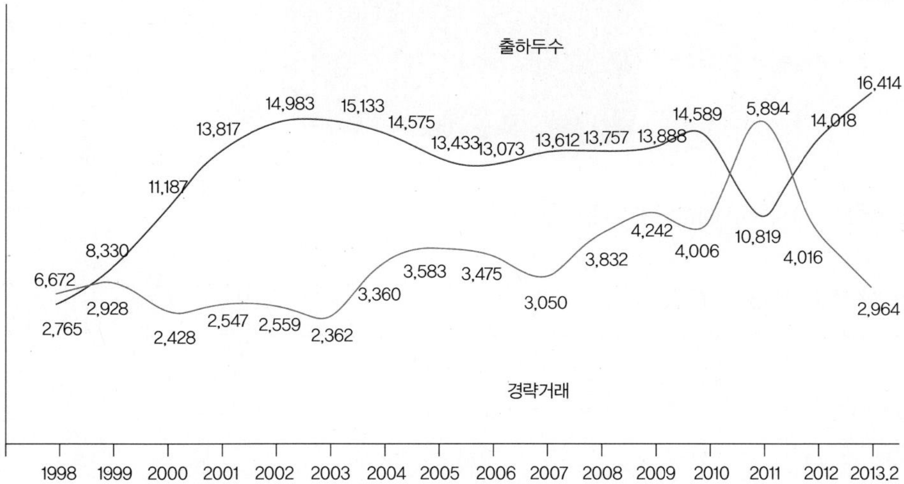

왜이리 거창하냐고...? 또는, 도대체 왜 그러냐...? 라고 물어볼텐데, 오늘 쓰고 있는 글의 제목을 보시라.

누구나 한 번쯤 들어본 말이면서, 누구나 한 번쯤 개선을 생각해 봄직한 말이면서 "뭐, 나만 해서야 변하겠나?"라는 생각도 갖고 있어 수 년을 반복해 온 상황이라는 말이다.

출하 전 비절식은 당연히 해야한다.

한돈농가 누구를 막론하고 다 붙잡고 물어보시라. 모르는 분이 계시다면 내 손에 장을 지지겠다. 그런데, 아이러니한 상황은 "안다는 것은 100%" 인데 "실천은 글쎄다" 라는 사실. 지금 한돈농가는 그 어느 때보다 어렵다. 인정한다. 그렇지만 그 어려움이 어제 오늘 일이 아니라는 것. 언제나 어려움은 닥쳤고 때론 슬기롭게 넘거나 때론 지쳐 포기도 했을테다.

한돈산업 문제점 1. 생산 중에 새는 Gas가 심각하다

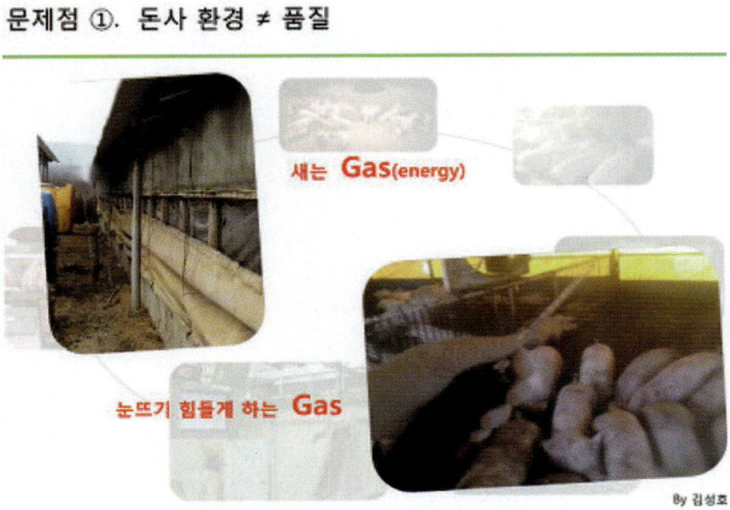

한돈산업 문제점 2. 생체중량 정산으로 비절식한 상황

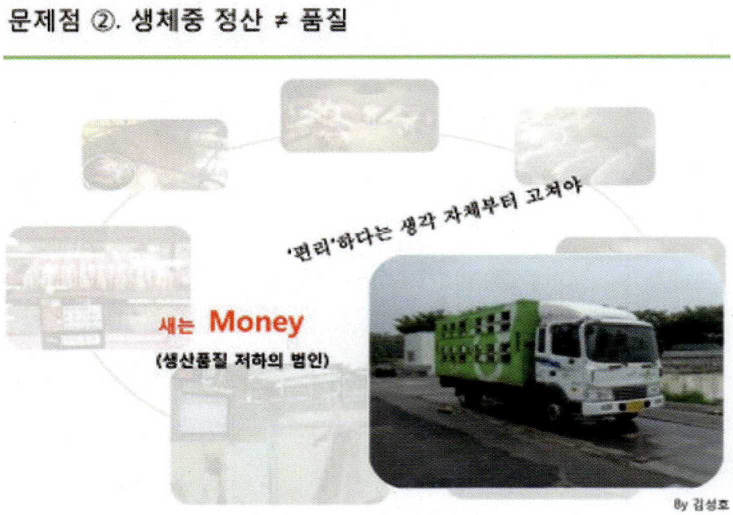

문제점 ③. 지급율 정산 ≠ 합리적 가격

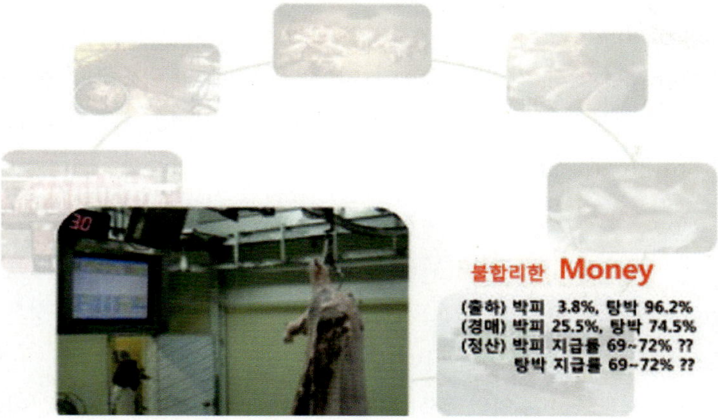

출하 전 절식은 우리에게 좋은 것은 제껴두고 서라도 돼지에게도 좋다는 것이다.

돼지의 일생은 6개월. 우리와 일체(一體)로서 동화되기 위해 태어나고 자란다. 주인의 관심과 사랑을 받은 돼지는 일생이 행복하다. 인생이 짧다 해야 할까? 아니다. 인생의 길이는 상대적이다.

자기 앞가림 하기 바쁜 내 주제에 어찌 돼지 일생이 짧다 불쌍하다 말하겠는가! 다만, 그 자라나는 동안 불우했다면 동정은 할 수 있을테지 한다.

돼지는 행복해한다. 주인의 관심과 사랑을 받을 때. 그리고, 그 대우가 적당할 때. 왜 말이 통하지 않으니까.

좌충우돌, 우왕좌왕, 뒤죽박죽~ 하게 돼지나름 치열한 삶을 살고나면, 경쟁에서 밀린 놈(?)은 따로 관리되어 잘 대우(별도 사육) 받고 조금 더 연명하거나 조기에 죽음의 문턱(위축돈 손절매)에 다다른다. 요것은 일부다.

요것도 일부다. 경쟁에서 우월한 놈(?)은 모든 것을 독차지하고 뒤룩뒤룩 살이 찐다. 그리고 군림하다가 조금 빨리 자리에서 내쳐진다. 그리고, 대부분의 돼지는 이 눈치 저 눈치 살피면서 평균적으로 고르게 자란다. 그리고 180일령, 120kg 정도에 출하장에 선다.

잠깐!

돼지고기의 맛은 110kg 이나 115kg에 있지 않다. 180일령 자랐을 때 가장 적합한 또는 목표점이 되는 120kg 정도에 맞춰져야 상품성과 가치를 토대로 맛에서 제평가를 받는다.

공급량이 많으니까 조기출하를 한다고 하자. 그럼 맛 없는 고기만 생산될 수 있다는 말이다.

가뜩이나 수입돼지고기와 차이도 없다는 평을 받는 판에 그러면 안된다. 세상 그 어디에나 경쟁은 있고 경쟁은 필요하다. 그렇다고 경쟁에서 이겨야만 한다거나 경쟁에서 밀리면 불쌍하다거나 그런 말을 하고 싶은 것은 아니다.

우리는 지금 돼지에 대해 얘기하고 있다.

자, 사람 못지않은 치열한 경쟁관계 속에서 자라는 속도가 다를 수 밖에 없는데, 비육돈사 2~5곳에서 동시에 출하되는 곳이라면 어떻게 될까? 아니, 어떻게 해야할까? 당연히 골라내야 한다. 내 눈에 들어온 몇 마리의 체중이 작아보인다고

다음주로 미뤄서야 되겠는가!

이 정도면 그나마 다행이다. "때가 되었으니 가라"는 무관심으로 자기(주인) 사정에 맞춰 내는 경우도 있다. 물론, 그 속을 들여다보면 볼수록 주인 사정도 이해는 간다. 그렇지만, 주인 사정은 그럴 수 있다는 동정일 뿐이지 "그것이 맞다"라는 인정이 아니다.

앞에서 말했듯이 돼지는 살아있는 생물로서 주인의 관심과 사랑 속에서 자란다. 그러면, 살아있는 주체로 대우해 주어야 한다. 여기에는 동정이 필요한 것이 아니라 그 농부로서의 자격이 핵심이다. 자, 서두는 요것으로 하고 본론으로 들어가 보자.

다음은 출하 전 비절식한 돼지의 위(Stomach) 모습이다.

위(Stomach)의 튼튼함을 말하고자 하는 것이 아니라, 그 내용물을 눈여겨 보자.

사료로 꽉 찬 위(Stomach)의 모습

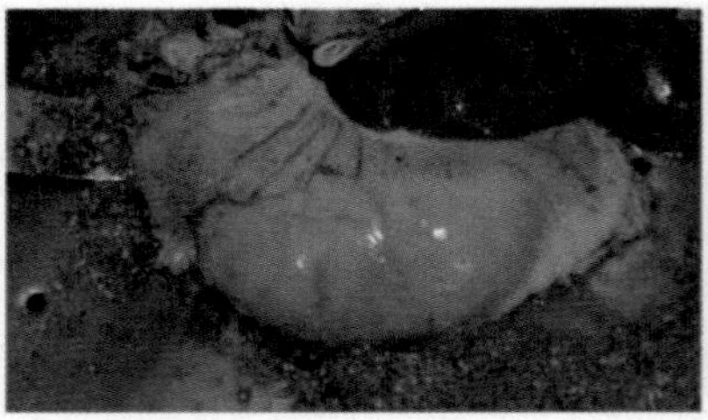
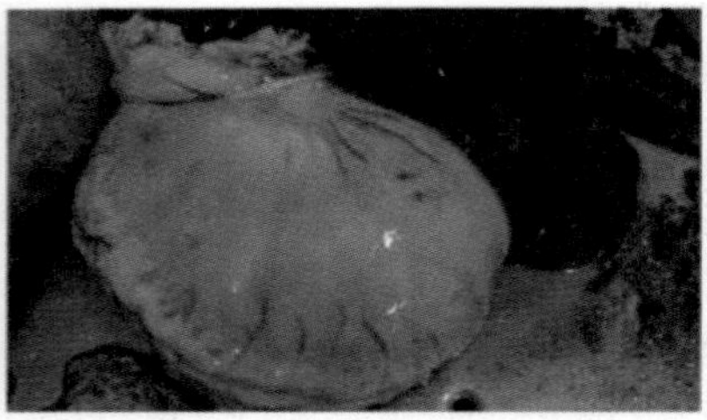

위(Stomach)에서 쏟아진 사료의 모습; 사료 낭비 외에도 작업 시 오염도 유발

위(Stomach)에서 쏟아져 나온 사료의 양이 적게는 약 1kg부터 약 2kg에 육박한다.

위(Stomach)에서 쏟아진 사료의 량; 1마리분

더 말해 무엇하랴. 출하되는 돼지에게 작별(출하)을 고하면서 그래도 떠나는 님(?), 배불리 먹인다는 속설처럼

하고 있다. 약 75.3% 농부가 하고 있거나 할 것으로 추정된다. 약 24.7%(경매출하 약 10%, 등급제 정산 약 14.7%) 농부는 굳이 할 이유가 없기 때문에 제외했다.

제발, 실천하자. 다소 귀찮을 수는 있겠지만.

지금까지 말하고자 하는 바를 요약해보면, 그대가 진정 돼지의 어버이라면, 돼지를 출하할 때 그 자라남이 자식(돼지) 마다 다르니 골라서 내자는 것이요, 출하 전에는 먹이를 주지 말자는 것이다. 출하 이동거리에 따라 다르겠지만, 사료는 주지말되 물을 충분히 주면 그것으로 족하다. 그러면 된다.

가뜩이나 비싼 사료를 도축장에서 버려야 하는 곤란함도 덜 것이고, 배불리 먹고 쿵쾅~ 거리며 차량에 실려올 때

가졌을 스트레스도 줄일 수 있을테다. 조금만 돼지 입장을 고려하자. 그 동안 못해도 수년 동안 회자된 말이니 이젠 하자. 하도록 하자. 실천하기 위해 지금부터 1년이 더 필요하다면 그 기한을 정해 시행이 되도록 설정하자.

실천 못한 농부에게는 도축장에서 작업된 양을 기준으로 패널티를 주면 된다. 위(Stomach)에서 쏟아진 사료의 양과 경제적 손실, 도축장에 전가된 부담 등을 감안하여 한 10만원 할까? 에이, 그럼 1만원. 실천 못한 농부가 할 수 있도록

독려하는 수준의 패널티를 주자. 그리고, 그 재원은 그것을 평가할 기관에 주자. 따로 돈이 들지 않고 개선되니 이보다 좋을 순 없다. 공감대도 충분하고 재원도 마련되었으며 평가기관도 있으니 이젠 결심만 남은 셈이다.

부농을 꿈꾸는 이여, 돼지는 살아있는 생물임을 잊지 말자. 그것이 바로 동물복지국의 지향점이요, 농부의 자세다.

최근 돼지 경락가격이 갑자기 오르는 이유

2013.04.23 10:27 http://blog.daum.net/meatmarketing/790

2013. 4. 22일자 돼지 경락가격이 3,635원/kg을 보이고 있습니다.

3천원/kg 밑에서 허덕일 때 다들 걱정하던 때가 얼마나 되었다고 갑자기 가격이 오르냐고 궁금해 합니다. 4월 3일경 가격이 3천원/kg을 넘어 오르기 시작하여 현재, 작년 11월 수준을 보이고 있습니다. 왜 그러지?

최근 돼지 경락가격이 갑자기 오르는 이유

돼지는 6개월 단위 순환을 한다. 아니, 10개월 단위 순환을 합니다. 종부부터 임신기간을 감안하여 10개월 전의 임신돈 상황(수태율, 자돈 성장성 등)이 지금 4월의 생산성과 연결되는데, 10개월 전이면 바로 6월 여름초입에 해당되는군요.

여름에 접어들면서 수태율은 떨어지고 자돈의 성장도 함께 하락하게 됩니다. 어쩔 수 없이 계절에 치이는 농가의 상황을 보여줍니다. 그리고, 작년 6월을 넘어 7월 한여름을 지나 8월, 9월까지 여름 기간으로 보게 되면, 올해 4월부터 5월(작년 한 여름으로 가격 고점을 찍을 가능성이 큼), 6월, 7월까지는 고전을 면치 못합니다.

계절에 치이지 않는 사양을 한다면야 문제가 없겠지만 현 우리나라 돼지 사육환경에서는 어쩔 수 없다고 하네요.

밀사(밀집 사육; 정해진 사육 공간 보다 더 많은 돼지를 키우는 상황을 말함)를 기본으로 돼지의 생산성을 높이려 하다보니 환경, 사양 등 여건도 별로고 돼지가 받는 스트레스는 많고 돈은 벌어야 하겠고 하니 악순환 하는 형태가 아닐까도 생각됩니다.

밀사를 하지 말아야 하는 이유는 모두 알면서도, 밀사를 하는 이유는 혹시 돈이 되니까~??

경매시장에 출하하는 돼지의 C등급 이하 비규격돈 출하율도 약 40%에 육박하고 있다니 말 다했습니다. 가격을 결정짓는 돼지가 이 모양이니 가격을 잘 받을 수 있을까요? 하나하나 고쳐나갈 필요가 있습니다. 현상을 알고 그 원인까지 알고 있다면 그 주체들은 노력해야 할 것이고, 만일 스스로 하지 못한다면 제도로서 보완하는 방향도 고민할 필요가 있어 보입니다.

돼지고기 도매시장 경락가격 추이

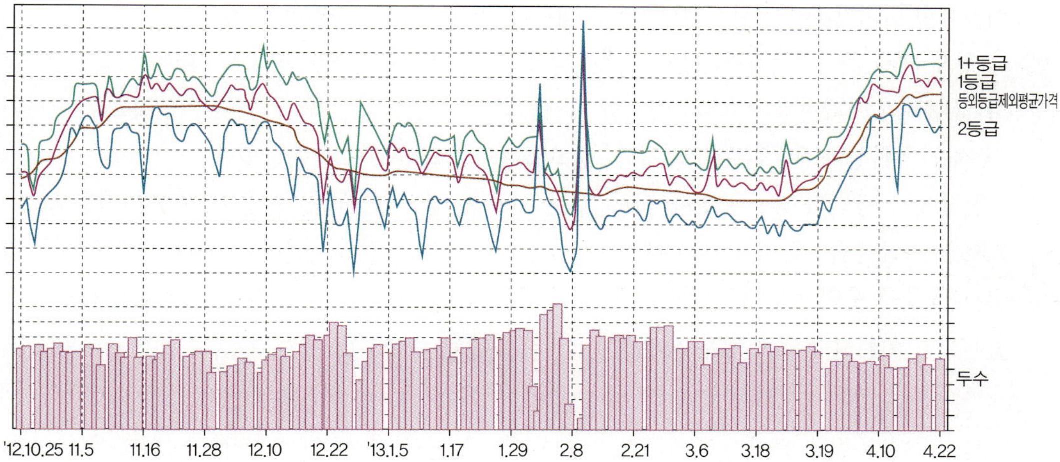

한돈, 한돈! 한돈? 뭐부터 할 것인지 알고있다면 더 이상 미루지말자!

2013.06.06 23:43 http://blog.daum.net/meatmarketing/906
월간피그에 게재

우선, 다음 글을 읽어봅시다. '13.6.5일자 한국농어민신문에 실린 글로 지금부터 무엇을 말하고자 하는지 가늠할 수 있을 것입니다.

> ### *돼지 정산기준가격, 탕박가격으로 적용해야*
>
> 국내산 돼지고기 소비를 확대하려면 돼지 정산기준가격이 탕박가격으로 적용돼야 한다는 지적이다. 현재 돼지 정산기준가격은 대부분 박피가격이 쓰이는데 탕박가격보다 가격 변동 폭이 커 실구매처에서 구매를 꺼리는 요인으로 작용하고 있다는 이유에서다.
>
> 5월 1주간 평균 박피가격은 kg당 최고 3987원에서 최저 3674원으로 313원의 차이가 발생

한 반면, 탕박가격의 경우 최고 3621원에서 최저 3487원으로 134원의 차이가 발생했다. 또 이는 부분육 판매가격 산정에 적용되는데 박피는 kg당 1000원의 차이가 나는 반면 탕박은 400원 차이밖에 발생하지 않았다는 것.

이처럼 탕박가격의 경우 가격변동 폭이 작아 안정적 가격으로 원료공급이 가능하지만, 실제 현장에선 박피가격이 정산기준가격으로 대부분 쓰이고 있는 실정이다.

"현재 돼지 정산기준가격은 변동이 큰 박피가격을 적용하고 있다"며 "실구매처에선 수입육보다 국내산의 가격변동 폭이 커 안정적 가격으로 원료를 공급받을 수 없다는 입장으로 탕박가격 적용이 활성화돼야 국내산 돼지고기 소비도 활성화될 것"이라고 말했다.

현장에서 탕박가격이 활성화 되지 않는 이유는 지급률 때문. 현재 박피가격 기준으로는 70%의 지급률을 지급받고 있는데, 탕박가격으로 기준을 정할 경우 박피보다 가격이 낮은 만큼 지급률을 올려야 한다는 것이 농가들 입장이다. 하지만 지급률을 얼마나 올려야 될지 선뜻 공론화가 이뤄지지 않고 있는 상황.

출처 2013-06-05 10:40:30 _ 한국농어민신문

"돼지고기 품질을 높이기 위해 무엇을 해야 할 것인가?" 라는 원고 청탁을 받았을 때부터 줄곧 고민해 보았습니다. 품질이라, 한돈 품질 제고방안이라, 품질을 높인다라, 품질, 품질, 도대체 어떤 품질을 높여야 할 것인가! 뭐 하나 좋은 게 있어야 높이든 말든 할텐데, 알아가면 알아갈수록 답답해지니 한숨이 나옵니다. 그렇다고, 비약하지는 말아주십시오. 저도 한돈을 누구보다 좋아합니다. 돼지고기 품질 이란 무엇을 말하는 것일까요? 네이버 사전에서는 이렇게 말하더군요. 읽어봅시다.

품질의 정의

■IT용어사전〉

주어진 요구사항을 만족시키는 능력을 가진 생산품이나 서비스의 전체적인 특징과 성격

■전자용어사전〉

제품이나 서비스가 사용 목적 혹은 사용자의 요구를 만족시키고 있는지 어떤지를 결정하는 경우에 평가의 대상되는 고유의 성질 및 성능의 총칭

■기계공학용어사전〉

제품이 규격에 알맞은 정도를 나타내는 말로서, 현재는 제품의 품질 뿐만아니라 인간의 활동 및 그 결과의 질까지도 의미하게 되었음

■농촌진흥청〉

물품이 무엇인가를 표시하고 물품 고유의 본질, 특성, 상태를 나타내는 것

물품의 성질과 바탕

한돈 품질을 높이기 위해 무엇을 할 것인가? 그 대안을 말하려다보니 우리가 처한 너무나 낙후된 시설환경을 탓해야 할지, 아니면 돈 좀 벌었다고 떵떵거리는 누구누구를 탓해야 할지, '출하에는 관심이 없어요' 하는 농민을 탓해야 할지, "그래서, 도대체 무엇을 말해야 할지"에 대해 고민스럽더군요.

그나마 제가 인식하는 '품질'의 정의에 대해 가장 근접한 것은 "주어진 요구 사항을 만족시키는 능력을 가진 생산품이나 서비스의 전체적인 특징과 성격"입니다. 품질은 기본적으로 만족시켜야 합니다. 누군가를. 그 누군가는 바로 소비자가 될테고 그렇다면 품질은 "소비자를 만족시키는 생산품이나 서비스의 전체적인 특징과 성격"이라고 압축할 수 있습니다.

이제, 품질의 정의에 대해 알았으니 "소비자를 만족시키는 생산품이나 서비스의 전체적인 특징과 성격"을 가지려면 어떻게 할지만 알면 되겠군요. 가끔, 품질을 돼지고기 자체가 지닌 성질로만 보려는 분이 계시는데 그렇다면 이 기회에 인식을 넓히시길 권합니다. 애써 키운 돼지고기가 소비자에게 외면받는다면 그것은 가치가 없습니다. 바로 망할 겁니다.

돼지는 환경에 취약하고 더구나 군집생활을 하다보니 감기 걸린 돼지 1마리로 인해 50~60마리가 콜록 거립니다. 감기 걸린 돼지를 도축해 보면 우리가 좋아하는 갈비뼈에 흡착된 '흉막폐렴 등'을 쉽게 접할 수 있습니다. 바로 돼지고기 자체의 품질이 나쁜 경우입니다. 이것을 해결하려면 감기 걸리지 않게 농민이 신경쓰면 됩니다. 시설환경부터 쾌적하게 만들어 주어 재발생율을 낮추고 약도 주고, 기본적으로 건강하게 자랄 수 있도록 처우를 높여주면 가능할 것입니다.

그렇지요, 그렇지만 소비자에게 '만족' 점수를 받으려면 이처럼 돼지고기 자체 품질로만 가능할까요? 아니라는데 모두 동의하실텐데요. 그렇다면 소비자가 만족하는 포인트, 즉 가격, 재구매율, 입소문... 자체품질을 알아야 할 것입니다. 오늘은 소비자가 만족하길 바라는 그 '가격'에 대해 어떻게 결정되는지 알아보고, 그것을 고치는 일이 바로 한돈 품질을 높이는 일이라는데 공감을 했으면 싶군요. 누구나 이익을 쫓습니다. 이익을 위해서라면 강한 주장도 불가피합니다. 다만, 그 주장이 설득력이 있어야 할 것입니다. 돼지 정산가격기준은 주로 돼지 생체중량을 기준으로 박피 경락가격(전주평균, 당일, 금주평균, 전3일평균 등 다양한 방식)과 지급률(농가와 유통업체 간 약정된 수치. 결코 지육률이 아님) 69~72% 선에서 각각을 곱하여 산출합니다.

1. 경락가격 기준을 박피에서 탕박으로 돌려야 한다는 주장에 대하여

일견 타당해 보입니다. 도축되는 돼지물량의 약 90% 이상이 탕박방식으로 처리됨을 볼 때 대표성에서는 힘을 얻습니다. 다만, 이것만 논해서야 되겠습니까! 가격은 앞서 살펴보았듯이 '생체중량 x 지급률' 이라는 변수가 더 있지요.

가격은 최종산물인 것을 단순히 박피와 탕박의 문제만이 아닙니다. 농가도 손해를 보려하지 않고 유통업체도 손해를 보려하지 않습니다. 이는 너무나 지극히 당연한 현상입니다. 현재의 가격정산 방식이 합리적인가 라는 물음에 대해 답해 보십시오. 과연, 박피를 탕박으로 돌려서 해결될 것이냐는 것에 동의하시나요? 고개가 모로 꺽입니다. 허, 참, 흠.

2. 가장 큰 문제는 무엇보다도 생체중량 정산에 따른 잘못된 출하현상과 사료낭비, 육질저하 등 좋을 게 하나도 없다는 데 있다.

생체중량으로 정산하다보니 농가는 출하 시점에 굳이 절식하지 않으려 합니다. 어쩌면, 심지어 돼지의 배를 불려 출하하는 경우도 있습니다. 생체중량이 많이 나가야 돈이 더 된다고 여기는 듯합니다. 아니면, 관심이 없거나.

생체중량에 따라 (1) 가뜩이나 비싼 사료가 그대로 버려지고, (2) 도축처리과정에서 이것을 처리하기 위한 쓸데없는 비용이 발생하는가 하면, (3) 배불리먹은 돼지가 우당탕쿵탕 가뜩이나 좁은 차량에서 오바이트 하지 않는 것이 신기할 지경입니다. (4) 스트레스에 민감한 돼지에게 속편히 해주지는 못할 망정 가혹한 환경에 내모니 육질이 좋을 리가 있나, 지금처럼 어려운 시국(가격은 가격대로 비싸고 육질차이는 크지않거나 없다고 여기는)에 수입육 보다 나은 것도 없는 상황에 더더욱 품질을 좋게 해도 부족한 이때, 이처럼 줄줄이 새기만 하니 과연 국내육이 '좋아요' 할 수 있을까요!

3. 지급률 부터 갈아치워야 할 구시대적 산물.

약정된 수치(지급률)에 대해 왈가왈부할 바는 아니겠지만, 그 약정된 수치로 인해 산업 전체에 폐해가 있다면 말할 여지도 있겠습니다. 69~72%, 1% 차이만 해도 엄청난 수치인데, 더구나 누적시켜 본다면 그 1% 차이로 인해 망하거나 크게 부흥할 수도 있는데 이젠 좀 솔직해지면 좋겠습니다. 위에서 본 탕박이니 박피이니 하는 기준가격은 어쩌면 지급률 부터 어떻게 할 것인지 정한 후 접근해야 합니다. 자, 여기까지는 앞서 본 기사와 거의 맥락을 같이 합니다.

4. 해결은 쉽다. 딱 하나! 도체중량으로 정산하면 된다.

이제까지 말한 생체중량이니, 탕박이니 박피니, 지급률이니 하는 모든 변수들을 무시하고, 가장 합리적이고도 모두가 수긍할 해결방식이 있으니 그것은 누구나 알고 있고 "왜 실천하려 하지 않는지, 도대체 알다가도 모를 일이다" 라는 사실이 있습니다. 그냥 도체중량으로 정산하면 되는 일입니다. 무척이나 간단하지 않습니까! 이미 공공기관인 축산물품질평가원에서 집계하여 각각의 신청인에게 농가에게 제공하고 있는 것에 "그저 그렇게 하겠다"라고만 하면 되는데, 정말 알다가도 모를 일입니다. 어떤 꼼수가 있는지.

쓸데없는 옹고집과 비합리적인, 구태의연한 태도로 말미암아 지금 이 순간도 국내산 돼지고기가 제가격을 못받고 경쟁에서 밀리고 있습니다. 무엇부터 해야하는지 명백히 해야 할 것입니다. 그리고, 관계자는 책임져야 할 것입니다. 방치에 따른 피해를. 도체중량으로 정산하고 박피로 처리되면 박피 경락가격과 박피 지육률로 정산받으면 될 일을, 또는 탕박으로 처리되면 탕박 경락가격과 탕박 지육율로 정산받으면 될 일을, "어쩌면 너무 간단한 일이기에 하기 싫은가!" 싶기만 하군요. 그 무슨 못배운 분도 아니면서, 알만한 분들이 왜 그리 고집을 피우는지 저는 정말 모르겠습니다.

우리는 경쟁 속에 살고 있습니다. 보이는 문제도 해결 못하면서 잘 되길 바란다는 것은 되돌아올 메아리 밖에 안됩니다. 설득력도 없지요. 정말 한돈산업을 안정적이고 경쟁우위로 가져가려면 그 문제를 해결하는데 지나친 이기주의와 관행을 버려야 할 것입니다. 정작 필요한 일을 해야지 당장 눈앞에 닥친 일만 해결해서야 감기걸린 돼지 꼴 밖에 더 되겠습니까!

하나하나씩 보이는 문제부터 해결해 나가다보면 어렵게만 보였던 다른 문제들도 개선하는데 보탬이 될 텐데, 떨어진 가격에 부던히 어미돼지만 때려잡다보면 "글쎄... 과연..." 이란 물음표가 머릿속에 떠오릅니다. 이젠 연초 kg당 3000원 밑에서 맴돌던 도매가격이 4000원 고지를 눈 앞에 두었으니 걱정꺼리도 없고 해결도 되었다고 안심할텐데요, "글세... 과연..."

답답하지 않으신가요? 우리 한돈산업 품질 높이는데 무엇부터 해야 하는지 아직도 모르시겠다구요? 설마. 그렇다면 그것은 제 책임이군요. 죄송합니다.

돼지고기 1마리의 가격변화와 편중현상에 대한 소고

2013.07.06 22:39 http://blog.daum.net/meatmarketing/977
월간축산컨설팅&시설에 게재

돼지고기 1마리 가치는 얼마인가?

1마리, 1마리가 모인 그 가치는 얼마나 될까?

우리는 풍족한 시대에 살고 있다. 살고 있다? 살고 있나? 잘 모르겠지만 과거 보다는 낫기를 바라는 마음에 미래는 더더욱 나을 것이라는 기대감 속에 살고는 있는 듯하다.

돼지고기 산지, 도매 및 소매가격 변화

돼지고기 1마리 가격은 돼지(생축)으로부터 시장경매를 통해 농가가 받을 수취가격(생산자 판매가격)과 그때 형성된 시장도매가격, 그리고 그것에 준해 거래될 소매가격으로 구성된다.

2013년 7월 4일 기준으로 돼지고기 산지, 도매, 소매가격을 살펴보니 다음과 같다. 산지가격이 100g당 307원, 도매가격은 409원/100g으로 산지가격의 0.3배 수준에서 형성되며 다시 8개 부위로 구분•판매되는 시점에 이르면 산지가격 대비 3.0배, 도매가격 대비 2.0배에 이른다. 이는 또한 음식점에 다다르면 다시 2~3배 높아지는 경향을 보이고 있다.

돼지고기 유통가격 (단위 : 원/100g, 배수)

구분	산지가격(생축)	도매가격(지육)	소매가격(정육)
가격(원/100g)	307	409	1,238
편차(산지 기준)	–	0.3	3.0
편차(도매 기준)	–	–	2.0

* 산지가격은 농가수취가격으로 경락가격에 준해 평가된 금액. 축산유통종합종보센타
* 도매가격은 시장경매를 통해 결정된 가격. 축산유통종합정보센터
* 소매 가격은 에누리닷컴 상위 120개 돼지고기 상품가격에 부위중량을 가중치로 환산

돼지고기 유통가격은 현재 벌어지고 있는 현상을 말하는 것으로 유통 속에 벌어지는 모든 사실을 담기에는 분명히 한계가 있다. 그 숫자는 유통의 다양성과 다변성을 보여주고 있으면서도 단 하나의 사실(Fact)로 기억되길 바라지 않는다. 다시 말해, 유통가격은 다양•다변한 유통 속에 무수히 많은 편린을 만들고 명멸하다가 스러지고 반짝이는 마치 별빛과 같다. '가격'을 하나의 숫자로 말할 때는 조심해야 하는 이유가 여기에 있다. 결코 정답일 수는 없지만 누군가의 궁금증을 해소하려면 꼭 필요한 수치인데, 그 수치의 결과에 따라 웃고 우는 일이 발생한다.

한돈의 일생

By 김성호

돼지고기 1마리 구성비율

돼지고기 1마리는 도축장을 거치면서 지육(두, 족, 내장을 제거한 뼈가 붙어있는 상태)과 1차부산물(두, 족, 내장, 가죽) 및 지방으로 분리되고, 다시 지육은 8개 정육부위와 2차부산물(등뼈, 잡뼈) 및 지방으로 분리되어 유통된다.

돼지고기 1마리는 대략 정육 65.9%, 지방 23.2%, 뼈 10.9%로 구성되어 있다. 정육 65.9%는 다시 뒷다리 20.3%, 앞다리 12.9%, 삼겹살 12.1%, 등심 8.4%, 목심 6.2%, 갈비 4.1%, 안심 1.4%, 특수부위 0.5% 수준에서 구성되어 있다.

돼지고기 1마리 구성비율(%)

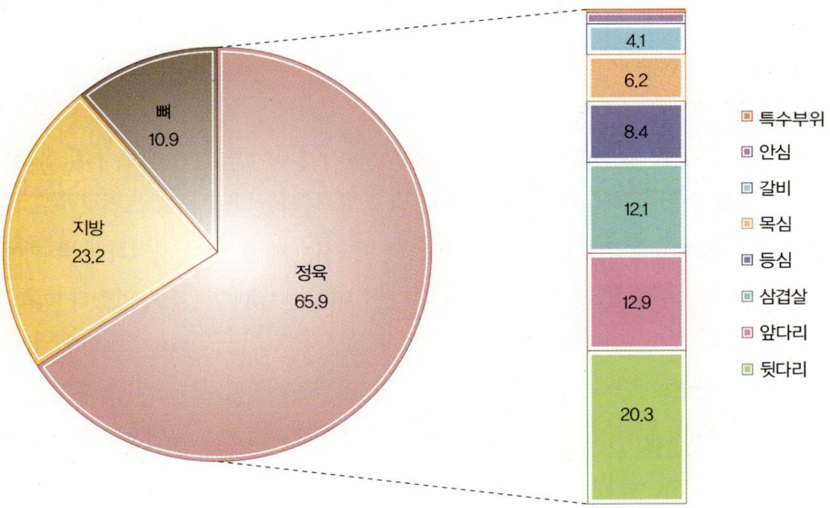

돼지고기 소매가격

돼지고기 중에서 가장 비싸게 판매되는 부위는 목심과 삼겹살이다. 물론, 특수부위와 특정 부산물을 제외했을 때 가격이다. 그 판매되는 가격에는 시장상황에 따른 편차가 있다.

돼지고기 소매가격

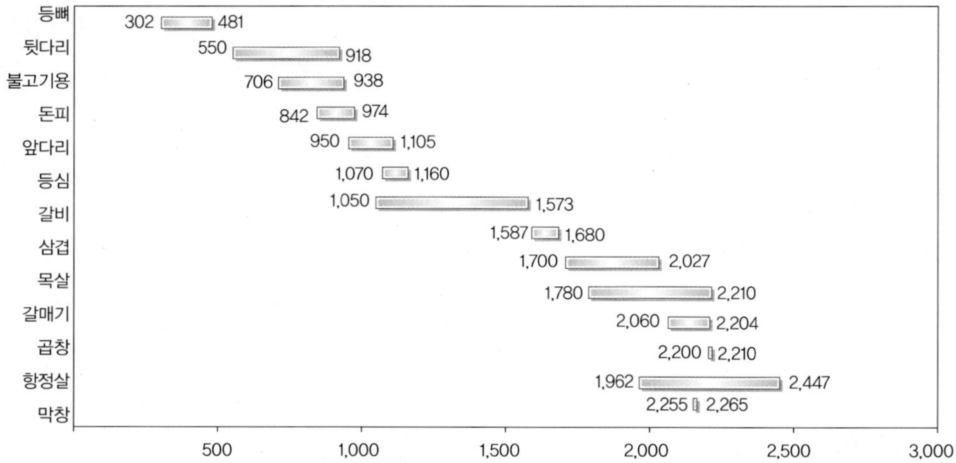

* 에누리닷컴, 인기상품 상위 120개, 배송비포함 100g당 가격, 2013.7.4일 기준

돼지고기에서 가장 많은 부분을 차지하는 뒷다리 기준으로 가격차이를 산출해보니 다음과 같다. 목살, 삼겹살, 갈비의 가격이 뒷다리에 비해 100%P 이상 높게 나타났다. 사실, 그것보다도 뒷다리 보다 낮게 팔리는 제품은 등뼈가 유일했다는 사실이다. 왜 우리는 가장 많이 차지하는 부위에게 이다지도 홀대할 수 있단 말인가! 단순히 가격 측면에서 본다면 이처럼 우매한 일도 없겠다 싶다.

돼지고기 뒷다리 기준 부위별 가격차이 (단위 : 원/100g, 원)

구분	최저가격	최고가격	단순 평균가격	뒷다리 기준 차이
막창	2,255	2,265	2,255	207.2
항정살	1,962	2,447	2,205	200.3
곱창	2,200	2,210	2,200	199.7
갈매기	2,060	2,204	2,132	190.5
목살	1,780	2,210	1,995	171.8
삼겹	1,700	2,027	1,864	153.9
갈비	1,587	1,680	1,634	122.5
안심	1,050	1,573	1,312	78.7
등심	1,070	1,160	1,115	51.9
앞다리	950	1,105	1,028	40.0
돈피	842	974	908	23.7
불고기용	706	938	822	12.0
뒷다리	550	918	734	–
등뼈	302	481	392	46.7

* 에누리닷컴, 인기상품 상위 120개, 배송비포함 100g당 가격, 2013.7.4일 기준

돼지고기 1마리 환산평균가격

돼지고기 7개 부위에 대한 단순평균가격을 각각의 거래중량을 가중치로 부여하여 환산해보니, 환산평균가격이 1,238원/100g으로 산출되었다. 이 가격을 기준으로 1마리 내의 부위별 전가비용과 소매가격비중을 살펴보려고 한다.

돼지고기 1마리 부위별 전가비용

앞서 구한 돼지고기 환산평균가격을 기준으로 1마리에 부여되는 부위별 전가비용을 살펴보니 목살이 최대 757원/100g, 삼겹살이 625원/100g 높게 형성되고 있으며, 뒷다리는 △504원/100g을 보이고 있다. 즉, 1마리를 온전히 팔 때 목살, 삼겹살에 치우친 (+)가격비중이 뒷다리로 (–)전가된 경향을 보이고 있으며 중량이 상대적으로 높은 앞다리, 뒷다리의 가격전가가 비교적 낮음을 보여주고 있다.

돼지고기 1마리 중량가중치 환산평균가격, 부위별 전가비용 및 가격비중

구분	(단순)평균가격 (①:원/100g)	거래중량(%)	100%환산:②	환산 평균가격 (③:①×②/100)	1마리 전가비용 (③=④–①:원/100g	1마리 가격비용 ⑥=③/④:%)
목살	1,995	6.2	9.5	189	757	15.3
삽겹	1,864	12.1	18.5	345	625	27.8
갈비	1,634	4.1	6.3	102	395	8.3
안심	1,312	1.4	2.1	28	73	2.3
등심	1,115	8.4	12.8	143	123	11.6
앞다리	1,028	12.9	19.7	203	211	16.4
뒷다리	734	20.3	31.0	228	504	18.4
계(평균)		65.4	100.0	④1,238		100.0

* 산지/도매가격은 축산유통종합정보센터, 소매가격은 에누리닷컴..
* 돼지 8개 부위 중 특수부위 제외

돼지고기 1마리 소매가격비중

돼지고기 환산평균가격을 기준으로 부위별 판매가격, 즉 1마리 소매가격비중을 살펴보니 삼겹살 27.8%, 뒷다리 18.4%, 앞다리 16.4%, 목살 15.3%, 등심 11.6%, 갈비 8.3% 등으로 나타났다. 삼겹살, 목살 못지않게 뒷다리, 앞다리의 소매가격비중이 높다는 것은 반드시 팔아야 하는데, 그것을 판매할 유통주체는 판매기회 보다는 재고부담, 그리고 지육 거래가 아닌 부위 거래를 할 때는 부담이 가중된다는 사실을 말해준다.

돼지고기 1마리 소매가격비중

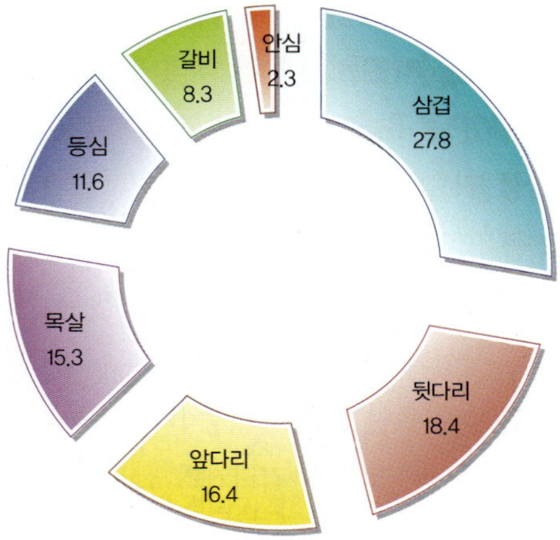

치우친 부위별 가격편중현상을 보니 폭탄(뒷다리, 앞다리 등)을 맡게 된 이는 소비가 활발하지 못하니 팔 수 있는 곳에 대한 한계가 분명할 것이요, 떠넘기는 경향을 보일 수 밖에 없을 것이며, 이는 다시 덤핑과 핑퐁 사이에서 돌고돌아 냉동으로 가는 날에는 급격한 가치하락을 보일 수 밖에 없게 된다는 것이다. 나 하나 쯤이야 하면서 먹게 되는 삼겹살, 목살로 말미암아 수입육 삼겹살, 목살이 음식점 수육으로까지 시장을 확장하는 이 때, 지나친 때론 치우친 부위별 가격편중현상은 안으로 곪고 있으며 더욱 문제가 되는 것은 이 현상이 언제 끝날지 모른다는 사실이다.

'부국'하려면 '강병'을 키우는 일이 중요하다. 뒷다리 쯤이야 하는 강병이 그 어느 때보다 절실해 보인다.

2013.7월부터 개정 돼지고기 등급제의 성패를 좌우할 각자의 역할

2013.03.05 14:39 http://blog.daum.net/meatmarketing/643
농림축산식품부 블로그, 월간피그, 월간축산컨설팅&시설에 게재

돼지고기 등급제도가 2013.7월 개정을 목표로 추진중에 있다.

이에 대해 미리 알림으로써 혹시나 발생할 수 있는 손해를 최소화하고 생산자, 유통업자, 소비자 등 여러 주체들이 관심 갖고 지켜볼 사항들을 짚어봄으로써 본 제도의 성공이 바로 돼지고기산

업을 살리는 길임을 함께 공감하고 싶다.

우리나라에서 돼지고기 등급제도는 1993년 시행되었다. 돼지고기 등급제도가 미국은 1949년부터, 일본은 1964년부터, EU는 1975년부터, 캐나다는 1986년부터, 호주는 1987년부터 시행되었음을 볼 때 길게는 44년, 짧게는 4년 정도 차이를 두고 시행된 셈이다.

올해를 맞아 20년째다. 이제까지 무르익을 수 있도록 물심양면 쏟아붇고 여러 반향과 시도를 해봤다면 이젠 좀 더 책임있고 자세를 바로 세울 약관(弱冠)의 나이다.

등급제도는 소비자의 요구에 부응하는 제품생산이 양축가로부터 도축 및 패킹에 이르기까지 가능하도록 표준화(규격화)를 유도함으로써 혼잡한 제품생산으로 인해 발생할 수 있는 쓸데없는 낭비(국가손실)를 줄이고, '생축 → 지육 → 부분육 → 정육 → 부위육'으로 변형되는 육류의 특성을 감안한 유통단계별 합리화가 이루어지도록 하는데 목적을 두고 도입되었다.

등급판정 모습

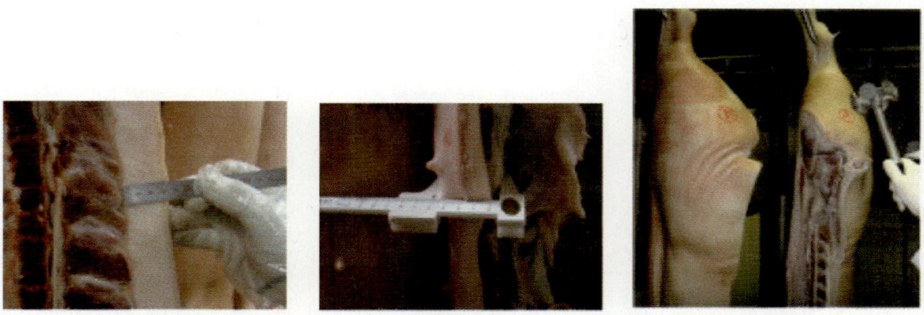

* 2013.7월부터 돼지 등급제도는 현행 1+A, 1A, 1B, 2A, 2B, 2C, 등외등급에서 1+, 1, 2, 등외등급으로 간소화될 예정이다.

금번 개정은 여러 여건 속에서 추진된 일이다. 소비자에게는 품질수준을 알기 쉽도록 육질 변별력을 강화하는 방향으로, 이를 전달하는 유통업자에게는 마케팅으로서 '등급'이 제역할을 발휘할 수 있도록 품질보장과 손실보전이 가능하도록, 또한 돼지를 생산하는 양축가에게는 소비자와 유통업자가 원하는 적정 범위의 규격돈 생산을 유도하는 방향으로 하는 등 다목적 용도로 개발되었다.

20여년 동안 자돈 살리기(생산성 향상)와 품질을 높이기 위해 절치부심 노력해 왔지만, 아직은 역부족이다. 2012년도 규격돈 66.7%라는 성적으로는 국내 식량보급 측면 뿐만아니라 한-미, 한-EU FTA 등 가뜩이나 어려운 주변 여건을 슬기롭게 극복할 수 있겠느냐는 자성 속에서 '돈육산업' 생존의 문제로까지 번진 바 있다.

똑같은 상황인데, 왜 우육업계에서는 걱정을 덜 하는 것처럼 보여질까?

그것은 바로 품질경쟁력의 차이에 있다고 풀이된다. 그 동안 쇠고기등급제를 토대로 가축개량과 고급육생산 기술의 개발, 그리고 '등급'에 따른 가격정산과 합리적인 거래(생산·유통·소비)를 통해 다음과 같은 성적을 냈다.

2012년 현재, 1등급 이상 육질의 쇠고기 고급육 생산은 2000년 25% 수준에서 58% 수준으로 2.3배 급증했으며, 육량의 척도가 되는 등심단면적은 지육률이 거의 대등한 상황에서 2000년 79㎠에서 2012년 90㎠으로 13.9% 상승했다. 육질과 육량 2마리 토끼(품질)를 모두 잡은 셈이다.

우리나라 쇠고기 품질수준 동향

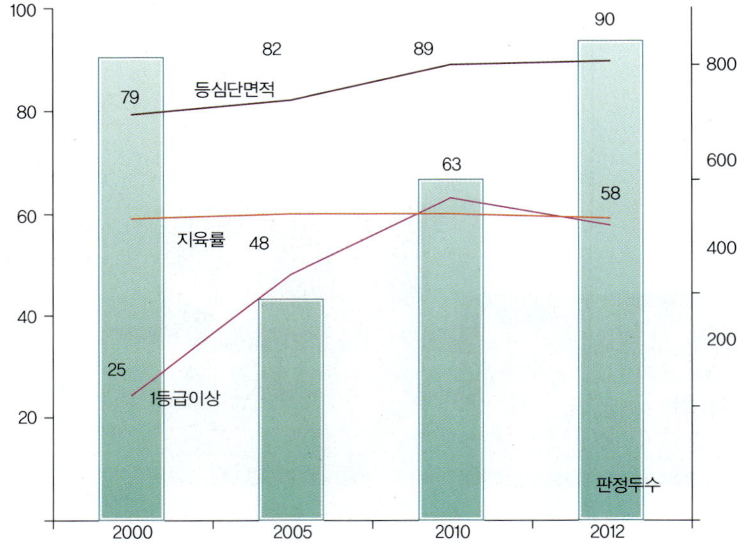

* 1등급 이상은 전국값, 등심단면적과 지육률은 공판장(3곳) 평균값

* 축산유통종합정보센터(www.ekapepia.com), 축산물품질평가원

그렇다면 돼지고기에서도 생산성과 육질 2마리 토끼(품질)를 잡기 위해 '13.7월 개정 목표로 추진되는 돼지고기 등급제 주요내용을 살펴보면, 다음과 같다.

등급 표시방법을 1^{+}, 1, 2, 등외등급으로 간소화한다. 그간 대두되었던 돼지고기의 발현특성을 감안하여 육질 변별력을 높이면서도 평가결과의 효용가치(전달성, 거래이용도 등)는 높이는 방향으로 육질등급(1^{+}, 1, 2)과 규격등급(A, B, C)으로 이원화되어 있는 평가방식을 통합한다. 이를 통해 육질등급과 규격등급을 혼합┌사용해오던 관행을 바로잡아 등급정보을 일관되게 제공함으로써 양축가와 유통업자 사이의 거래, 유통업자와 소비자 사이의 거래에서 활용도를 높이고자 한다.

(현행) 1+A, 1A, 1B, 2A, 2B, 2C. 등의 → (개정) 1+, 1, 2 등의

규격돈(도체중량과 등지방두께) 범위는 유지하면서 1^+등급 범위를 축소한다. 도체중량과 등지방두께 증가 등으로 삼겹살의 상품성이 저하(과지방 발생)됨을 감안하여 현행 1^+등급 상한선의 탕박 도체중량이 95kg에서 93kg으로, 등지방두께는 26mm에서 24mm 하향된다. 소비자가 좋아하는 삼겹살의 과지방 발생을 최소화하여 소비자 입맛을 사로잡을 뿐만아니라 유통업계의 손실을 방지함으로써 한돈의 경쟁력을 강화하기 위함이다.

개정 돼지도체 도체중량과 등지방두께 범위

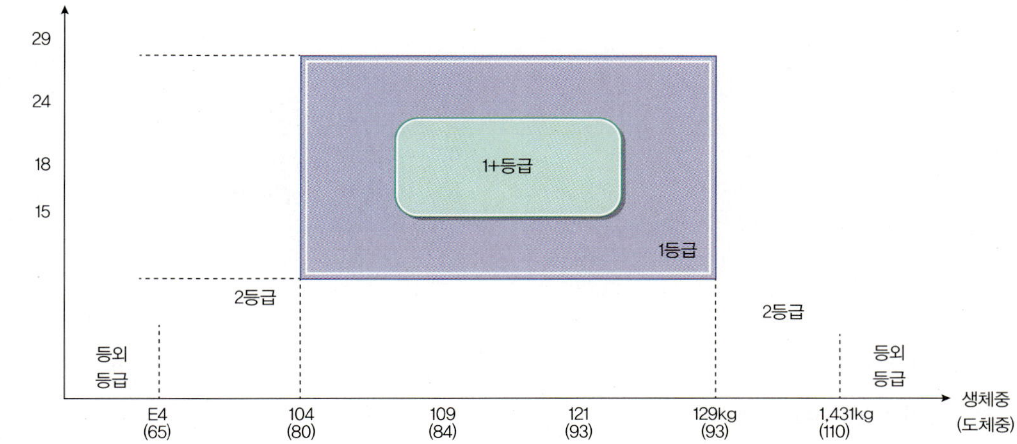

등외등급의 상한 도체중량 범위(탕박 기준)를 110kg 이상으로 신설한다. 종전에는 65kg 미만의 위축돈과 왜소돈에 대해서만 등외등급으로 분류했었다. 상한 도체중량 범위를 설정함으로써 적정 범위 내 품질은 유지하면서 가뜩이나 높은 사료값 비용은 덜어내는 유통구조의 합리화를 이루기 위한 조치이다. 참고로, 새끼를 분만한 어미돼지(경산모돈)의 경우는 현행와 같이 도체중량에 상관 없이 등외등급이 부여된다.

지방침착도(종전, 근내지방도)는 No.2 수준으로 보정한다. 종전에는 지방침착도 기준 No.4 이상이어야 1+등급을 받을 수 있었으나, 개정이 되면 No.2 수준이면 가능하다. 돼지고기의 연한 육질특성과 지방침착성을 감안하고 농가의 생산기술 개발(전국 조지방함량 평균 2% 수준) 및 파급속도를 감안하여 하향조정함으로써 목살과 삼겹살의 품질향상성이 유지되도록 했다.

돼지고기 소비기호도에 따른 적정 조지방함량 범위

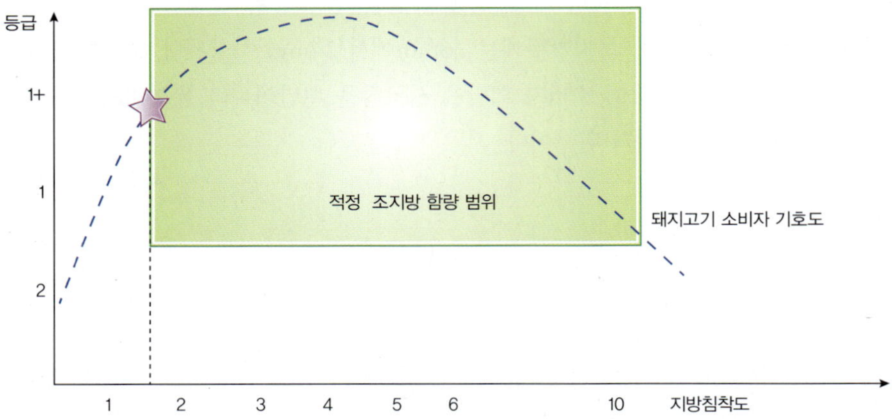

* 미국은 지방침착이 현저히 적거나 많은 경우 소비자기호도를 떨어뜨리는 요인으로 보아 조지방함량 2~6% 범위를 적당하다고 평가하여 운용중

돼지고기 결함에 근육제거와 외상을 신설한다. 출하를 위한 운송시 구타 등으로 인한 외상이 발생되면 스트레스 등으로 돼지고기에 육색이 변색되는 물돼지(PSE)가 발생하여 소비자들이 기피함을 감안하여 도축·운송과정 등에서 품질관리가 엄격히 되도록 강화한다.

돼지고기 등급판정 적용방법을 온도체 방법으로 통일한다. 유통현실의 여건을 감안하여 온도체와 냉도체로 이원화되어 있는 등급판정 방법을 온도체 방법으로 통일하고, 냉도체의 경우 희망자에 한해 등급판정항목(근내지방도, 육색, 지방색 등)의 보다 면밀한 결과값을 제공받을 수 있도록 함으로써 가축개량과 학술연구가 지속될 수 있도록 했다.

마지막으로, 돼지고기 등급제 개정을 맞아 생산자, 유통업자, 소비자 등 여러 주체들이 관심 갖고 지켜볼 사항들을 정리해보면 다음과 같다.

가. '등급'이 마케팅 수단으로서 제역할을 발휘할 수 있도록 유통단계부터 지육과 박스육에 등급을 표시하고 판매하는 일이다. 식육포장처리업체부터 솔선수범 간소화된 등급을 표시·판매함으로써 이를 건네받는 식육판매업체(대형마트, 조합, 정육점 등)에서 등급을 표시·판매하는데 보다 편리하도록 하자. 그러면, 등급정보가 공개되지 않아 궁금해하는 소비자들의 불만은 해소할 수 있다.

나. '품질' 범위를 생산품질, 유통품질, 소비품질로 세분하여 생산자의 역할 뿐만아니라, 생산된 고기를 취급하는 유통업자가 지켜야 할 세세한 품질관리포인트 및 취급상 유의사항 등을 명확히 정하는 노력도 병행할 필요가 있다. 유통과정 중에 취급이나 보관을 잘못하여 변질된 우려가

있는 포인트를 잡아내어 관리될 수 있도록 하는 것은 소비자의 요구(소비품질; 매장관리, 고객응대 등 포함)에 부응하는 길이다.

다. 생산자에게는 본인의 출하성적표(등급판정결과)를 제때 잘 활용함으로써 바로다음 돼지 출하 때에는 이전 성적에 대한 원인분석을 통해 개선된 방식으로 출하할 수 있도록 일선 현장에서의 지도┌교육을 강화해 나가야 한다. 한 푼이 아까운 현재, 6개월 동안 잘 키워 내는 일 못지않게 최후의 출하 선별관리가 중요함은 말해야 무엇하랴.

라. 생산자와 유통업자 개개인은 생체중 지급률 위주의 원료돈 가격정산방식을 하루빨리 도체중 등급별 정산방식으로 바꾸는데 솔선수범할 필요가 있다. '등급'이 유통지표로서 제역할을 수행해내기 위해서는 가격흐름의 지표역할이 병행되어야 함은 한우의 성공사례에서 엿 볼 수 있다. '등급'으로 거래가 이뤄질 때에야 비로소 유통구조 합리화를 앞당길 수 있다. 다음의 2013.1월 돼지 100두 출하할 때 정산방법별로 농가소득을 비교한 표를 참고하기 바란다.

5화. 축산물 유통실태 바로보기

축산물 유통구조 복잡, 7단계를 2단계로 바로 보기

2013.03.14 13:23 http://blog.daum.net/meatmarketing/668

농축산물 유통 구조, 5~7단계에서 2~3단계로 줄인다

출처 2013년 3월 14일 _조선일보_종합

"농축산물 유통 구조 7단계에서 2단계로 줄여야"

박대통령 대책 마련 주문,

이르면 5월 발표할 듯

정부가 농수산물 유통 단계를 획기적으로 줄일 수 있는 방안 마련에 박차를 가하고 있다. 박근혜 대통령이 유통구조 개선을 물가 안정의 핵심 정책으로 꼽고 있어서다. 정부는 방안이 시행될 경우 현재 최대 7단계인 농수산물 유통 단계가 2~3단계로 줄어들 것으로 기대하고 있다.

출처 2013년 3월 14일 _파이낸셜_종합

설마설마 했는데...

여러분, 몇 단계 걸친 축산물을 드시나요?

축산물 유통경로, 유통단계, 유통비중(소) 추정

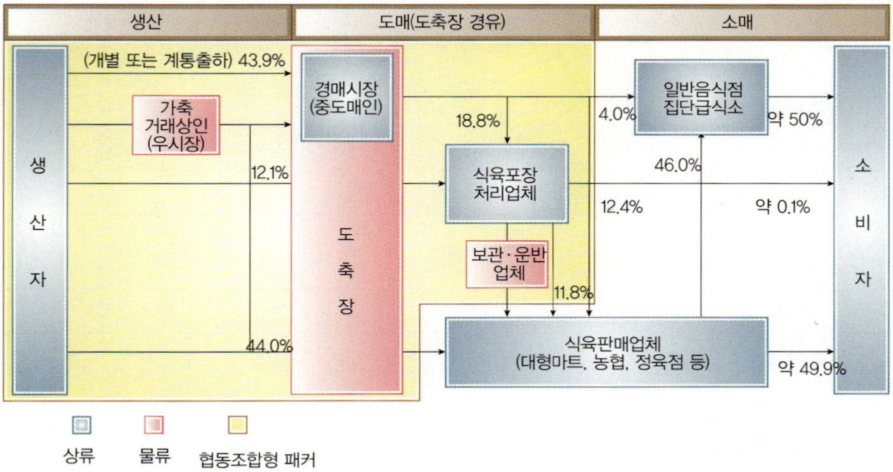

아마, 유통업에 종사하시는 분들은 답을 주실 수 있을테다. 농가와 소비자는 글쎄라고 갸우뚱할테고. 실제, 아무리 우리나라 유통구조가 엉망이라고 치더라도 설마 7단계를 거쳐 유통되는 구조일까? 상식적으로 보자.

유통단계 축소의 의미가 무엇일까? 비용절감? 신속처리?

축산물 유통단계별 유통비중 추정; 2012년도 (단위 : %)

유통단계	소	돼지	닭	계(평균)
1	–	0.1	0.4	0.2
2	1.0	1.9	36.9	13.3
3	19.0	11.0	42.2	24.1
4	39.0	70.2	7.1	38.8
5	27.0	15.8	3.8	15.5
6	12.9	1.0	4.8	6.2
7	1.0	–	4.8	1.9
계	100.0	100.0	100.0	100.0

*쇠고기는 3~5단계, 돼지고기는 4단계, 닭고기는 2~3단계로 주로 유통되고 있다.

단계의 축소는 필요하다. 하지만, 이미 현존하는 필요에 의해 탄생된 루트(단계)까지 망칠 필요가 있을까? 시장에서 유통은 필요에 의해 생기고 필요에 의해 사라진다. 그렇다면, 우시장을 통한 가축거래상인을 거쳐 유통되는 물량도 필요하다는 말인데, 단계의 축소가 과연 얻고자 하는 지향점이 궁금해진다.

쇠고기 유통단계별 유통비중 추정; 2012년도 (단위 : %)

유통단계	유통비용	유통단계	1	2	3	4	5	6	7
2	1.0	브랜드업체	도축장	직영점	소비자				
3	15.0	양축가	도축장	정육점, 조합, 포장처리업	소비자				
	4.0	브랜드업체	도축장	정육점, 조합	소비자				
4	15.1	양축가	도축장	중도매인	정육점, 조합, 포장처리업	소비자			
	19.0	양축가	도축장	정육점, 조합, 포장처리업	음식점	소비자			
	5.0	브랜드업체	도축장	정육점, 조합, 포장처리업	음식점	소비자			
5	7.0	양축가	도축장	포장처리업체	정육점	음식점	소비자		
	10.0	양축가	도축장	중도매인	포장처리업체	정육점	소비자		
	10.0	양축가	도축장	중도매인	정육점, 조합	음식점	소비자		
6	2.1	양축가	우시장	가축거래상인	도축장	포장처리업체	정육점	소비자	
	2.0	양축가	가축거래상인	도축장	포장처리업체	정육점	음식점	소비자	
	8.8	양축가	도축장	중도매인	포장처리업체	정육점	음식점	소비자	
7	1.0	양축가	우시장	가축거래상인		포장처리업체	정육점	음식점	소비자
계	100								

단계의 축소는 필요하다. 규모화, 전문화를 기본 전제로 국제기업으로 육성될 때 그 의미가 크다고 본다. 단순히 국내시장을 놓고 아귀다툼을 해서야 규모화의 의미가 퇴색해진다. 단계의 축소 방향을 국익 측면에서 면밀히 따져볼 필요가 있다. 혹시, 농협이 내부적으로 갖고 있는 모순과 갈등상황 등을 그대로 둔 채, 별개의 조직체로 육성하려는 것인지 아니라면, 농협을 하나의 브랜드로 놓고 계열화로 진행코자 하는 것인지 그것이 궁금해진다.

돼지고기 유통단계별 유통비중 추정; 2012년도

유통단계	유통비용	유통단계	1	2	3	4	5	6
1	1.0	계열화업체	(직영점)	소비자				
2	1.0	계열화업체	정육점, 조합	소비자				
3	10.0	양축가	도축장	정육점, 조합	소비자			
3	1.0	계열화업체		음식점	소비자			
4	46.3	양축가	도축장	포장처리업체	정육점, 조합, 음식점	소비자		
4	18.4	양축가	도축장	정육점, 조합	음식점	소비자		
4	5.5	양축가	도축장	중도매인	정육점, 조합, 음식점	소비자		
5	2.0	양축가	가축거래상인	도축장	포장처리업체	정육점, 조합, 음식점	소비자	
5	8.0	양축가	도축장	포장처리업체	정육점, 조합	음식점	소비자	
5	18	양축가	도축장	중도매인	포장처리업체	정육점, 조합, 음식점	소비자	
5	20	양축가	도축장	중도매인	정육점, 조합	음식점	소비자	
5	20	양축가	가축거래상인	포장처리업체	정육점, 조합	음식점	소비자	
6	10	양축가	도축장	중도매인	포장처리업체	정육점, 조합	음식점	소비자
계	100.0							

닭고기 유통단계별 유통비중 추정; 2012년도

유통단계	유통비용	유통단계	1	2	3	4	5	6	7
1	0.4	계열화업체	(직영점)	소비자					
2	36.3	계열화업체	소매점, 음식점	소비자					
2	0.6	계열화업체	포장 처리업체	(직영점)	소비자				
3	39.1	계열화업체	대리점	소매점, 음식점	소비자				
3	3.1	계열화업체	포장 처리업체	소매점, 음식점	소비자				
4	5.7	양축가	도축장	포장처리 업체	소매점, 음식점	소비자			
4	1.4	양축가	계열화업체	대리점	소매점, 음식점	소비자			
5	3.8	계열화업체	도축장	포장처리 업체	대리점	소매점, 움식점			
6	4.8	양축가	가축거래 상인	도축장	포장처리 업체	대리점	소비자	소비자	
7	4.8	양축가	가축거래 상인	도축장	계열화업체	포장처리 업체	소매점, 음식점	소매점, 음식점	소비자
계	100.0								

대형마트(최종판매처)에서 식육포장처리공장(중간유통)을 짓고 산지농장(생산지)과 계약을 통해 유통시키려는 움직임... (1)

요것은 몇 단계일까? (만일, 산지와의 계약관계가 장기적이고 상호협력적인 관계라면 2단계 소비가 가능하다는 것)

하림, 이지바이오, 사조산업 등 대형유통업체(중간유통비중이 큰 업체)에서 이미 갖춘 식육포장처리공장을 토대로 산지농장(생산지)과의 계약 확대를 통해 유통시키려는 움직임... (2)

요것은 그럼 몇 단계일까?

1단계 내지 2단계다.

물론, 이때 사료, 종축, 약품 등 계열사를 기본으로 갖추고 있어야 경쟁력이 높다.

도드람양돈, 부경양돈이라는 조합에서 회원농장(생산지)의 생산품을 도축, 포장처리해서 자체 브랜드로 팔았다. 1단계.

대형마트나 정육점에 납품해서 팔았다. 2단계.

요것이 지금 대세다.

이미 가고 있는 방향이라는 말이다. 먼 옛날부터 원했든 원하지 않았든 갈수록 치열해지는 유통환경과 경쟁관계 속에서 이윤 극대화 또는 업무 효율화 측면에서 진행되었다고 보여진다. 물론, 거대화를 통한 밝은 미래(판매량, 지속가능발전, 가격통제 등)를 담보하고 있다.

자, 여기에서 조합의 역할이 중요한 때다.

1 + 1 + 1 ... = 1

1 = 1 + 1 + 1 ...

1농가, 1업체, 1판매장 등이 모여 1단위로 보여져서야 그 효과가 있을까? 1단위로 보여지는 그 속이 1농가, 1업체, 1판매장 일때 효과가 있을까? 어떤 모습일지 성공을 위해서는 일관된 단일체계에 대한 시도가 필요해보인다.

누가 되었든 간에 효율적인 통제가 불가능한 조직은 지속가능한 발전이 불가능하다. 주워 담는 시기를 지나가고 있다면, 이젠 주워 담은 집단들의 일관된 운영시스템이 중요해 보인다.

나도 싼 고기를 먹고 싶다. 가격이 10년 전 가격 그대로 였으면 좋겠다. 물론, 10년 전 가격이 그대로이길 바란다면 너무 무지한 생각 같지만 이런 실현가능한 목표가 보이질 않는다.

유통단계를 축소한다고 한다. 그래서...?

내가 사는 가격이 싸질까? 정말... ?

글쎄, 주체들의, 주체들 내의, 국제관계 속에서의 모든 변수가능한 조건들을 두루살펴 조율이 필요한데, 과연, 조합 만으로 그 역할과 기대를 충족할 수 있을까?

목표를 주자. "시세 대비 30% 저렴한 가격으로 팔겠다" 라는 두리뭉실한 것 말고,

얼마가 들어(생산비; 사료비, 사육 등), 얼마를 들여(도축제경비, 포장처리비, 운송비 등) 얼마를 부담하니(점포유지비, 판촉비, 채널운영비, 배송비 등) 얼마에 팔 수 있다(소비자가격). 그리고, 생산물량 대비 몇 % 비중으로 안정적으로 이 가격을 유지할 수 있다(유통비중과 가격연속성)

이것이 핵심이다. 틀려도 좋다... ^^

하긴, 나만 아니라고 하면 뭐하나.. 북치고 장구치고 에헤라 놀아보세~

변화가능한 미래를 보고 싶은데, 총을 맨 분들의 건투를 빌어본다.

조선일보, 삼겹살 황당합니다. 돼지고기 유통 제대로 보기

2013.04.26 08:23 http://blog.daum.net/meatmarketing/807

조선일보가 말한 "삼겹살, 황당합니다"에 대한 오해를
바로잡아 보자. 고민하자.

1. 신선육의 유통단계는 복잡하지 않습니다.

다양한 실태를 반영했을 뿐이지요. 최적화되어 있지요. 돼지고기는 주로 식육포장처리업체, 조합, 정육점(식육판매업체)에서 농가로부터 구입해 도축장에 도축수수료를 주고 임도축하는 물량이 약 90%, 나머지 10%는 농가가 도매시장,공판장에 경매로 출하하는 물량으로 나뉩니다.

따라서, 돼지고기 유통경로는 농가 → 식육포장처리업체, 조합, 정육점(도축장 경유) → 대형마트, 슈퍼마켓 등 식육판매업장 → 소비자의 형태로 3단계 내지 길게는 농가 → 식육포장처리업체, 조합, 정육점(도축장 경유) → 정육점 등 식육판매업장 → 일반음식점 → 소비자의 형태로 4단계. 그리고 농가 → 정육점(도축장 경유) → 소비자의 형태로 2단계로도 유통되고 있으며, 농가 → 식육포장처리업체, 조합, 정육점(도축장 경유) → 집단급식소 → 소비자의 형태로 3단계를 보이기도 합니다.

이처럼, 돼지고기의 유통단계별 유통경로는 대체로 3~4단계를 거쳐 소비자에게 전달되고 있으

며 각각의 단계에서 역할을 다하는 유통주체를 볼 때 가장 최적화되어 있다고 볼 수 있습니다. 생산이 소비자 판매(0단계)까지 책임질 때에 갖게 되는 판로, 물류 및 유지에 드는 위험성을 유통에게 넘겨야 생산에 집중할 수 있듯이 중간유통, 최종판매 각자가 역할을 나눠야 하는 이유가 여기에 있습니다.

도대체, 중간상인, 또는 산지반출인인 사람들이 유통경로라고 하는데 왜 그런가요? 한국농촌경제연구원이나 그것을 조사 발표했던 한국농수산식품유통공사는 정확히 짚어줄 필요가 있습니다. 도식화된 그림으로 유통단계가 마치 6단계라고 이해시키고 심지어 국회의원, 정부관계자 할 것 없이 마치 그런 양 보여주고 있는 것은 '진실을 거짓으로 가리는 행위'라고 보여지는 것은 저만의 착각일까요!

더하여, "왜 유통단계가 복잡하다고 유통이 폭리라고 기자에게 답변해 주는가?". 실태를 모르면 모른다고 하면 그나마 좋았을 것을 왜 굳이 아는 채 하여 갈수록 헷갈리게 하는지. 페이퍼로 파악된 진실이 유통현장의 진실을 담지 못하니 유통인은 냉가슴만 앓는 형국입니다. 이미 기사화된 것을 뒷북 치자니 웃기는 행위요, 기자를 욕해야 자기를 욕하는 꼴 밖에 안되니 "허" 하다 할 만 합니다.

'유통'은 그 시대의 발전 속도와 소비자 요구, 그 나라의 사정에 가장 적합한 형태로 진화, 발전되어 온 형태입니다. 어찌 기자 1명, 연구자 1명, 실무자 1명이 말한 논리가 이다지도 국가를, 아니 국민을 우롱하는지 알다가도 모를 일입니다. 제대로 공부하고 써야 할 유통을 그냥 말하거나 그냥 써대는 군요. 그리고, 한돈농가를 대표하는 한돈협회 관계자는 더이상 유통에 대해 말하지 않았으면 좋겠습니다. 충분히 유통을 안 다음에 말을 해도 늦지 않아 보입니다. 한돈협회는 생산을 대표하는 단체입니다. 결코 유통이 아니라는 것이지요. 가령, 유통을 말할 때는 유통을 '유통'이라고 자신할 때 말해주어도 늦지 않아 보입니다. 그들이 말하는 바가 일반 국민과 다를게 그 무엇입니까!

'유통'이 복잡하다거나 '폭리' 라는 말을 하는 사람에게 묻고 싶습니다. '유통'을 아냐고. 시험해 보고 싶군요. 다음 질문에 답해 보시지요. "6단계를 거치는 돼지고기 유통경로의 거래량이 얼마인가?" 답해 보시지요. 1%, 3%, 5%... 혹시 100%. 제가 볼 때 3%도 될까 말까 추정됩니다. 자, 그렇다면 왜 6단계를 전면에 내세우지 말아야 하는지 이유가 되었겠지요?

가축거래상인을 통한 거래가 도대체 얼마나 될 것이라고 두당 5천원 정도 수수료 받고 넘기는 역할을 하는 주체를 경로에 포함했는지, 두당 5천원을 주고 거래한 물량이 그 경로에서 왜 필요했는지 알기는 한 것일까요? 가축거래상인은 물건의 흐름(물류) 속에 역할을 하는 주체이지 유통경로를 말할 때 혼용되어 표현되는 도축장 처럼 정확히 가려말할 필요가 있습니다. 소유권의 이동을 상류라고 본 다면, 상류로 경로를 말해야 가장 맞다고 보여집니다. 앞서 살펴보았듯이.

유통 현장에서 벌어지는 날카롭고도 서늘한 경쟁을 어찌 두당 5천원에 매기는가! 유통은 소비자에게, 소비자가 원하는 상품을 원하는 가격에 맞추기 위해 노력합니다. 그게 존재 이유지요. 중간에서 어찌저찌 되었든 질이 보존된 상품은 제가격 또는 소비자 각자가 원하는 가격에 팔리고 그렇지 못하고 질이 떨어진 상품이거나 제때 팔지 못한 상품은 가격을 낮춰 팔 수 밖에 없습니다. 물론 속일 때도 있겠지요. 그렇지만, 공통된 점은 그 속에 생존이 달려있다는 사실입니다. 이익을 내는 것은 대기업의 논리요, 이익 보다 생존을 앞세우는 것이 중소기업임을 볼 때 가격은 생산부터 소비에 이르기까지 잘 드러나지 않은 실상 속에서 벌어진 치열한 경쟁의 산물이라는 말입니다. 한 줄기 여론으로, 리포터 한 장으로 말해질 유통이 아니라는 말입니다.

그만 두죠. 유통이 복잡하다고 여기지 않을 사람이 어디 있겠습니까! 그 현상을 이해하기 위해 투자한 시간이 얼마나 될 것이며, 그렇게나 보려해도 잘 보여주지 않는 유통을 이해하려면 수백번 말하고 쓰고 지우기를 반복해야 하는데, 단순히 들었던 보았던 것을 믿는 상황에서 무엇을 더 말하겠습니까! 답답한 가슴이 미쳐 터질 날이 있을 테지요.

2. 산지가격의 적정성에 대하여. 농협에서 발표하는 산지가격이 과연 우리가 말하는 대다수의 농가와 유통업체가 거래하는 가격일까요?

삼겹살, 황당합니다

돼지값은 30% 넘게 떨어지는데…식당 삼겹살은 오히려 올라

한국인들 유난히 삼겹살 편애
돼지가 넘쳐도 삼겹살 모자라
6단계 복잡한 유통구조도 문제

2년前 구제역 파동 때
무관세로 삼겹살 수입
한국 돼지들 생존력 좋아져
돼지 사육두수 사상최대 기록
정부 차원 체계적 대책 필요

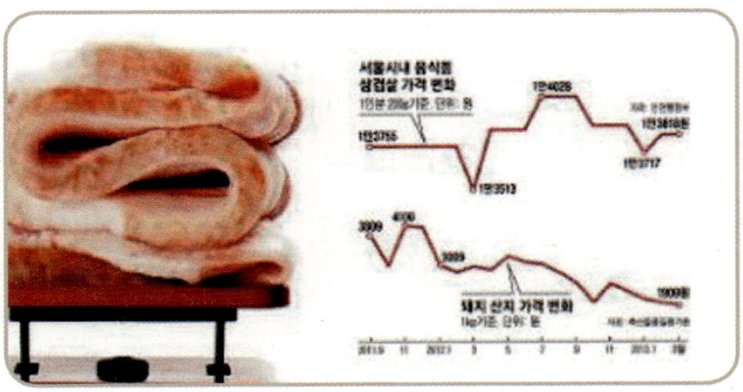

출처 2013년 4월 25일 _ 조선일보_종합

요 정도는 압니다. 유통을 하는 분을 잡고 물어보시지요. 아니, 농가분들에게 물어보시지요? 도대체 가격정산을 어떻게 받냐고. 돼지고기 도매가격은 시장 속에서 경락이라는 과정을 거쳐 결

정됩니다. 그 속을 한꺼풀 더 벗겨 들여다 보면, 그 도매가격에 직접적으로 계산받는 도매시장 출하농가가 약 10% 있으며, 나머지 90%는 그 결정된 경락가격을 전 주 평균, 또는 금 주 평균, 전 3일 평균, 출하당일 등급별 정산 등 다양한 형태로 거래된다는 사실. 이해되시나요?

산지가격은 도매가격에 준해 농가가 받은 수취가격으로 계산해야 한다는 말입니다.

소의 산지가격이 우시장에서 거래된 큰 소 가격이 아니듯이(아닌 이유는 본 블로그에 수도 없이 썼습니다. 참고하세요), 엄격히 말해 돼지의 산지가격은 농가가 돼지를 팔았을 때 받는 수취가격임을 볼 때 도매가격에 준해 팔고 받은 가격이라는 말입니다. 어쩌면 조선일보 기자도 황당하겠네요. 지금처럼 대놓고 비평한 적이 없으니까. 오늘 참 황당한 날이군요!

참, 소비자가격이 얼마인지 아십니까? 혹시, 또 짜집기 하실 건가요? 여기저기 들은 풍월로 풍류를 읇듯이. 한국농수산식품유통공사에서 발표한 가격이 우리가 실제 느끼는 가격일까요? 혹시, 자신하나요? 그 가격의 쓰임은 그나마 그게 최선이니까 에 있지 정확하거나 맞다 라고 보기에는 글쎄올씨다. 이처럼 우리 주변에는 가격이 넘쳐납니다. 발표하는 사람 또는 기관 마다 다 다르고 각양각색이지요. 그가 산출한 방식이 그 만의 방식에 있으니까요. 그리고 표본을 통해 산출했더라도 유의성은 인정되나... 하면서 빠져나갈 구멍도 있을 테니까요. 가격이라는 숫자는 변화무쌍합니다. 그것을 단순히 수치화하여 논리를 펼 때는 이 사실을 명심해야 합니다.

제발, 가격을 말할 때는 그 만한 자격이 되었을 때 했으면 해요.

추경 17조, 직거래 = 소비자 만족 향상 = 품질향상... 국가가 관심 갖을 일

2013.04.11 13:47 http://blog.daum.net/meatmarketing/759

추경 17조안팎…"창업 활성화로 일자리 확대"

이달말 확정 **농산물 직거래장터·취득세 감면분 보전에 투입**

출처 2013년 4월 11일 _ 매일경제 _ 경제

혹시, 설마 직거래 이동차량 지원? 아니겠지 기대한다.

직거래, 직거래 하면서 우리는 가끔 직거래를 왜 이루려는지 그 목적을 잊는 듯하다. 마치 직거래 하면 만병통치약 이라도 되는 듯이.

축산물에서 직거래가 가능할까?

여러분, 생각은?

혹시, G마켓, E마트, 홈쇼핑을 통한 사이버 거래가 직거래일까? 아닐까?

제가 볼때,

"아니다. 유통경로의 한 면으로 이해해야 한다"

마진율 40% 안팎이라는 소리가 많은데, 과연 사이버 거래를 통해 소비자가 얻을 것은 무엇일까?

비용 절감효과? 이용 편리? 기대감 충족?

신문과 소셜미디어 간의 중첩된 기능과 확산에서 보듯이 그 2주체는 각자의 장점을 갖고 사회 현상을 말하고 있다.

신문은 기자, 편집국, 출판국 등 직간접비가 소요되는데 비해 소셜미디어는 (개인일 때) 노동력만 들어간다. 지금 나처럼

그렇다면 그 비용은, 이용의 대가지불은 얼마여야 할까?

아니면, 신문은 소셜미디어로 대체하자 고 해야 하는 것일까?

융복합시대에 있어 IT를 기반으로 다른 형태로의 전환은 가능하겠지만 그 태생의 근본이유(정보전달, 소통, 여론 확산)는 변하지 않는다.

마케팅에서 가격은 딱 정해진 일정한 값이 아니라고 배웠다.

가격은 여건, 상황, 변수 등을 모두 고려해서 팔았을 때 형성된 수치에 불과하다.

더욱이, 물건을 산 고객이 만족한다면 그 자체가 비싸더라도 성공적이다.

그 방향에서 돈을 벌기 위해 일시적 독과점을 노려 아이디어를 짜내고 있다.

지금 이 순간에도, 누가 시키지 않았는데도 움직인다. 원동력이 된다.

하나의 물건은 수십, 아니 수백가지의 가격을 형성한다. 요구수준과 만족도가 모두 다르니 그 가격 또한 거기에 따라 움직이는게 당연할테다.

물론, 적정 수준이라는 것이 있기는 할텐데, 그것조차 직거래 비중을 늘렸을 때 따라올 물류비, 물류유지비, 또다시 파생된 시장규모 등 기존 시장과의 중첩된 기능은 결국 중복투자가 되었다는 결론에 도달할 수 있다.

국가적으로 봤을 때.

"(합목적성) 직거래 = 소비자 만족 향상 = 품질 향상" 으로 귀결된다.

즉, 소비자가 만족하도록 요구조건을 맞춰주는 일(품질)이 핵심이다. 가격을 낮추는 일이 소비자 만족을 가져올지는 두고 볼 일이다. 만일, 잘해서 가격은 낮췄는데 질적 수준도 같이 떨어진다면(필연적) 어떻게 될까?

낮추려고 하면 튕겨 오르고 유지하려면 벗어나려는 못된 놈(?)이 유통가격으로 보여지는데, 우리나라 수급상황에서 그나마 조절가능한 범위(Key)가 현물과 선물 거래를 통한 가격안정효과를 기대해 볼 수는 있겠는데, 자세한 방식은 아직 모르겠다. 묻지 마시라.

소모적인 전쟁보다는 국가적인 관점에서 물류효율화를 통해 중복되거나 버려지는 돈을 막고 각각의 유통주체가 제역할을 통해 소비자 만족을 높이는 방향으로 일할 수 있는 터전을 만들어주는 일.

어쩌면 그것이 더 절실한게 아닌가!

정부, 규제 개선 중심으로 투자 활성화… 직거래의 의미와 그 범위부터 설정해야

2013.04.30 13:57 http://blog.daum.net/meatmarketing/840

축산 쪽에는 역시나 유통구조 개선이 핵심으로 자리했습니다.

직거래 4% 수준을 10% 수준으로 확대하겠다는 것인데, 우선 직거래의 정의와 그 범위 부터 정립시켜 나갈 필요가 있어 보입니다.

계약(contract), 계열(affiliation), 통합(integration) 등을 통해 채널(channel)을 확보하겠다는 것으로 이해되는데, (1) 각 경로별 거래비중을 토대로 줄일 여지가 있는 것을 체크하는 것과, 비록 일부에 불과하지만 필요에 의해 발생된 채널을 굳이 없애려고 할 필요까지는 없다는 것. 그러려면, (2) 특정 품목을 정해 그 품목이 실제 유통되고 있는 경로를 파악하고 그 중에 대표적인 경로를 설정한 다음, 그 경로에서 쓸데없이 붙어있거나 불합리한 부분을 정리해 주는 것이 현실성이 있어 보입니다. (3) 직거래 비중과 그 범위 확대노력이 100% 목표를 할 수는 없다는 한계성을 인식하고 그 목표비율을 정해 가장 합리적인 구조로 형성하려는 노력이 필요한데, 그러기 위해서는 온라인, 사이버, 장터, 이동차량 등이 직거래인지 그 효과가 과연 직거래의 의미와 유도방향에서 적합한지 반드시 검증해야 합니다. 이미 해볼 만한 시도를 다 해봤다고 보여지는데 눈 가리고 아웅하기 보다는 실제적인 효과 부분으로 연결될 수 있도록 해야 한다고 봅니다. 위에서 생각한 것과 아래에서 보고 하는 데이터가 과연 직거래를 통한 그 무엇인지 꼼꼼히 체크해야 합니다.

단순히 4%를 5%로 늘리기 위해 숫자놀이를 하겠습니까마는 왠지 우려스러운 부분도 있습니다. 과연 직거래 10%가 어떤 형태로 육성되고 그 유도한 정책방향이 산업에 어떤 긍정적인 효과를 창출해 냈는데 side-effect 관점의 정책효과가 더 중요할 수 있는데, 그것은 실제 구현가능한 채널의 확보에 있다고 보여집니다. 그 방법이 기존 채널이든 흔히 말하는 직배송이든 사이버거래든 뭐든지 형태에 관계없이 말입니다.

투자 활성화 대책에 '수도권 규제 완화'는 빠질 듯

玄부총리 경제관계 장관회의
"단발성 아닌 지속적 추진"
내달 초 구체案 공식 발표

현오석 경제부총리 겸 기획재정부 장관은 29일 "기업의 투자 활성화 대책은 단발성이 아닌 지속적으로 추진할 사안"이라고 말했다. 현 부총리의 이 같은 발언은 이날 오전 '기업 투자 활성화 방안'을 논의하는 경제관계 장관회의를 주재하기에 앞서 나왔다. 경제관계 장관회의에서 결정된 기업 투자 활성화 방안은 5월 초에

뉴스1
현오석 경제부총리는 29일 오전 서울 여의도 수출입은행에서 열린 경제장관회의에 참석하기에 앞서 "기업의 투자 활성화 대책은 단발성이 아닌 지속적으로 추진할 사안"이라고 밝혔다.

안겨주는 것처럼 알려져 있다"며 "대기업 관련 프로젝트는 규제 완화가 필요한지 아직 검토도 안 끝났다"고 말했다.

일각에서 거론되는 수도권 규제 완화에 대한 정부 입장은 한층 부정적이다. 다른 정부 고위 관계자는 "애초부터 투자 활성화 방안에는 수도권 규제를 전반적으로 건드린다는 내용 자체가 없었다"며 "일부 지방자치단체나 대기업이 아전인수 격으로 규제가 대거 풀린다고 기대하고 있는데, 이렇게 하면 안 그래도 민감한 사안을 정부가 손대기 더욱 힘들어진다"

출처 2013년 4월 30일 _ 조선일보 _ 경제

직거래의 의미에 대해 생각해 봅시다. 왜 직거래를 하려고 하는지, 해서 누가 어떻게 이득이 되는지, 그 혜택은 누구에게 가는지 또는 가야하는지 항상 고민하고 고민해야 합니다. 성과는 결코 1% 숫자에 있는 것이 아니고 1%에 따라 보이지 않게 실현된 어떤 상황에 있다고 봐야 합니다. 결국, 그 '직거래' 육성 성과는 물가나 경쟁력, 대응력 등으로 미뤄 평가해야 합니다.

혹시나, 보이지 않는 마진이 붙거나 쓸데없이 붙여지지는 않았는지 꼼꼼히 체크해보고, 단돈 1원이라도 쓸데없이 붙어있는 것이 없는지 과연 언론에 노출된 누가누가 직거래한다더라에 대해 검

증하는 자세도 필요해 보입니다. 하는 것은 누구나 할 수 있는 일이지만 정말로 추구하는 '직거래 성과'는 사후평가 및 관리가 필요합니다. 신나게 마케팅으로 이용만 하는 세상 보다는 궁리한 끝에 했더니 이 만큼 가격을 낮추고 그 가격대로 지속하게 제공가능하다는 것(채널의 확보). 그래서 결국 수입산과 경쟁가능함을 넘어 수출 길까지 열 수 있다는 것.

그 방향에 미래가 있어 보입니다.

잘 체크해 봅시다. 떠든 만큼 효과를 내는지. 한 때의 바람은 아닐런지. 그리고, 과연 누구를 위해 직거래하는지에 대해.

직거래와 물류센터로 시장 보다 싼 대형마트

2013.03.12 15:49 http://blog.daum.net/meatmarketing/659

축산물에도 이런 바람이 불었으면 좋겠다.

그런데 아무래도 축산물의 특성상 어렵긴 하다. 생축 – 지육 – 부분육 – 정육 – 부위육으로 변화되는 과정에서 반드시 거쳐야 하는 시공간적 제약이 따르기 때문이다. 패커가 대안으로 떠오르는 이때, 진정한 직거래는 계열화를 통해 산지와 연결되고 패커를 통해 물류 효율성을 꾀하면서 자체 브랜드로 시장을 점유할 때 가능할 텐데...

그래야, 가격을 낮출 수 있는 여지가 있다고 보는데, 글쎄, 그 과정에서 눈총을 받지나 않을지 모르겠다. 눈총을 받지 않기 위해 시장점유율은 낮추면서 또는 적정 비율을 유지하면서 유통가격의 경쟁력을 높이는 일.

그런데, 과연 가격을 낮출 수 있는 상황에서 가격을 낮게 판매하려고 할까?

아니라고 본다. 팔아주지 않아야 독점적 지위의 업체에 대한 견제가 가능할텐데 먹지 않을 수 없고 쪼개쪼개 소비하는 형태에서는 견제가 쉽지 않으니 이래보나 저래보나 어렵다.

마트는 어떻게 가락시장 반값에 배추를 팔수 있었나

산지 직거래의 힘.. 대량 기획구매로 물가안정효과.. 첨단 유통시설도 한몫

이마트(215,500원 1000 -0.5%)는 지난해 4월 5일부터 11일까지 봄맞이 해남 월동배추 10만통을 1800원에 판매했다. 당시 가락시장 (4월 4일 기준)보다 46%나 싼 가격이었다. 대형마트의 소매가격이 도매가보다 낮아지는 이례적인 현상이 발생한 것이다.

출처 2013년 3월 10일 _미니투데이

우후죽순 생겨난 협동조합, 그 태생과 미래에 대해

2013.04.30 14:07 http://blog.daum.net/meatmarketing/841

결국 찾았다 해야 할까요? 결국 우려한 바가 실현되었다고 할까요? 그것도 아니라면, 당연한 수순으로 봐야 할까요? 역시나 그렇지 뭐 해야 할까요? 기사의 제목 만 보더라도 무슨 말을 하려는지 알 것 같습니다.

새로움의 시도는 그 원래 목적에 의미를 부여하기 보다는 해본다는 '도전'에 초점이 맞춰지고, 실리콘벨리처럼 우후죽순 생겼다가 강자만이 살아남는 시행착오를 거쳐갑니다. 하긴, 지자체는 육성에 대해 '숫자'가 중요할 수 있겠습니다만 정말 알짜 조합과 그 성공모델이 그리운 까닭은 왜 일까요?

협동조합 1천개, 1만개, 100만개 면 무엇하나!

그 실효성과 사회적 연계성, 그리고 협동조합이 궁극적으로 지향하는 조합원(5명<동민< 구민<시민<국민)의 이익 균등분배에 대해 그 범위를 너무 좁게 보지말고 최소한 지자체 단위로 봤으면 좋겠습니다. 하긴 뭐, 우선 키울대로 키운다음에 알짜만 골라서 연결시켜 '지자체 협동조합 네트워크'를 만들어보는 방향도 괜찮아 보입니다만 그 속에 희노애락이 있으니 안타까울 뿐입니다. 좀 더 연구하는 자세, 공부하는 자세로 하나씩 짚어가면서 시시콜콜히 짚어주면서 잘 커가도록 지켜보고 지원해주는 관계가 필요해 보입니다.

협동조합 1개 = 서울시.

협동조합의 궁극적인 미래는 여기에 있지 않을까요? 제가 너무 크게 봤나요? 그렇지만, 지자체 단위 협동조합 1개(혹은, 연합체 1개; 단, 절대 다단계 구조는 안됨. 통합된 단일형태만 인정)로 자치행정에 도움을 주고 그 연결을 정부에서 해 준다면 편의는 편의대로 나눔은 나눔대로 가져갈 수 있다고 보입니다. 그려봅시다. 아직 그리고 있는 마당이니 최대한 그려보는 것도 좋겠습니다. 다만, 담당자는 시행착오는 최소화 할 수 있도록 계속 궁리합시다.

그리고, 그 미래는 우리에게 주어진다는 것, 그리고 그 미래는 나 보다는 후손들에게 부여된다는 것만 명심합시다.

〈허승호의 경제프리즘〉 **협동조합 1000개가 생겼다고?**

작년까지 국내에서 법의 보호를 받는 협동조합은 농협 수협 신협 생협 등 8종류뿐이었다. 지금은 어떨까. 작년 12월 '협동조합기본법'이 시행된 후 지난달까지 850개의 협동조합이 설립을 신고했다. 오토바이를 타고 퀵서비스 업을 하는 사람들이 모인 퀵서비스협동조합, 대리운전 기사로 구성된 대리운전협동조합, 다문화 공동체인 다문화협동조합 등 낯선 조합들이 활발히 활동중이다. 법 시행 5개월째인 4월 말엔 1000개 넘을 것 같다.

출처 2013년 4월 30일 _동아일보_오피니언

브랜드 향방.. "하다가 말아도 돼"라는 현상을 바라보는 시각

2013.05.21 15:53 http://blog.daum.net/meatmarketing/877

브랜드 란 무엇일까요?

왜 필요한가, 어디로 향할 것인가? 라는 문제가 대두됩니다.

무분별한 발생과 스러짐은 결국 산업 육성요인(기회 창출)도 될 수 있지만 낭비요인이 더 크다는 사실은 말해 무엇하겠습니까.

그렇다고, 통합 단일브랜드가 대안일까요? 글쎄, 과연...

필요에 의해 만들고 육성하다가 말고 시도만 하는 현상에 대해 과연, 글쎄 라는 말이 필요해 보입니다.

"생김과 스러짐은 자연발생적인 것이 낫다" 라는 자연법칙이 생각납니다.

그것이 맞든 그르든 간에.

브랜드는 소비자에게 어필된 하나의 상징일 텐데, 푸시(Push)에 대한 전략과 시도는 많아 보여도 풀(Pull)에 대한 노력은 상대적으로 적어보입니다. 그렇지 않았다면 이런 기사도 실리지 않았겠지 합니다. 물론, 이 속에 녹아있는 희노애락을 어찌 평가하랴마는.

결과 속에, 시도 만이라도, 그래도 이 정도가 어디냐 라고 할 수 있겠지만 요 상황이 범국가적인 상황이라면 어떻게 봐야할까요?

아니라고 자신합니까?

브랜드 관리, 마케팅 전략 등 우리는 너무나 많이 알고 배웠고 이미 익숙할대로 익숙합니다. 단지, 미숙할 뿐이죠.

소비자 인식의 한 편이 '브랜드'라는 가치라면 그것을 위해 목을 메는 현상이 맞습니다.

그렇지만 너무 많은 시도와 스러짐의 반복은 산업을 키우기 보다는 오히려 소비자 인식 만 혼란스럽게 하는데, 가뜩이나 자꾸 명칭도 바꾸는 판에 새로운 네이밍이 쭈~욱 5년이고 10년이고 가려면 그 가치가 다소 영생적 가치를 현재 가져야 한다는 것인데, 쉽지 않아 보입니다.

시도와 노력은 기회를 열고 생각할 기회를 줍니다.

(흠, 너무 빤한 얘기다. 속상하네.)

쫌 잘합시다. 시, 도 관계자, 브랜드 관계자, 농가, 유통업자 중에서 누가 푸쉬의 주체이며 누가 풀의 주체인가~!

노력과 시도는 좋은데 그것이 반복되지 않도록 시금석으로 평가받도록 하는 일도 필요합니다.

강원도 한우브랜드 통합 사업 추진 6년만에 잠정중단

"키우는 방법 달라 달라 단이리화 불가능"
축산농가들 반발 이어져 답보상태

출처 2013년 5월 21일 _국민일보_사회

대형마트 의무휴업과 소값에 얽힌 갈등…
해법은 멀리있지 않아(접근방법)

2013.05.29 10:31 http://blog.daum.net/meatmarketing/892

대형마트 의무휴업.

말도 많고 탈도 많다. 대형마트와 거래하지 않았던 학자, 정책기안자, 소비자단체 등이 참여한 위원회에서 의견을 모아 대형마트 의무휴업을 시작한 지 얼마나 되었던가!

이젠, 대형마트와 직접 거래하는 생산자와 영세상인들이 맞서고 있다. 과연, 탈도 많고 말도 많은 상황이 어떻게 매듭지어 질까?

"하지 말자" 는 말은 해보니 나온 결과로 보더라도, "일단 해보자" 는 결과는 대다수의 불편과 직접 관련자들의 생존을 위협했는데, "그냥 일단 놔둬" 하지 말고 상생할 여지를 열어보자.

다음 기사처럼 당사자들의 주장을 지나치게 부풀리지는 말고, 당초 대형마트 의무휴업을 시행한 목적은 살리면서 서로 이익을 보는 것.

"우리 머리 좋잖아~" 하고 외국인이 인정하듯이, "대안이 없다. 철폐냐? 아니냐?" 라는 이분법적 사고 말고 "이것은 하고 이것은 양보하고 이것은 계속하고 … " 라는 상생하는 태도가 필요해 보인다.

현장르포 _ 서울역 '유통벌 철폐' 시위 현장 가보지

"유통 규제로 농어민 · 영세상인 年 3조원 피해"

대형마트 납풍량 급감… 中企 줄줄이 도산 위기
출점제한 대상 외식업…신규 채용 · 창업 줄여

박근혜정부의 경제민주화 일환인 '골목상권 살리기 정책'으로 피해를 보고 있는 이들의 속앓이가 이어지고 있다. 전통시장을 살리기 위한 대형마트의 의무 휴업으로 판로가 막힌 납품 농어민과 중소상공이 및 골목상권 보호를 위해 출점이 제한된 외식전문업체들이 바로 그들이다.

출처 2013년 5월 29일 _ 파이낸셜뉴스 _ 생활경제

이때, 한 쪽에서는 소값을 놓고 잊을만 하면 꺼낸다. 온통 유통이 문제란다. 지나치게 일방적인 생각과 판단은 지양했으면 좋겠는데, 기자의 의식이 문제인지 도대체 알다가도 모를 일이다. 튀기지 말고 현상을 현상으로 제대로 보여주고 알려줘도 독자층이 좋아할텐데, 후~ 답답하다.

차라리 "도대체 문제가 뭐냐? 어디어디에 문제가 있나?" 라고 툭~ 터놓고 현상을 보면 좋을 것을. 왜? 왜? 유통은 나쁜 놈인지 모를 일이다.

유통의 현상은 소비자와 무관하지 않음을 알 터인데, 소비자는 기본적으로 소비생활을 본능적으로 하고 그들에게 안겨줄 상품이 과연 유통에서는 경쟁 속에 피어난 산물임을 알 터인데, 그리고 그 상품은 생산자가 만든 산물임을 알 터인데, 도대체 왜? 왜?

발생된 현상에서 왜 유통만 나쁜 놈이고 생산과 소비자는 피해자라고 하는지 정말 모를 일이다.

설마, 유통은 폭리요, 소비자는 대가성 피해를, 생산자는 유통폭리의 피해자라고 하는 것은 아닐테지. "내가 미쳐", 유통현장은 거짓과 진실이 상술에 녹아있는 삶의 판타지라고 볼 때 생산자에게 최선의 이익을 보장하면서 원가를 낮추고, 소비자에게 최대의 이익을 보장하면서 이윤을 높이려 한다. 그래야 판매와 생존이 가능하니까. 그런데, 이 현상이 1명 1명, 너와 나, 알고 알려지고 누구는 거대기업으로 성장하고 누구는 쪽박차고 누구는 시도만 하다가 말고 이러쿵저러쿵 치열하게 부딪힌다. 그 현상이 가격으로 나타나고 경쟁 속에 가격은 유동적이다.

유통현상을 수치로 말하지 말고, 가격은 단순히 참고만 하자.

우리는, 우리나라는 이렇게나 문제가 많은 나라가 아니다. 잘 살고 더 잘 살기 위해 부던히 노력하고 있다. 열정이 불타오르고 도전에 인생을 건다. 잘 사는 생활상에서 몇몇이 문제점이기 때문에 고쳐야 한다는 것이지, 총체적으로 유통이 문제다 라고 말하는 것이 아님을 잊지말자.

그리고, 유통의 문제는 일단 현상을 제대로 이해한 바탕에서 요기요기를 풀어주고 요기요기를 묶어주니 물류가 원활해지고 품질이 높아지더라 한다. 그렇게 해야지, 건물만 여기저기 거점이라면서 짓고 한다. 이미 농촌에 무슨무슨 저장소 처럼 흉물이 많음을 알텐데.

돈(세금) 들어가는 것으로 땜방하고 부각시키려 하지 말고, 돈(세금)은 최소한으로 사용하면서 이권이 얽히섥히 엮인 현장의 소리를 듣고 그것을 해소해 주니 생산자와 소비자가 모두 만족하더라. 뭐, 이런 거 하면 안되나!

어쩌면 시설, 건물은 이미 넘치고 넘친다. 기업마다 물류기지를 짓고 투자하고 1일배송체제를 구축한 지도 꽤 된 것으로 안다. 만일, 정부가 나선다면 기업을 견제의 타깃으로 보지말고 융화와 협력의 대상으로 대우하면서 물류를 빈 곳없이 빽빽하게 운용될 수 있도록 국가물류망을 만들어보면 어떨까! 좀 크게 놀기를 바란다.

또 다른 면으로, 어느 경로상의 덕지덕지 붙은 수수료를 없애버리니 어느 한쪽의 피해 보다는 국익에 더할나위 없이 좋더라 한다면 그런 미세한 면도 고쳐줘야 한다. 마치 정해진 것처럼, 마치 당연한 것처럼 붙여먹는 수수료 업체의 폐해는 넘치고 넘친다. 그 방향에서 축산물 부산물의 경로를 눈여겨 보길 바래본다. 엄한, 신선육 시장 건들지 말고.

문제가 없다. 아니다. 문제는 있다. 많다. 그렇지만, 그래서 우리가 문제다. 아니다. 문제는 있지만 우리는 더 나아지기 위해 노력한다. 이것이 맞다. 이런 시각이 널리 퍼지길 기대하면서,

도매가 떨어지는데 소매 올라 요상하네 한우값

사료값 뛰고 사육두수 늘어 도축공장 100% 가동

복잡한 유통단계 원인 소비자 가격과 '엇박자'

한우 산지 도매가격은 계속 떨어지는데 소비자가격은 오르는 이상현

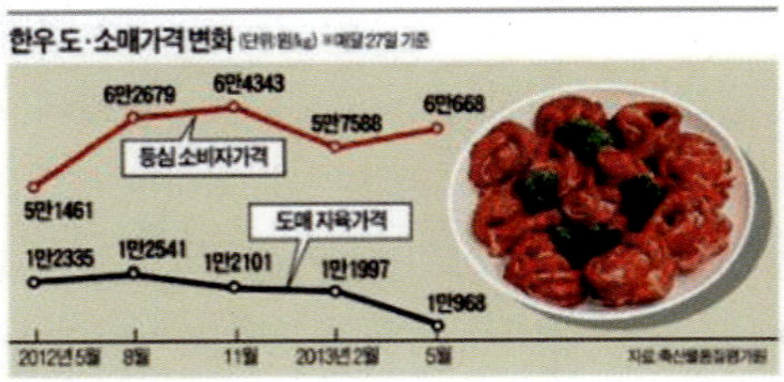

단계를 거쳐 소비자의 손에 전달된다. 이강우 한우협회장은 "소고기값 외 다른 유통비용이 올라가면서 소비자가격은 요지부동인 현상이 반복되고 있다"고 말했다.

최근 식습관 변화로 사골 등 한우 부산물 소비가 줄어든 것도 원인으로 꼽힌다. 소비자들이 등심 등 특정 부위만 선호하면서 다른 부위의 재고가 증가, 냉동보관료 등 원가가 상승했다는 분석이다.

출처 2013년 5월 29일 _ 한국경제 _ 경제

휴대폰으로 가격 정보 제공, 농가 살리고 시장도 투명하다는 것에 대해(대표가격 설정)

2013.06.25 14:48 http://blog.daum.net/meatmarketing/952

휴대폰으로 가격 정보를 제공하여 결국 농가도 살리고 시장도 투명해진다는 논리의 설명. 마치 맞는 듯 하다. 그렇다고 틀렸다는 말이 아니다. 단지, 선후가 불명확하다는 것을 짚어보고자 한다.

'선'은 적정 가격대의 공개요, '후'는 그 공개방식일테다.

'선'을 잡으려하니 대표값을 뽑아야 하고, 대표값을 구하려 하니 다양한 형태의 가격을 잘 조사

해야 하고 그렇게 그렇게 가다보면 무진장 어려워 진다는 말. 누가누가 파는지 알아야 하고 누가누가 파는 가격을 잘 조사해서 유통비중으로 가중치를 두어 평균내야 한다는 말.

오늘 돼지 잡아요? 하면서 얼마에 사가세요 할 때 사갈 사람들이 많아야 할텐데, 우리가 돼지고기를 사는 장소, 시기, 위치 등이 제각기이니 직거래라는 말이 어렵다는 말. 그나마 대략 형성된 가격대가 백화점, 대형마트, 슈퍼마켓, 조합매장, 정육점, 식육포장처리업체 직판 등 유형별로 비슷해서 접근은 할 수 있다는 말. 그래도 매순간순간 동일 마트라고 해도 지역, 시간에 따라 달라지는 것이 가격이니 그 오차를 감안해야 한다는 말. 100원~1000원 차이에 웃고 우는 것이 돼지고기 값이요, 10000원~100000원에 웃고 우는 것이 소값임을 볼 때, 계란, 닭, 돼지, 소 순으로 가격변동폭과 대표가격을 뽑기가 생각보다 쉽지 않다는 말.

그래도 이젠 “우리나라 쇠고기 소비자가격이 얼마에요?” 하면 대답해 주었으면 좋겠다는 말.

'엠팜' 서비스 이용방법

To: 20255
Message:
돈지키수마
가입신청

To: 20255
Message:
양파의
가격은 얼마?

To: 20255
Message:
콩500kgs을
4000실링에
팔고 싶어요

1 가입하기

2 실시간 농산물 가격 얻기

3 당신의 농작물을 팔아드립니다

휴대폰으로 가격 정보 제공… 농가 살리고 시장도 투명

톡톡 아이디어로 성공한 기업 ④ 농부-시장 이어준 케냐 '엠팜'

농부들이 '20255'라는 번호에 '아보카도'라고 쳐서 보내면 그 날 시장에서 팔리는 아보카도의 가격이 얼마인지 농부에게 답장이 온다.

출처 2013년 6월 25일 _ 아시아투데이 _ 종합

항공 직송 수입먹거리의 식탁 공급으로 터진 유통의 미래(접근법)

2013.06.26 12:37 http://blog.daum.net/meatmarketing/954

돈 만 된다면야 루트는 다양해 지기 마련이다. 비싼 항공료를 감당하고도 팔리기 때문에 들어온다. 그렇다고 가격을 낮추기 위해 팔아주지 말아야 하나? 소비하지 말아야 할까? 점차 소비자의 요구수준은 강해지면 강해졌지 낮아지지 않는데, 부대비용은 모두 감당할테니 품질 좋은 것만 지켜주라고 하지 않는가 말이다. 우리나라 1% 백화점 고객, 그리고 대형마트 10% 고객이.

적재적소 배치와 마케팅. 대량 수입에 따른 비용 절감. 기본 항공료에 들어가는 비용. 단위 계약을 통한 비용 절감.

이젠 타깃마케팅이 주효한 시대에 살고 있다. 내가 아니라고 남도 아닌 것이 아니다. 어떤 무리에만 충족시켜주면 팔리는 시대에 살고 있다. 마니아층, 펜클럽, 주부모임, 카페모임, 파워블로거, 업태유형별 집단, 사회적 협동조합 등을 통해 자유로운 소통과 공감이 가능해졌다.

교통과 산업의 발달로 말미암아 예전 같았으면 그 자체가 경쟁력이었을텐데, 이젠 발달된 교통과 기술을 어떻게 활용하느냐에 따라 경쟁력이 좌우된다. 물론, 앞서 보았듯이 타깃마케팅에 주효한 상황에서 말이다.

"거리감 = 요구도", "기다려줄 수 있는 시간 = 만족도"

교통, 기술, 과학, 학술, 연구, 조사, 실태 등 분업화되어 발달되고 있는 각각의 요소를 어떻게 나에게 맞게 활용할 수 있느냐에 달려있다. 비용절감과 소득 향상은.

.... (그리고, 터진 유통에 바라는, 기대고 싶은 접근법)

유통이라는 시장 속에서 틈새를 벌려 키운 다음에 시스템화 했다. 고착되어 운영된다. 몇 년간. 그리고 그 커다란 시스템의 톱니바퀴가 느슨해지고 틈이 벌어진다. 또다른 누군가가 그 틈을 비집고 들어온다. 이것이 유통의 생리다.

일체화된 조직 내에서 그 틈을 매우기란 결코 쉽지 않은 사항이다. 그렇다고 별개로 운용될 수도 없는 상황임을 볼 때 조직을 구성할 때 아예 구분짓는 것도 필요하다. 한 쪽은 시스템을 키우고 정착시키는 역할로, 다른 한 쪽은 그 시스템에서 틈을 발견하고 새로운 시장을 만들려고 하는 역할로.

다만, 이때 기본적으로 유통실태를 세계지도를 펼쳐놓고 볼 수 있어야 한다. 세계지도, 아시아지도, 무역지도, 우리나라 지도, 지자체 지도, 유형별 지도, 경로별 지도 등등 이렇게 거시경제로부터 미시경제 방향으로 실태 파악이 가능해야 한다.

이런저런 생각이 꼬리에 꼬리를 문다. 나라면 어떻게 할까? 에 대해 고민이 된다. 어떻게 그렇게 할 수가 있어요? 라는 질문 보다는 그렇게 하는 곳을 찾아보니 이렇다 라고 하는 것이 보다 바람직한 자세다. 이미 세계 속 누군가는 최선의 방법으로 접근하고 있다. 가령, 우리나라 문호를 개방하려고 노리는 곳(JBS 등)을 찾아보면 그 속에 답이 다 있는 경우가 많다. 왜 그들의 목적이 내가 궁금해 하는 것이니까.

돈육 자급률의 변화. 그 속에 일어날, 또는 일으킬 수 있는 여지 또한 방어보다는 합리적인 처세 등으로 이윤을 추구할 수 있다는 시장요건. 약 10조원의 돈육 소비시장에서 30%만 수입육으로 이동하더라도 후와~ 그 속에 돈이 있고 산업이 있다. 지나친 방어적 국수주의 보다는 현실적 국제주의가 낫지 않나 조심스럽게 말해본다. 일어날, 일어날 여지가 큰, 일어날 수 있는 만약 그렇다면 일어나도록 유도해서 튼튼히 하는 것, 그 속에서 주(도)권을 갖는 것. 그것이 좀더 낫지 않을까?

대량 거래에 대한 로열티, 수수료, 세금 등을 주도적으로 갖추고 수출업체의 차지비중을 낮추기만 해도 충분할 텐데.. 흠, 고민하다보면 너무 우리나라 속으로 빠져들어 지엽적으로 보게 된다. 남들은 밖으로 내다파는 것을 고민할 때 나는 고민하면 방어, 또는 적극 유도 등의 입장에서 자꾸만 방어적으로 보게 된다. 교육이 문제인지 내가 문제인지 모르겠다.

세계를 한 눈에 놓고 저울질하고 싶다. 그 속에 단지 우리나라를 한 부분으로 놓고 보고 싶다. 그래야 최대를 추진하는 중에 최소한 우리나라를 챙길 수 있지 않을까! 잘 해야 우리나라가 잘된다는 목표는 정말 잘해야 한다. 너무 제한이 크다. 해도해도 그렇다.

좀 더 크게 보고 좀 더 멀리 보고 좀 더 확실히 볼 때, 추를 메달고 싶다. 어느 곳에.

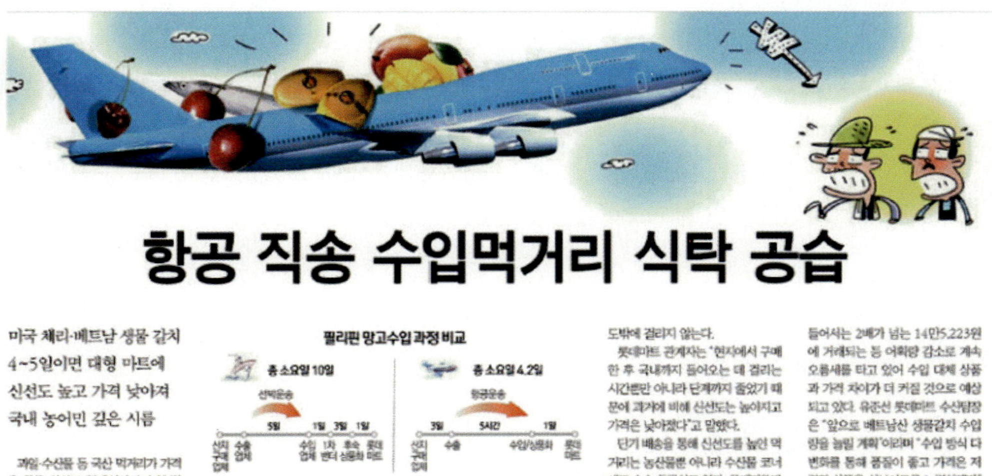
항공 직송 수입먹거리 식탁 공습

미국 체리·베트남 생물 갈치
4~5일이면 대형 마트에
신선도 높고 가격 낮아져
국내 농어민 깊은 시름

과일·수산물 등 국산 먹거리가 가격

도박에 걸리지 않는다.

롯데마트 관계자는 "현지에서 구매한 후 국내까지 들어오는 데 걸리는 시간뿐만 아니라 단계까지 줄었기 때문에 과거에 비해 신선도는 높아지고 가격은 낮아졌다"고 말했다.

단기 배송을 통해 신선도를 높인 먹거리는 농산물뿐 아니라 수산물 코너

들어서는 2배가 넘는 14만5,223원에 거래되는 등 어획량 감소로 계속 오름세를 타고 있어 수입 대체 상품과 가격 차이가 더 커질 것으로 예상되고 있다. 유준선 롯데마트 수산팀장은 "앞으로 베트남산 생물갈치 수입량을 늘릴 계획"이라며 "수입 방식 다변화를 통해 품질이 좋고 가격은 저

출처 2013년 6월 26일 _ 서울경제 _ 산업

생닭은 웃고, 사골/꼬리뼈 우는 까닭과 간편조리식 열풍

2013.07.01 11:57 http://blog.daum.net/meatmarketing/964

닭고기 시장도 마찬가지구나 싶다. 판로가 한정되니 팔리는 것은 더 팔리고(돈을 벌고) 안 팔리는 것은 망하기 직전이니 어찌 해야 할까나.

쉽지 않은 문제다. 우리 식문화.

간편조리식 열풍이라~

어디로 가는지 어디로 향하는지 먼저 선점할 수는 없는 것인지 변화는 분명 일어나고 있는데 그 변화가 1마리, 1지육, 부산물 몽땅 소비되는 바람은 왜 이리 안 부는지. 정말 소비 탓인지 어쩐지 저쩐지.

생닭은 웃고, 사골-꼬리뼈 우는 까닭은?

삼계탕용 생닭은 웃고, 사골과 꼬리뼈는 울고….

이른 무더위로 보양식을 찾는 사람이 늘어나고 있는 가운데 보양식 재료의 매출은 상품군별로 희비가 엇갈리는 것으로 나타났다.

롯데마트가 5월 1일~6월 26일 보양식 관련 상품 매출을 분석한 결과 삼계탕용 생닭과 시골닭(토종닭) 매출은 지난해 같은 기간보다 각각 10.8%, 31.8% 늘었다.

출처 2013년 7월 1일 _ 동아일보 _ 경제 금융

6화. 축산물 유통 발전방안

희망찬 새시대를 여시는 분들께, 축산물 유통 균형발전론

2013.04.06 02:36 http://blog.daum.net/meatmarketing/741

희망찬 새시대를 여시는 분들께, 몇가지 사정과 의견을 내봅니다.

I. 도입

어떤 일을 하려할 때 쉬운 길과 어려운 길이 있어 선택해야 한다면 어떠시겠습니까?

당연히 일의 도달여부에 따라 가능한 쉬운 길을 택할 것입니다. 같은 성과, 동일한 효과를 신속하게 이끌어낼 수 있다면 당연히 쉬운 길이 낫습니다. 그렇지만, 우리는 쉬운 길이 있음에도 자꾸만 어려운 길로 들어섭니다.

"무엇이 문제지?" 라는 단순명쾌한 의문을 해결하기 위해 말하다보면, 특히 이 시대를 이끌고 있는 분들을 모셔서 말씀을 나누다보면, 문제의 문제가 파생되어 그 무엇을 놓치기 쉽상입니다.

산지 소값은 떨어졌는데 왜 소비자 가격은 떨어지지 않는가? 라는 화두를 한 기자가 던졌습니다. 마치, 누군가에게 말하면 당연히 문제야 라고 할 만한 이슈를 끌어냈습니다. 제가 말씀드리고자 하는 것은 "문제가 없다"가 아니라, "문제가 무엇인가"를 정확히 짚어낼 필요가 있다는 사실에 있습니다.

당연히 짚고 넘어갔어야 할 "산지 소값"의 산출 문제. 산지 소값이라는 말에 기자가 우시장에서 거래되는 소값을 기준으로 계산해도 아무도 그것 자체가 문제라는 것에 큰 신경을 쓰지 않는 모양새입니다. 그렇지만, 그것을 그대로 두고보니 결국 한국과 호주의 쇠고기 다짐육 유통비용을 비교하지를 않나, 마치 다들 그래야 하는 것처럼 수치 전염병에 빠져버렸습니다. 정작 축산물 유통비용이 얼마여야 적당한 건지도 모르면서

(한국 약 50% = 일본 = 호주 등)

유통 그 자체는 아무 문제가 없음에도 어쩌면 이 시대를 사는 지금 우리에게 최적화되어 있다 할 수 있음에도 아닌 것을 갖고 마치 그것이 맞는 양 설쳐대서야 진정 원하는 바를 얻을 수 있을까요? 유통단계에 얽힌 오해와 시각부터 풀어야 합니다.

우시장과 가축거래상인, 그리고 정육점과 음식점을 거쳐야 가능한 7단계. 재미있는 사실은 그 7단계는 흔히 발생하는 비중이 아닙니다. 대략 3% 미만으로 반드시 필요에 의해 발생한 경로라는 사실. 흔히 말하는 찌질한 큰소를 농가는 어떻게 처리해야 할까요? 긴급하게 내다팔아야 한다면 어떻게 해야 할까요? 특히, 지금처럼 공급량이 높아 출하가 생각만큼 쉽지 않은 상황에서 형편이 나쁘다면 어떻게 해야 할까요?

누구나 정답은 압니다. 한우 수소를 거세하여 30개월 정도 잘 키우면 돈이 된다는 것을, 한우 암소도 3산 내지 4산 후에 6개월 정도 비육을 하면 상품이 된다는 것을 잘 압니다. 하지만, 사정은 개인 마다 다릅니다. 그렇기 때문에 다양한 경로와 제각기 다른 가격이 형성될 테지요. 그렇다고, 이 사정이 농가만 그런가 하면 또 그렇지도 않겠지요, 당연히!

정석으로 거래가 되면 소는 주로 3~5단계, 돼지는 3~4단계, 닭은 2~4단계로 보여집니다. 어쩌면 다른 국가의 패커체제를 굳이 부러워할 필요는 없는 상황일 수 있습니다.

아참, 그 8단계에서 거래되는 소 또한 나름대로 가격을 받아 그 나름의 시장으로 유통된다니 마치 한우 수소만 찾는 유통상인이 있는 것과 같은 모양새 입니다.(필연적인 유통의 다양성 결과; 유통속성 중에서)

국가는 국민을 위해 일해야 한다. 국민을 기만하거나 속이지 말아야 한다. 기자는 국민의 한 사람으로서 본인이 저지른 일에 대해 사과할 줄 알아야 한다. 언론플레이로 인해 낭비된 국익에 대해 배상해야 한다. 유통비용이라는 수치를 갖고 놀음 한지 어언 2년 동안 누구나 누구를 만나면 말합니다.

"유통인은 폭리를 취하는 무리다" 라고 서로서로 공감하는 사태가 벌어졌습니다. 농가가 피해를 보면 국민은 (마치 그래야 하는 것처럼) 모두 아파하거나 아픈 척하거나 쉬쉬해야 당연하고, 유통

은 피해를 봐도 마치 너희는 처음(존재)부터 잘못이야 라는 시각으로 희생양이 됩니다. 거꾸로 쉬쉬하게 됩니다. 숨죽여 지냅니다.

과연, 이 사태에 대한 책임을 누가 저야 할까요?

해봐야 본전(자급, 수급, 국제정세 등을 미뤄)이 전부일 수 있는 16만 양축가를 위하다 보니 (위하지 말자는 것은 아님)

50만, 아니 70만 유통이 싸그리 욕을 먹는 현실, 도대체 이런 잘못된 시각은 어떻게 바로잡아야 할까요? 우선, 이 사태에 앞장선 기자부터 유통기사를 쓰려면 소정의 교육을 이수토록 의무화해야 합니다. 기껏 농가(허가제 교육의무), 유통인(위생교육 의무)에 대해 교육을 시켰더니 엄한 놈(?)이 분탕질 친다고. 하긴, 제가 아무리 아니라고 해봐야 이미 고착된 국민의식이 쉬이 바뀔까요?

이렇게 돌고 도는 벽치기(?)를 계속 하다가는 정작 아주 쬐끔 얻을 것으로 기대되는 유통비용 절감 대신에 부위별 소비불균형에 빰치는 일로 유통을 바라보는 불건전한 국민의식이 덧씌워져 종국에는 뭘 해볼래야 해볼 수 없는 상황이 어찌 오지않으리라 자신할 수 있겠습니까!

"손톱 밑 가시를 뽑아라!" 하셨으면 그 가시를 보셔야 합니다. 그래왔으니까 앞으로도 그래야 한다는 시각으로 봐서야 되겠습니까?

잔챙이 몇 마리 건지고 말 일이겠지요. 자꾸만 분탕질 치는 미꾸라지 갖고 놀지 마시고 저 밑에 숨어있는 은둔한 매기를 잡으셔야지요.

II. 진단

제가 볼때 육류의 유통에서 가장 큰 문제는 바로 사각지대를 찾아야 한다는 점입니다. 잘되는 것 엄한데 힘쓰지 말고

[1] 누구나 알고 있듯이 부위별 소비불균형이 초래한 현상에 대해 국가적으로 관심을 갖고 수급측면에서 상품을 다양화하고 한식 세계화에 맞춰 내다 팔아야 합니다.

[2] 사각지대의 첫 대상으로는 부산물 유통구조. 여기에 정작 유통구조 개선이 필요합니다. 붙이고 붙여 파니 마진이 아니 높을 수 없고 그런 상황이 계속 벌어지니 시장은 수입부산물에 내주고 마는 형국.

[3] 사각지대의 두번째, 유통구조 단축이나 유통비용 절감에 대한 접근법 말고 대기업의 이윤 고수 정책(언제나 어떤 상황에서도 이윤은 나야 한다)에 맞설 중소규모 유통기업을 육성하는 방향이 필요합니다. 반드시 노하우전수, 전문가교육 프로그램과 연계할 것; 지속가능성 감안

바로, 수급과 가격을 갖고 장난치지 못하도록 유통에 균형을 맞춰주는 일이 절실합니다. 그런 면에서 유통편중이 심화된 품목(2차육가공, 계육, 부산물)을 정하고, 시장에서 편중높은 업태(대

형마트, SSM, 프랜차이즈)도 정하여 "유통의 균형잡기"를 하는 방향으로 전환해야 합니다. 1개의 업체를 키워 그 1개가 제역할을 한다면 좋겠지만, 그 1개는 결국 또다른 이름의 대기업이 아닐런지요.

유통에 개혁의 바람이 불게 하려면 그 태생 자체가 지닌 다양성과 복잡성을 인정하고 돌고도는 톱니바퀴(유통실태 규명작업)를 파악한 후, 큰 바퀴(대기업)에 견줄 작은 바퀴(중소기업)를 지속 양산해 낼 시스템을 구축해야 합니다. 국가는 16만 양축가를 위해 쓰는 돈은 아끼지 않으면서 (시설현대화, 교육의무, 후계농양성 등)

모든 상품이 모여 매순간 생존싸움이 벌어지는 곳(유통시장)에 대한 지원은 약해 보입니다.

만일, 중소기업의 육성책이 실패할 염려가 있다면, 왠고하니 기반 약하고 들락달락 행태에 인정도 못 받으니 인재는 부족하고 틈새를 키워 빼앗기지 않으면 다행인 상황에 쉽지만은 않겠지요. 다시 말해, 중소기업의 육성책이 실패할 염려가 있다면,

[4] 물류시스템을 국가가 해보는 것은 어떨까요?

이미 U-시티가 코 앞에 다가온 이 때, 교통과 물류를 유통실태통제대응시스템 속에 묶어 관리해 보는 것은 어떨까요?

자잘하게 새는 낭비를 막는 것은 물론이거니와 그 혜택은 고스란히 국민에게 돌아갈 텐데요. 항공(고가, 저가), 기차(KTX, 새마을), 버스(고속, 시외, 시내), 택시, 오토바이, 자전거 등 다양한 교통수단과

흠 ... 하긴, 교통과 물류를 유통 속에 묶는 것보다는 어쩌면 집집마다 있는 승용차를 줄이기 위한 전국교통망카풀연결시스템부터 구축해야 겠네요. 기름 낭비도 무시못하는 지경이니.

유통은 작은 시장이 아닙니다. 국가의 관심을 이처럼 뜨겁게 받았던 적은 없었다고 봅니다.

Ⅲ. 접근법

내년 예산 편성부터 유통에 쏟아부을 돈을 이렇게 나눠보면 어떨지 고민해봅니다.

1. 유통시장을 제대로 파악하여 편중된 시장실태를 드러냅니다. (유통실태조사연구비용과 실시간 시장감시시스템 구축비용 100억 =〉 정보의 국유화)
2. 드러난 실태에 대해 접근가능한 방법을 조치합니다. (균형잡힌 유통 형성방안 시행; 대기업 역할, 중소기업 역할, 물류유통 국영화, 사각지대 혁신조치; 1조)
3. 지속통제가능한 축산물 유통감시통제센터(가령, 축산공사)에 일임합니다. (각 품목단위 유통특성을 감안하여 농산물, 축산물, 수산물, 공산품 등으로 세분하여 접근; 1천억, 기존 통폐합시) + 수출입통제 포함되어야 함

4. 거상을 인정해줍니다. 해외에 자랑스런 우리것 내다판 축산마케터를 육성합니다. (수출활로, 새로운 상품 개발 등 국익을 낸 곳에는 대니쉬크라운, 카길, JBS 등과 맞대응이 가능토록 배려; 지원없음, 규제없음)
5. 지속가능한 발전을 위한 인프라를 구축해야 합니다. (올바른 인식의 인재 육성, 실태에 능한 유통전문가, 국제관계에 대응가능한 통상전문가 = 거상)

이상, 끝까지 읽어주심에 감사드리며, 축산마케팅으로 국익을 실현시키려는 자 배상.

댓글 2 | 엮인글 0 이 글을... (0)

미드 2013.04.11 21:34 답글 | 차단 | 삭제 | 신고

좋은 글입니다. 언론이나 연구기관에서 나오는 유통개선이라는 것이 대형화라든지 유통단계 개선과 같은 하드웨어적 사고에 치중하고 있는 듯 합니다.

흔히 미국식이든 유럽식 대형패커를 도입하자는 식의 남 얘기를 하기 이전에,

우선 현재의 우리 축산업의 유통 생태계에 대한 이해를 전제로(지금의 다양한 유통업자도 누군가가 필요하기 때문에 존재하지요) 소프트웨어적인 접근법이 필요할 듯 합니다.

독점은 비효율성을 야기합니다. 그런 측면에서 김성호님이 얘기한 농협이나 대기업과 같은 대기업 중심의 독점보다는 중소 유통상들을 지원하고 인정해 주어서, 유통시장을 경쟁시장화 하는 것이 필요할 듯 합니다.

그리고 대기업(농협 경제사업이 주식회사이니 그냥 대기업이지요)과 중소 유통회사들의 공정 경쟁을 위해서, 마치 공항-철도-전력 시장 등을 정부-공기업이 관리하듯이, 대형 LPC, 도매시장 등 대형 유통 Infra를 민영화하기 보다는 공영화하는 것도 좋은 방안이 아닐까 합니다..

ㄴ 김성호 2013.04.12 14:20 수정 | 삭제

감사드립니다. 하드웨어 접근 못지않게 소프트웨어적 접근이 필요함을.. 압축해주셨네요...^^

농식품부에 바라다(버킷리스트). 육류 유통의 현주소와 개선방안

2013.03.25 10:25 http://blog.daum.net/meatmarketing/695

의견을 내봅니다. 니가 옳든 내가 옳든의 문제가 아니라 "이것만은 바로잡자" 라는 근원적 처방책으로 봐 주시길 기대하면서

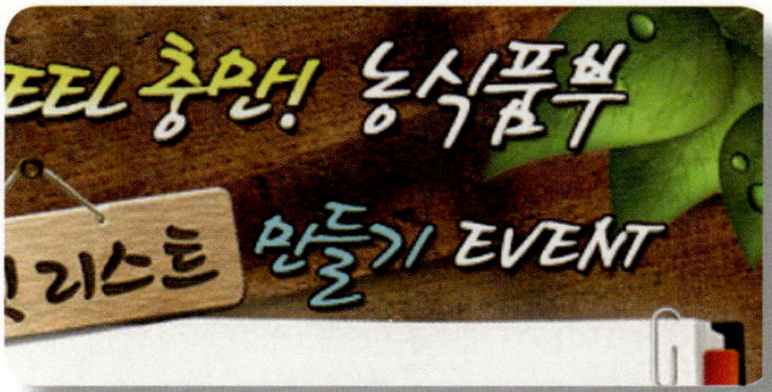

1. 제목

우리가 아는 사실이 거짓이라면(육류 유통의 현주소와 개선방안)

2. 배경

유통단계가 복잡하고 길어 유통비용이 과다하다거나 유통인이 폭리를 취한다고 난리입니다.

주요일간지, TV 할것없이 언론이 부추기는 형국입니다.

생산의 공급과잉은 그렇지않아도 좁은 자급시장에 가격불안의 요인이 되고 있습니다.

가격의 등락그래프는 어제 오늘 일은 아니지만 미래도 그럴까봐 걱정입니다.

3. 고민의 필요성

유통단계가 복잡한 면은 있지만, 그 태생 자체가 갖는 속성으로 인한 당연함이 아닐런지요.

유통은 한 마디로 정의내리기 어려울 정도로 다양합니다. 또한, 그래야만 한다고 봅니다.

한 사람 한 사람의 요구가 모여 시장을 형성할 때 그 시장을 가능토록 물류를 책임지는 것이 유통이 아닐런지요.

자, 그렇다면 유통구조 개선이나 유통구조 합리화를 위해 무엇을 해야할까? 요것이 문제입니다.

4. 개선방안

가. 유통비용이 얼마가 되어야 적정한지 규명한 후 국민에게 정확히 알릴 필요가 있습니다.

무조건적으로 "유통비용이 50%면 과다하다" 라는 식은 무분별한 오해만 증가시킵니다. 오해는 불신을 낳고 불신은 산업폐해로 이어질 수 있습니다. 유통은 꼭 필요한 요소임에도 홀대받고 있으며, 유통비용 절감이라는 목표달성을 위해서는 유통실태부터 정확히 규명(진단)한 후 처방전을 낼 필요가 있습니다.

나. 국민에게 유통지식을 정확히 전달하기 위한 교육시스템을 마련해야 합니다.

언제까지 밀고당기는 홍보와 보도대응으로 가능할런지요. 계몽운동 처럼 올바른 유통지식을 가르치는 일부터 시작해야 합니다. 자라나는 아이들이 무분별한 유통지식을 갖게 된다면 이 또한 국가에 큰 재앙이 아닐까요.

유통에 관해 제대로 알리기 위한 교육시스템을 갖춰야 편향적인 판단이나 부추김에 쏠리는 국민정서를 바로잡을 수 있다고 봅니다. 더구나, 교육을 통한 올바른 지식 전달은 여럿 낭비요인(이해갈등, 불필요한 투자, 여론조작 등)을 사전에 막을 수 있다고 봅니다.

그래서, 직접적으로 맞닿은 기자(꼭 포함해야 합니다)를 비롯, 유통업자, 생산자 등 관련종사자부터 유통교육을 의무화(축산업허가제, 축산물 위생교육 등과 연계)하여 유통을 똑바로 볼 수 있고 말할 수 있게 해야 합니다.

산업의 한 속성(낙농, 종축, 사육, 사료, 약품, 판매 등)만을 배우고 나온 학생들이 전체를 아우를 수 있는 유통을 모른채 일을 해서야 말이 되겠습니까!

초중대학교 교과과정 중에 유통교육이 포함되어야 하며, 현재 벌어지는 일들에 관해 느낄 수 있도록 해야 합니다. 돼지고기 값이 떨어져 농가는 생존의 문제가 되고 유통단계는 폭리를 취한다는 시각으로 갈등이 유발되는 현재상황에 대해 자기의견을 가질 수 있어야 한다고 봅니다. 학부과정에는 학문적인 이론도 중요하겠지만, 유통실태나 유통현안을 함께 느낄 수 있도록 전달하는 교육이 절실합니다.

다. 산업의 근간이 되는 유통실태를 연구하는데 지속적인 투자가 필요합니다.

올바른 정보의 중요성은 이미 IT산업을 거쳐오면서 누구나 인정할텐데요. 그 유통실태 정보를 생성하는 작업에 미국, 일본 등 주요 선진국처럼 우리나라도 국가 입장에서 나설 필요가 있습니다. 유통실태 자료는 '참고용'이라는 딱지를 하루빨리 떼야할 필요가 있습니다.

주로 유통되는 단계조차 모른채 어느 단계가 문제인지 논할 수 없으며, 어느 접점을 고쳐야 유통이 융성하게 일어날 것인지, 어떻게 지도감독을 해야 가격은 낮추거나 유지하면서 질은 높일 수 있는지 파악할 수가 있다고 봅니다. 그런 방향에서 우리나라는 미국, 일본 등 선진국 못지않은 정보강국의 위치에 있습니다. 유통실태 또한 잘만 아우르면 우리나라 만의 경쟁가능한 시스템으로 자리매김하지 않을까 생각됩니다.

라. 펼쳐놓은 유통맵에 근거하여 각 접점이 효과적으로 운영되는지 실시간으로 파악하고 대응할 유통총괄센터(가령, 축산공사)의 구축이 필요합니다.

유통실태를 파악했다면 그것을 정보로만 활용해서야 효과가 극히 미미하겠지요. (1) 실시간으로 가격과 물류의 흐름을 파악하고, (2) 물류의 흐름이 반복되거나 중복되어 버려지는 비용을 절감(얼마나 될까요?)하여 물류통합운영시스템으로 구축하기 위한 발판을 마련해야 하겠으며, (3) 실시간으로 발생되는 접점의 문제를 수급과 가격측면에서 마치 브로커처럼 신속대응 조치하는 것 외에도, (4) 해당 문제가 발생되지 않도록 또는 근본적인 해결책이 마련될 수 있도록 제도적인 장치를 마련하는 일을 할 주체가 필요합니다.

5. 결론

유통단계, 유통비용, 유통주체, 유통경로 등의 실태정보를 국가통계화(유통정보통합시스템) 하고, 그 자원을 활용한 유통교육시스템과 물류통합운영시스템 구축, 그리고, 이를 책임지고 운영할 유통총괄센터(가령, 축산공사)의 설치. 요 정도만 건의해 봅니다. 감사합니다.

유통혁명, 직거래, 로컬푸드에 대응하는 슬로우 유통

2013.05.03 12:01 http://blog.daum.net/meatmarketing/846

유통혁명, 그리고 직거래에 대해 어디까지 갈 수 있는지 보자.

스타트업이 일으킨 유통혁명

직거래 시스템으로 산지 시세 바로 반영

유통비용 거품 뺀 신선 먹거리

친환경 농축산물 커머스인 헬로네이처에서 현재 판매하는 유기농 쌈채소는 1kg 기준 1만3,900원이다. 대형 마트나 백화점에서 똑같은 제품이 1만8,000~2만원선에 팔리는 것에 비하면 약 30% 싼 셈이다.

출처 2013년 5월 1일 _ 서울경제 _ 산업

그리고, 농산물 직거래를 높이기 위해 223억원을 투입한단다.

농산물 소비액은 얼마일까?

추정해보자. 정부에서 밝힌 농산물 생산액(생산자 판매가격 = 도매가격)이 43조원에 달하니 농산물 소비액(최종판매가격 = 소매가격)은 못해도 약 100조원에 달할 것이다.

(1) 100조원 규모의 시장에서 투입금 223억원은 몇 %?

(2) 100조원 규모에서 현 직거래 비율을 4%로 추정했다면, 그 시장성과 발전가능성은 몇 %?

이처럼, 시장에서 움직이는 비용을 직거래(= 비용절감형 유통)로 유도한다고 할 때 가장 중요한 것이 무엇일까? 과연, 로컬푸드가 가능해야만 유통비용이 절감될까? 설마.

당일 수확, 당일직판... 로컬푸드로 유통거품 쏙 뺀다.

농산물유통구조 개혁 침범 '농협직거래매장'

출처 2013년 5월 2일 _ 동아일보 _ 산업

우리는 현재, 남북간 최장길이로 보더라도 항공 30분, KTX 4시간, 버스/트럭 6시간 등 운송시간이 크게 단축된 나라에 살고 있다. 로컬푸드가 과연 100조원 시장에서 가장 중요한 추구점일까? 그 방향에서 품질관리 용이성, 거래 편리 등 좋은 점도 많다. 다만, 로컬푸드를 위해 구축되어야 할 지자체별 특작물 육성책과 대치된다거나 지역별 토양, 기후 등이 과연 품목제한 없이 키워낼 수 있느냐는 등 나라 전체적인 상황을 고려치 않고 무분별하게 마케팅에 이용되고 있지는 않은지 그로인해 언론이 마치 그것이 대안인양 제시하여 국민이 무분별하게 받아들인다거나 혹시나 정책기안자가 산업을 로컬푸드형으로 유도해야 한다고만 바라보는 등 고민이 고민을 물고 늘어진다.

100조원 중에서 내가 지불하는 농산물 비용이 연간 500만원이라면, 여기에서 무엇을 줄여야 할까?

(1) 우선, 100조원 시장을 형성하는 국내산과 수입산 식품을 구분짓고 각 유통특성에 맞게 접근가능함을 세운다.

(2) 그 다음, 대량유통이 가능한 접점을 파악하여 각각을 가장 효과적인 경로 형태로 연결지어야 한다. 쓸데없이 새는 비용이 없도록. 그리고, 그 가격과 비용 형성이 가장 합리적이도록. 여기까지는 앞서 언론이 말한 부분과 같다. 다만, 각 유통주체별로 형성된 가격과 비용을 통제가능토록 하는 감시/감독하는 기능에 대한 부분이 빠져있다.

현재, 우리는 돈이 되면 돈을 벌려하는 속성을 지니고 있다. 일부 협동조합 형태로 나눠갖는 사회로 진입하려고 도전하고 있기는 하지만, 그 돈을 벌어 자기에게 이롭게 하려는 속성은 버려지지 않는다. 그것이 자유시장이 유지되는 질서의 한 형태일 테니까.

조합이든, 기업이든, 그 누구든지 돈을 벌려하고 자기를 이롭게 하려는 속성을 지니고 있다면 그 속성은 만족시켜 주면서 공감하는 '가격형성 감시' 기능을 탑재하자. 그래야 오르기만 하는 가격을 지금부터라도 한 10년 동안 유지시킬 수 있지 않을까!

10년간 가격유지 전략만 성공하면 (1)항에서 살핀 수입산과의 경쟁에서도 너무 유리해진다. 이것을 위해서는 유통을 주로 담당하는, 결코 직거래 유통비중이 아닌, 그들과 함께 실현가능성을 고민하고 내야만 한다. 그들이 마케팅을 말한다면 "너도 한국인이야" 라고 한 마디 해주자. 국부가 강해져야 그 속에 속한 국민 각자가 영위하는 터전이 건강해진다. 그 관점에서 접근하자.

직거래 잡다가 내가 느끼는 가계지출비용은 줄지도 않고, 그 직거래를 혹시 친환경과 연결짓는다면 가계지출비용은 2배 이상 오를텐데, 대량 유통, 약간 늦은 배송, 기다림에 따른 가격낮춤 등 너무 신속하게 움직이려는 유통을 조금은 슬로우하게 만들어 주자. 그래야, 유통비용이 줄 수 있다.

자꾸만 빠른 것만 강조되고, 재빠른 확인이 습관화 되면 그것을 만족시키기 위한 유통, 물류, 배송, 품질관리 등 모든 비용이 증가할 수 밖에 없다. 가능하다면, 품질관리가 보장되는 한도 내에서 가장 적당한, 실현가능한 물류/유통/단가를 뽑아서 계산해보자.

조금은 다른 각도에서 고민해 보길 바라면서.

갈 길이 먼 이야기, 마치 잘될 일만 가득할 듯한 이야기와 직거래... 그리고, 정작 해볼만한 일

2013.05.10 21:18 http://blog.daum.net/meatmarketing/862

갈 길이 먼 이야기를 먼저 들어보시죠.

'먹거리 장난' 실형률 0.4% 유명무실한 식품위생법

가축사료 섞은 '생식환' 유통

Ⅱ. 가축 사료인 [illegible] 섞어 생식환을 제조한 뒤 2000여명에게 만병통치약이라 속이고 이를 판매해 19억원 상당의 이득을 챙긴 일당이 적발됐다.
이들은 제품을 복약하고 복통과 메스꺼움을 호소하는 환자들에게 '제품을 복약한 후 몸이 호전되고 있는 명현 현상'이라고 속여 항의를 무마시켜 온 것으로 알려졌다.

불량 '브라질닭'은 국산으로

Ⅱ. 유통기한이 지난 브라질산 냉동 닭을 국내산 닭으로 둔갑시켜 시중에 유통시킨 유통업자와 직원들이 경찰에 붙잡혔다.
이들은 브라질산 냉동 닭과 국내산 닭을 섞은 100여톤을 서울과 수도권 일대 대형 마트에 입점한 치킨 전문점 등에 국내산으로 속여 납품해 10억원 상당의 이득을 챙겼다.

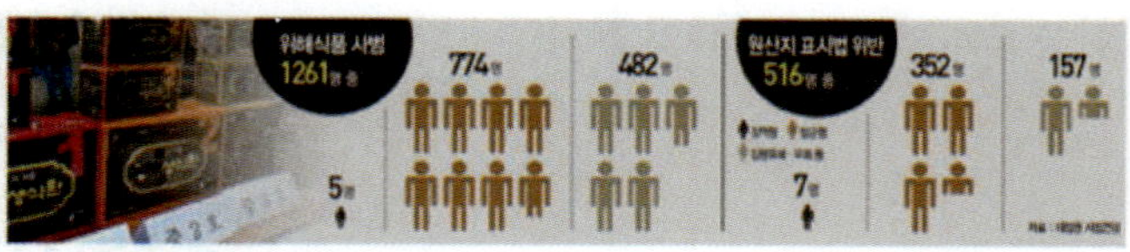

위해식품 사범·원산지표시 위반해도 '솜방망이'
法 "영세업자 많아 벌금형 선고 불가피" 핑계

출처 2013년 5월 9일 _ 한국경제 _ 종합

그리고, 이제 창조경제에 대해 앞으로 잘될 일만 가득할 듯한 소식을 들어봅시다.

제4의 물결, 창조경제 혁명 〈2부〉 창조경제, 기존산업을 어떻게 바꾼다 ⑧ 진화하는 농업·해양 기술

IT와 손잡은 농업·해양산업… 융복합이 미래 먹거리 만든다

농업의 6차산업화

제조·서비스업과 복합 추진
새로운 부가가치 창출 모색

임실치즈마을·물안뜰마을 등
체험프로그램 통해 수익 높여

해양산업의 변신

부활한 해양수산부가 앞장
물류효율화·해저개발 추진

해양바이오로 신시장도 개척
수산 종자산업 프로젝트 박차

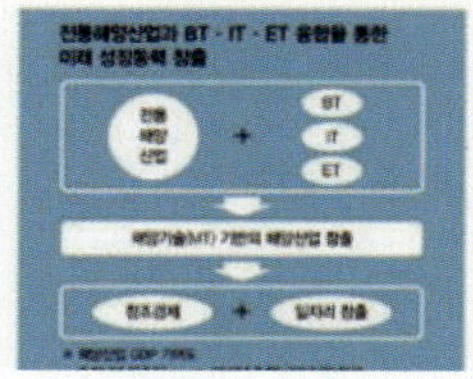

출처 2013년 5월 9일 _ 파이낸셜 _ 경제기획

그리고, 백화점 같은 전통시장의 변신이야기를 들어봅시다. 마장축산물시장도 이렇게 바뀌길 기대하는데, 직거래에 투자하는 돈을 여기에 투자하면 어떠할까요? 조금은 더 나은 결과가 하루라도 빨리 나오지 않을까요? 직거래 유통비용을 줄이려는 투자금액과 실제 직거래로 인해 들어갈 유통비용, 그리고 어쩌면 생각보다 낮을 수 밖에 없는 직거래 효과에 대해 "왜, 왜, 왜" 3번을 외쳐봅니다.

가격은 시장에서 형성된 숫자입니다. 팔릴 수 있는 숫자가 바로 가격이라는 말입니다.

직거래로 현 시가 보다 20~30% 저렴하다고 하더라도 근본적으로 가격은 시장에서 형성된 변화된 숫자인데, 그 숫자를 임의의 직거래로 줄인다손 치더라도 과연 그 가격의 변화무쌍한 속성과 형성과정 특성상 바라는 만큼 잡힐까요? 잡혀질까요?

잡기를 바라지만 가격은 팔리는 마케팅 과정에서 형성되기 때문에 오히려 시장에서 형성되는 그 속성부터 잡아야 할 것으로 보여지는데, 어떠세요?

10년간 가격을 유지해낼 수 있는 유통루트를 형성해 내는 일, 그 일이 더 중요해 보이는데 '직거래'로 과연 그 역할을 할 수 있을지 자신할 수 없다고 보여집니다. 농협의 경제사업 활성화 방향을 이런 쪽으로 유도하면 어떨까요? 패커에 0000억원, 정육점 등 시장참여에 00000억원을 투입하기 보다 "농협, 10년간 가격유지 방안을 만들어봐" 하면 어떨까요?

지켜봅시다.

경산 하양공설시장, 마트 아닙니다.

2013.05.17 21:48 http://blog.daum.net/meatmarketing/872

좋은 현상이다. 지켜볼 일이 많이 남아있지만,

형태를 따라가니 소비자 인식이 변화될 지는 좀 더 두고 볼 일이지만 그 속속들이 뜯어보니 경쟁이 가능하더라 하면 성공할 것으로 보인다.

1인 기업 = 마트

많은 사람 = 시장

형태 뿐만아니라 그 안을 들여다보니 마트 못지 않게 수급도 대단하더라 했길 바란다.

13일 경북 경산시 하양읍 금락리 하양공설시장을 찾은 시민들이 현대식으로 새단장한 축산물 코너의 점포를 구경하며 장을 보고 있다. 프리랜서 공정식

마트 아닙니다, 시장 맞습니다

경산 하양공설시장의 실험

국내 첫 마트형 시장 변신

편의시설에 포인트·할인까지

새 지역모델 성공 여부 촉각

출처 2013년 5월 15일 _ 중앙일보

1층엔 시장, 2층은 마트... 시장을 묶어주는 이들이 필요하다

2013.05.23 18:40 http://blog.daum.net/meatmarketing/882

1층엔 시장, 2층은 마트… 상권살리기 위해 '적과의 동침'

세계 전통시장을 가다

〈3·끝〉 영국-스페인의 해법

영국 코번트리 시장 '상생'

시장 에워싸고 대형쇼핑센터 즐비
시설개선-온라인홍보 공동 사업

스페인 산타마리아 시장 '윈윈'

시장 리모델링 하며 대형마트 유치
품목 서로 보완해 소비자 발길 끌어

영국 코번트리 사업환경개선지구(BID) 운영방식

출처 2013년 5월 22일 _ 동아일보 _ 기획

상권 살리기 위해 다양한 형태가 도출된 예로 보인다.

시장 이라고 누추한 골목과 어쩌면 지저분한, 또는 기와지붕 뭐 이런거를 떠올리는데, 선투자금의 규모와 각기 다른 사람들의 모집단 형태가 그렇게 밖에 보여주지 못하는 면이 있다.

자, 정부는 대출 돈이 있다. 아주 많다. 그 방향에서 시장(=대다수)을 서로 손 잡게 하는 Co-Worker(협상, 조율, 자문, 법무, 세무 등) 그룹이 필요하다. 시장을 시장으로 만 두지 말고 적극적인 형태의 좀더 깨끗하고 안전한, 그리고 위생을 기본으로 하는 그런 시장을 만들면 소비자는 당연히 발길을 옮길 것이다.

시장은 동네시장, 농수산물시장, 전통시장 등 규모도 다양하니 그 묶는 작업에 나서길 바란다. 지자체가 적극.

대신 투자 시점에서는 그들의 역할과 자세, 부담, 경영마인드 등을 교육받게 하고 부담조건부로 10년만에 상환토록 설정하자.

그러기 위해서는 시장(= 여러사람의 모집단)을 묶어주는 이들의 역할이 필요하다. 언제적인가 로비스트가 반드시 필요하다고 들었는데, 어쩌면 그들의 역할이 필요하다고 말하는 것처럼 시장 묶는데 전문가를 활용해보면 어떨까. 시장(Market)은 골목부터 동네, 구, 시, 도, 광역, 나라, 국가간, 세계로 확대될 가능성이 크다. 블루오션이라는 말이다. 단지, 정부는 약속만 하면 된다.

"시장 묶어볼 사람, 손~"

하나를 묶어보니 그 속에 경험을 쌓고 단순히 2개 거대그룹의 M&A 그런거 말고, 쪼금쪼금 모인 개인을 묶어주는 일을 해보니 새로운 시장이 열리더라. 그것이 한국의 자랑이더라. 내 옆에 사는 이웃이 모두 시장이더라. 뭐 이런거 안될까?

그리고, 이에 덧붙여 그것을 감시감독할 기구(기관)를 두자. 새로 만들지 말고 공공기관(축산물품질평가원 등)을 활용하자

그러면 된다.

그런데 여기에서 정부는 만들거나 만들기를 유도하거나 그것을 만드는 전문가를 육성했다고 해도 손놓고 있으면 안된다. 묶기전이나 그 후나 큰 차이가 없을 수 있다. 역할은 맡기되, 견제와 감시감독 기능을 탑재하자. 반드시.

육성에 관여하는 기관은 역할을 맡기고, 시장감시는 별도의 기관에 부여하여 크로스 체크되도록 하자. 요것을 소홀히 해서야 결과를 숫자로 보는, 어쩌면 실제 유통환경이나 가격에는 영향이 미미한 수준에 처할지도 모른다. 왜? 시장은 자기이익을 우선하니까.

시장은 자율로 운용되나 그 시장의 형성을 전문가가 손질하고 다듬어 나가니 그 나름대로 멋과 맛이 있더라~ !!

하지 않을까. 그 미래를 기대해본다.

농장직영 축산물판매장, 축산물 유통의 핵인가!

2013.08.19 07:33 http://blog.daum.net/meatmarketing/1059

이런저런 생각에 빠져든다. 과연 값싸고 맛있게 고기를 먹는 유통이 도대체 무엇이냐고.

'가격'이 가장 값이 싼 경우는 어떤 경로일까? 이것저것 들춰봐도 요거만한 거 없어보이는데, 과연 그 경로가 우리(나라)를 신장시킬까? 아니면, 동네(지역)로 국한되어 감히 경쟁력을 가질 수 없

다고 말할까? 참으로 신기한 것은 패커니 뭐니 하는 그런저런 논란의 끝자락에 항상 이런저런 업소들이 심심찮게 생활 주변에서 볼 수 있다는 것, 사실인지 아닌지 사실로 믿고 싶어지는 그것. 농장직영으로 정육점을 연다?

농장직영 축산물판매장 모습

'시장' 속에서 우리는 규모의 경제에 대해 말한다. 거래의 량이나 시장점유나 유통포지션이나 어떠한 경우라도 규모가 커질수록 효과적일 것으로 기대한다. 마치 묶어놓고 거대화를 시키면 경쟁력이 있다고 말하는 듯 하다. 틀린 말은 아니다. 다만, 규모의 경제는 조건부다. 일정 이상이 되어야만, 즉 시장에서 통용가능한 수급의 양과 거래의 효율성, 제때 유통시키고 판매까지 마치는 적시성 등등 그런저런 물건의 취급과 판로에 있어 적당한 수준 이상이 되어야만 가능하다는 것. 가령, 소 1마리를 유통시키는데는 규모의 경제를 논하지 않는다.

10두, 20두, 30두... 100두, 200두, 300두... 1000두, 2000두, 3000두.... 이렇게 늘어나는 거래량의 어느 기점으로 시설, 인력 등 물리적 환경이 최적화되어 1두 취급하는 자가 도저히 따라올 수 없는 유통망을 갖게 되는 것!

1두, 2두, 3두... 10두, 20두, 30두... 100두, 200두, 300두... 이렇게 늘어나는 물량을 커버하다 보면 마진을 줄이기 위해, 좀더 큰 목표를 달성하기 위해 유통경로를 축소시킬 수 밖에 없게 된다. 못하면 망하는 것이고 잘하면 영생(?)을 얻는 기업을 갖게 되는 것!

'국가'는 원 포인트 접점을 추구한다. 통제가능한 물가와 수급을 원한다. 수많은 시장 사람들을 모아놓고 의견을 통일하라고 한다면 그것만큼 부질없이 시간을 낭비하는 경우도 드물다. 너무나 다양한 생각과 다른 생각으로 한 마디 한 마디가 모이다보면 어느새 날이 저물어버릴테다. 가장 좋은 의사결정방법을 우리는 안다. 바로 국정시스템이다.

통제가능한 미래와 원 포인트 의사소통창구 간에는 다른 말이 필요없을테다. 수많은 시행착오를 거쳐 예측하고 전망하고 실적을 대입해가면서 앞날을 열고자 한다. 아니, 현재를 이끌고자 한다. 그런데, 정말 쉽지 않다.

'소비자'는 값싸고 맛있는 것을 원한다. 건강에도 좋고 안전한 것을 기본으로 생각한다. 기본이 지켜지지 않아 얼굴을 많이 찌뿌리게 만드는 경우가 종종 있기는 하지만 아마 대부분 소비자는 그렇지 않을 것으로 여긴다.

'유통'은 무엇이든 간에 상관없이 하나라도 끼어든다면 그것은 가격에 영향을 끼친다. 소비자 판매가격에는 변동이 없다고 할지라도 그것은 유통에서 감당할 수 있다는 것이지, 실제 부담에 따른 가격의 오름이 없다는 사실과는 다르다. 포장지 디자인이라도 바꾸면 비용이 발생하고 그 비용은 궁극적으로 소비자 판매가격에 반영될 수 밖에 없다. 이런 상황에 소비자는 왜 이렇게 비싸냐? 도대체 한우고기를 맘놓고 먹어본 적이 언제냐? 언제부터 돼지고기 삼겹살이 금겹살로 둔갑을 했느냐? 면서 아우성이다.

'관심'은 가격을 올릴까? 끌어내릴까? 내가 살아온 짧은 기간을 보더라도 관심은 가격을 끌어올리는 경향이 크다. 희소성, 희귀성, 독특함, 참신함 등의 이름으로 유행을 타면 아이들 장남감 1개가 전국에 넘쳐난다. 부모들은 그 장난감을 사기 위해 인터넷 쇼핑이다 장난감백화점이다 하면서 추적에 나선다. 그런데, 일시적으로 동이 나 버리면 아무리 대형마트라고 해도 없다고 말한다.

그런데 재미있는 것은 관심이 돈이 된다는 사실을 알게되면 여기저기서 마치 준비했다는 듯이 아류작들이 쏟아져 나온다. "난 A급이야. 넌?" 하면서 B급, C급이 시장에 들어와 가격을 주저앉

2013.8월 닭고기 판매가격 예

조합매장 한우고기 판매가격 예

힌다. 공생하자고 말한다. 그렇게되면 가격 또한 고지에 도달하게 되고 더 올리려면 처음 출시된 가격의 몇 배에 해당하는 힘이 든다. 그런데, 여기까지 걸리는 시간이 결코 짧지 않다. 이런 경우에는 관심으로 인한 물건의 가격이 시장 속에서 조절된 경우다.

그러면, 이런 경우만 있을까? 당연히 아니다. 관심을 받는데 독점을 하거나 그와 유사한 위치에 있으면 대단히 행복한 상황에 빠진다. 마치 돈을 쓸어담을 듯한 환상에 빠진다. 뭐, 어찌되었든 그것 또한 이런저런 이유로 한 때를 넘기기 어렵다. 계절적인 요인과 정말 한 철 장사라는 경우를 빼면. 가령, 여러분 중에 작년 겨울 창문에 2천원하는 뽁뽁이를 붙여본 경험이 있을테다. 난방에 효과가 있든없든 붙였다. 아내의 말이 진리가 되는 순간, 전국 방방곡곡 창문마다 뽁뽁이가 붙었다. 그렇게 겨울을 따스하게 넘겼다.

'거리'는 가격에 못지않게 중요하다. 일단 나의 경우에는 일정한 거리를 넘어서면 특산물처럼 여긴다. 일상적인 범주라고 생각하지 않는다. 거리에 따라 특별히, 특별한 소비를 원한다. 구와 군단위 정도되는 자동차로 5~10분 거리 내에 있는 마트에는 기꺼이 간다. 다만, 여기에도 지나치게 몰리는 시간대를 피하지만 그것은 그것으로 족하다 보고 거리를 재어보면 소비패턴이 일정하다는 것을 알 수 있다.

소비자가 원하는 가까운 거리 내에 있으면서 가격에 만족을 주는, 품질이 내 수준에 맞는 그리고 친절한 대우로 인해 많은 가게들이 문을 열고 닫는다. 이순간에도.

농장직영 축산물판매장이 가장 저렴하면서 합리적인 유통경로다. 라는 말이 머리를 아프게 한다. 가장 저렴할 수 있는 위치에 있지만 그렇게 팔까? 물론 다른 규모있는 곳이거나 농장직영이 아닌 곳과는 이미 경쟁 속에서 우위에 있다손 치더라도 과연 소비자 판매가격은 어느 수준에서 책정될까?

여기에서 상도리를 말한다.

조합매장 돼지고기 판매가격 예

농장직영 축산물판매장 쇠고기가격 예

고객이 원하면 한우불고기 1근 가격을 1만원에 준다는 유통업자의 말. 그 속에서 농장직영하는 축산물판매장을 늘리는 것이 좋은지, 과연 전국적으로 효과가 있을런지, 그것을 또다시 인위적인 틀(제도나 그 따위의 행위)에 맞췄을 때 튀어나올 그 어떤 부작용(특히, 이권, 아귀다툼)이 무시할 만한 것인지 생각이 생각의 꼬리를 문다.

패커. 그렇다면 이것과 비교하면 어떨까? 패커는 일단 규모가 있어야 한다. 그것도 상당한 규모. 그 규모 달성을 위해 들이는 노력과 농장직영 축산물판매장을 늘리는 노력, 그리고 둘의 결과를 놓고봤을 때 국가적으로 보다 효과적인 방식이 무엇이냐를 놓고 또다시 고민에 빠진다. 해보질 않았으니 유추라도 해봐야 할텐데...!

궁금해 미치겠다. 패커에 올인하는 이 때, 농장직영 축산물판매장을 전국단위로 묶어보면 어떨까? 내가 하면 사업이요, 국가가 하면 국정이다. 그 혜택이 국민 모두에게 향할 때 그 과정 속에서 개인의 이익은 최소화하면서 시스템을 만들어 보는 것, 오늘은 여기까지.

농협 발전전략

2013.03.21 11:38 http://blog.daum.net/meatmarketing/687

"직접구매 확대"는 사실상 계약관계에 의한 계열화를, "판로개척 강화"는 유통망의 물류체계 효율화를, "브랜드 통일"에 한 표!!

이것부터 했으면 좋겠다.

2000년대 이후 대다수 일본 농협은 조합원 감소로 어려움을 겪고 있지만 도쿄 인근 하다노 시 농협은 예외다. 하다노농협은 지역사회 공헌, 조합원 교육 등 다양한 활동으로 조합원이 꾸준히 늘고 있다. 국내 농협직판장의 모델이었던 하다노 농협 '파머스마켓'에서 소비자들이 제품을 고르고 있다. 하다노농협 제공

본사 미래전략팀이 제시하는 농협 발전전략

① 직접구매 확대 ② 판로개척 강화 ③ 브랜드 통일

"산지와 지역 단위로 나뉜 기능을 수직계열화해 조직 효율성을 높이고 국내외 유통망과 글로벌 브랜드를 구축하라."

신 노력이 필요한 것으로 분석됐다.

농축산물 구매 중 농협이 통합 구매하는 비율은 전체 농축산 물량의 11%(2011년)에 불과하다. 이는 자국 …

외 판로 개척 역량 강화도 숙제다. 이를 위해 국내외 유통 채널을 발굴해 생산자에게 연결해주거나 글로벌 유통회사, 식품 브랜드와 전략적 협…

출처 2013년 3월 20일 _동아일보

OO계열화의 성패 I. "축산물 유통' 기대와 부응", 그리고 미래계획에 대한 검토의견

2013.08.05 08:50 | http://blog.daum.net/meatmarketing/1008

우리는 무척이나 바쁜 시대에 살고 있습니다. 너도나도 누구나 할 것없이 바쁘지요. 내가 할 무엇이 있기 때문에 행복해 하면서도 때론 그 속에 속한 부속이라는 느낌을 지울 수는 없습니다. 그렇다고 해도 우리는 나아가야 하며 나아가길 바라는 무리 속에서 정말 열심히 살고 있습니다. 사는 게 목표인지 살기 위해서인지 살면서도 잘 모를 때가 있지만.

세상의 변화 속에 우리는 무엇을 어떻게 할 것인지 끊임없이 고민하고 고민합니다. 고민하지 않는 자나 무리는 결코 없다고 봐도 무방합니다. 그렇지만 일부 과정에서는 우리 모두에게 주어진 과제임에도 그것을 지나치게 Only One(한 집단, 특정집단; 이하 OO라고 지칭)에게만 요구하는 듯한 현상에 직면하게 되고, 그것이 어쩔 수 없다는 면은 인정하면서도 또 다른 대안은 없는 것일까에 대해 너무 안일한 것은 아닐까 생각하게 됩니다.

지금부터 작성하는 글은 '사심'을 버리고 거듭나기 위해 해야할 일들에 대해 생각해본 것으로 어쩌면 고작 한 개인으로서 가타부타 말하는 것에 이견이 있을 수 있겠지만, 역시나 일단 던지고 공감하면서 나눠보는 시간을 갖고자하오니 오해나 갈등은 삼가해 주시기 바랍니다.

Only One Company 계열화의 성패. '축산물 유통' 기대와 부응, 그리고 미래계획에 대한 검토의견(2013.6월 OO계획에 대한 의견)

OO는 분주하다. 바쁘다. 무척이나 고심하고 있다. 국가, 국민의 기대가 큰 만큼 부담을 무척이나 느끼는 듯 하다. 그런만큼 정작 해야할 그 무엇을 놓치지 않기 위해 합심하고 지적에 대해 겸허히 받아들이면서 변화를 모색하려고 꿈틀거리고 있다. 그렇지만, 과연~!
OO의 추진계획은 알만한 사람은 알겠거니 하면서 여기에서는 공개하지 않고(공개할 수 조차 없다) 그저 그 속을 들여다보면서 무엇을 어떻게 해야하는지 그저 떠오른 어떤 생각, 즉 '? ? ?'(물음; 응?, 왜?, 어!)에 대해 잠시 생각해보는 시간을 갖기로 한다.

우선, 어떠한 글을 읽노라면 그 속에 희노애락이 녹아있다. 기쁘고 슬프고 기쁘기 위해 한 없이 노력하는 듯한, '난 이렇게 산다'를 느끼게 해준다. 그리고 그것이 '계획'이라는 이름으로 보여지게 되면 그 속에는 꿈꾸는 바람이 살랑거린다. '할꺼야, 해낼거야, 해내고야 말거야' 라는 말을 하는 듯하다.

같은 글이라 할지라도 '계획'이라는 글은 무엇보다도 '실현가능성'에 무게를 두고 도대체 '왜, 그래서 어쩔건데?'의 물음에 대한 답이 들어있어야 한다. 실현가능한 미래를 보여줘야 한다. 때론 짜맞춘 듯한, 마치 그럴듯한 말을 경계해야 한다.

OO의 계획을 보니 소극적이면서 하드웨어적인 접근에 편중된 느낌을 준다. '先 신설투자, 後 정리'처럼 보이면서 성패를 좌우하는 '先 조직정비, 後 투자극대화' 방향을 놓친 듯 하다. 물론, 이제까지 이룩한 토대와 한계를 놓고 산출해낸 최선의 결과물이라는데는 의심할 여지가 없겠지만 아쉬움이 남는 것은 누구 못지않게 OO에 바라는 기대가 커서일까!

OO는 목표를 어디에 두어야 하는가? 두고 있는가?

무엇보다 중요해진 대국민 만족도(또는 체감도) 몇 % 달성 목표처럼 구체적으로 정할 필요가 있다. 국가와 국민의 기대가 오히려 부담이 되는 지경임에도 '목표'가 낮아보인다. 좀 키우자. "우린 이렇게 해서 국민체감도 몇 %를 달성하겠다"고 하자. 그러면, 기대하는 국민에게 보답이 될테다. 더욱 더 사랑해서 미치게 하자.

OO는 정부정책 방향에 부응하는 계획들을 모두 포함할 필요가 있다.

정부3.0, 동물복지, 친환경, 식육가공 활성화 모색, (돼지)이력관리 등 추가되거나 발전해가는 축산업 전반의 유통현안 전면에서 해낼 그 무엇을 그려낼 필요가 있다. 이미 추진중에 있는 부분육 활성화 및 물류거점화에 의욕을 보이고 있지만, 다만 先 투자비중이 큰 경향을 보이기 때문에 성패를 좌우하는 조직정비, 일관경영체계 구축을 위한 이해갈등관리와 내부조직화에 초점을 맞출 필요가 있어 보인다.

또한, 홍문표 국회의원이 제시한('축산물 유통구조 개선 대책 및 보완과제' 보고서, 2013.5.27) 검토사항들이 대부분 해당되므로 이에 대한 개선책을 제시할 필요가 있다. "왜 내가 해야 하는데?"라고 OO의 입장에서는 말할 수 있겠지만 어쩌겠는가! 태생이요, 바람이니 그저그러려니 해야 하지 않을까!

"OO가 앞장선다. 최고다"라는 찬사에 욕심을 부려야 할 것이며 뒷담화에 노출된 불협화음을 하루빨리 종식시켜야 할테다. 그로부터 감히 경쟁없이 독보적으로 뻗어나갈 미래가 열리지 않을까 한다.

OO는 이를 위해 다음과 같은 단계를 밟을 필요가 있다.

이를 테면 1-2-3단계 액션플랜을 말한다.

1. 폰테라, 아그로수퍼, JBS 등 대형축산기업을 철저히 벤치마킹하여 국제관계 속에 대형축산기업 모델을 만들어야 한다.
2. 조직정비 1-2-3단계를 제시하고, 기존사업의 평가정비계획 및 후속 잉여인력 재활프로그램(명퇴자 축산전문가 육성과 지원책 포함)을 마련하고, 본부조직과 현장조직으로 구분하여 일관 직영체계 구축플랜을 제시할 수 있어야 한다. 현재 보여준 안은 발전모델 1단계 모형만 제시되었으며 가장 중요하다 할만한 본부•현장조직 개편방식이 빠져있다.
3. 공격적 소프트웨어 측면을 보강하여 '미래모습'을 제시하여 강한 동인과 푸시가 가능토록, 자생력을 갖추도록 할 필요가 있다.

OO는 보다 구체적인 액션플랜에 따른 실현가능한 성과를 제시할 필요가 있다.

수급조절과 가격안정 효과를 꾀할 수 있는, 가령 "쇠고기 000원/kg을 향후 10년간 유지하겠다" 처럼. "가격 00.0% 감축하겠다" 보다는 큰 개념에서 접근함으로써 수급•가격완충을 위한 본연기능 달성을 위해 어렵지만 가볼 필요가 있다. 그리고, 스스로 할 일과 스스로 못할 일 중 정부가 지원할 부문을 명확히 구분하여 제시할 필요가 있다.

OO의 계획에 대해 좀 더 세부적으로 살펴보면 다음과 같다.

1. 추진배경에서 근기로 삼은 유통단계별 비용산출 실태는 OO의 현주소에 맞춰 재산출할 필요가 있다. '샘플'(유통실태 전반적 상황 = 참고사항)을 놓고 목표를 세우는 우를 범해서는 안된다. 내가 가야할 길은 나의 현주소 파악부터 시작됨을 명심하자. 품목단위 조직에서 유통시키는 경로의 형태별 비용을 정확히 산출하여 무엇을 바꿔나가야 하는지 면밀한 검토 아래 접근할 필요가 있다. 요것이 반을 좌우한다.
2. 추진방향이 하드웨어적(딱딱한, 물리적 투자에 치중한) 접근에 편중된 경향을 보인다. '선 투자 후 정비'처럼 보이는데 금번 자립화방향에서 '선 정비 후 선택투자'가 주효할 수 있으며 인력, 조직, 예산, 향후 운영방향까지 총망라하여 설계하고 불가피한 M&A, 통폐합, 구조조정, 기능조정, 퇴출 등과 후속 잉여인력 재활프로그램을 염두에 두어야 한다. 왜 따로 보는지, 따로 가려하는지 잘 모르겠다. 한계가 있겠거니 하지만 그래도 아쉽다.

   현재 보여준 모식도는 계열화 1단계 발전모습으로 비춰지므로 계열화의 최종모델인 유통 1~2단계 구조로 좀더 미래모습을 단순화하여 조직의 일관화와 내부화에 집중해야 한다. 당장 보여준 1단계 구조는 '15년까지 마무리하고, 2단계 일관경영체계에 대한 청사진이 제시될 필요가 있다. 무엇보다 실현가능한 모델로 제시되어야 하며, 각종 법과의 관계, 정부지원 및 고려사항을 포함해야 하고 특히, 법간 불합치가 없도록 정비에 신경써야 한다. 무엇을 어떻게 할 것인지 꼼꼼히 따져보자. 그리고 '함께 본 미래'를 달성하기 위해 합심하자.

3. 기본방향과 접근방식을 고려할 때 보다 공격적이고 소프트웨어적인 보강이 필요하다. 기본방향과 접근이 다소 소극적이면서, 단기간적 발전모델에 머물러 있어 세부추진계획의 한계가 엿보이므로 '단일브랜드' 목표로 조직정비, 인력조정에 신경쓰고, 정비를 위한 협의체 구성은 단기운영을 하는 방향이 어떠할까?
4. 전속 출하체계 구축에서 "OO사료를 전이용하면서..."라는 요건은 브랜드 측면과 OO의 전속화에 걸림돌인 양측을 모두 고려하고, 전속화 방향은 축산계열화의 다양한 거래형태를 고려하여 접근할 필요가 있다. 계열화 방식은 위탁사육 또는 계약출하방식으로 주로 구분한다. 실현가능한 위탁사육과 계약출하 비중을 산출하고 구체적으로 제시하고, 굳이 비용 자부담이 큰 위탁사육 100%를 고집할 필요는 없으며 브랜드 관리측면과 비용편익측면, 생산농가 권익 측면에서 합리적인 계열농가 방식을 고민해야 한다.
5. 한우 조공법인(0개소 → 00)의 확대는 유통경로가 늘어난 형태이므로 한우 조공법인을 통한 단기적 출하방식은 여건상 필요하겠지만, 중장기 모델로는 부적합한 측면이 있다. 한우 조공법인을 OO 내에 내부조직화(생산/판매파트 현장조직화)하는 방안을 검토해보자. 또한, 현장조직 내부화 방향에서 규모화에 따른 비 일관경영체계는 경계하자.
6. 경매조달 비중(00% → 00)에 따른 구체적인 수지분석 및 영향평가를 제시할 필요가 있다. OO가 지금까지 이룩한 바탕인 경매시장에서 철수하거나 비중을 낮출 경우 경매시장의 가격형성 시나리오를 제시할 필요가 있으며, 조달방식 변동에 따른 OO 자체내 수지타산 분석결과를 제시할 필요가 있다. 계열화방향에서 OO가 입는 가장 큰 손실인 수수료 수입기반이 흔들리는 만큼 그에 상응하는 수입원을 제시(매취 후 판로와 브랜드 국민선호 등에 부합토록)할 필요가 있다.
7. 전문실습센터 설치. 추진방향은 바람직하나 기존 시설을 활용하면서 단기간 신규투자는 자제하고, 우선 차별화된 수요자지향형 교육장 운영프로그램을 먼저 마련한 후 접근할 필요가 있다. 식육가공품 교육 또한 성공을 장담할 수 없는 상황으로 지나친 기대는 금물이다.
8. OO의 무이자자금의 지원 방식에 대해. 신규 투자자금 외에 사업평가정비자금을 배정하여 '정비 후 투자' 방향으로 검토했으면 싶다. 운영되는 모든 사업, 시설물 이용실적 등에 대한 외부평가를 먼저 해 본 다음에 과감한 정비를 하자. 이때, 봐주기를 경계하자. 휘둘리지 않도록 단기간에 끝내자. 그런 다음, 사업평가결과에 따른 매각, 용도전환, 광역단위 통폐합, 우량육성 등을 모색해보자.
9. 판로, 시장점유를 총 유통물량 대비로 하여 보다 구체적으로 제시할 필요가 있다. 판매루트에

따른 점유비중을 각각 제시하고, 목표는 자체판매와 중간매도 비중을 3:7 정도 수준(실태파악 결과를 감안하여 조정)으로 다원화전략을 꾀해야 한다. 단순히 이것은 시장성이 있으니까 해본다는 식의 접근은 경계하자. 신규로 하는 것은 반드시 시장타당성 평가를 한 후에 해도 늦지않아 보인다. 전국 권역별 축산물유통센타 신설에 대해 우리나라는 미국과는 달리 국토 면적 대비 1일배송이 가능한 여건을 감안하여 광역화는 조직관리를 통한 산지 출하관리에 활용하고, 원 포인트 거대화방향을 병행 검토해보면 어떨까 싶다.

10. 부분육경매시장을 전국 권역별 공판장으로 확대한다는 것에 대해. 시장변화에 따른 투자여야 성공한다. 그 반대로 선 투자후 시장변화 모색은 실패확률이 크며 부담이 미래에 가중되는 경향이 크니 면밀히 살펴보고 '투자'를 결정해도 늦지 않아 보인다. 부분육 활성화 측면은 정책방향 부응측면에서 바람직하나, 시장형성이 미흡한 관계로 면밀하게 투입시점을 조율하자.
단순히 부분육으로 전환 유통해야 한다는 논리는 현 시장질서와 갈등을 유발할 수 있다. 지육이 지닌 장점(단가, 부담전가 등)과 부분육이 지닌 장점(합목적 유통, 위생안전성)을 두루 살펴 접근할 필요가 있으며, 지육 유통을 부분육으로 전환하려는 것은 위생안전성 측면이 강하므로 이는 (진공)포장유통방식으로 접근해도 무리는 없다. OO가 지육 포장유통에 선도적 역할로 활로를 모색해 보면 어떨까! 선도!

11. OO브랜드 차별성에 대해 품목단위 시장여건과 브랜드가치 등 차이를 감안하여 판매방식을 고민해야 한다. 1등급 이상과 이하 구분판매, 선호육과 저지방육 구분판매, 부산물 판매까지 고려해야 할 것이며 계란은 등급제도 적용을 통한 대국민 안심과 사회적 영향에 기여하므로 적극 검토할 필요가 있다. 굳이 정책과 반대위치에 설 필요는 없다.
축산물 안전지킴이 제도 도입 시 취지에 맞춰 리스크관리팀을 신설하는 방향도 병행해서 검토해보자. 전담부서를 두되, 생산•유통•판매를 총괄하는 품질관리부서 내에 편입하여 품질과 리스크관리가 함께 고려될 수 있도록 조직을 짜보자.

12. 대규모 농가는 일부 맞춤형 컨설팅 강화방향에 대해. 계열화에 따른 모든 농가에게 지원하는 방향이 좋을 듯하다.

13. 자회사, 지역•생산패커, 축종별 대표농가 등 협의체화에 대해. 3명 이상은 통합의견을 내기가 어려울 수 있어 일관경영체계에 위배되는 측면을 고려하고 내부조직 정비 시 해당부서에 각 주체의 전문인력을 배치하여 1년 내 풀어내는 방식의 접근을 고려해보자. 협의체화는 자문역할로 전환하고 일관경영체계에 초점을 두고 조직을 정비해야 '생존' 가능하지 않을까! 유연하게 국내외 정세에 대응가능토록 하는 것, 결코 Dragon Tail이 되지 않도록 하는 것. 그것은 유연함에 달려있다.

14. 권역별 공판장 확충과 0000억원 투입에 대해. 기존 도축장을 최대한 활용하고 부가이익 창출이 가능한 비용편익 관점에서 투자를 결정하자. 재원은 일관경영체계 시스템화에 우선 투자하

고, 물류 보다는 판로와 적시배송체계 방식에 대한 고민을 하자. 판로와 적시배송체계 관점에서 대규모 테마파크 차원으로 국제정세, 수입육관계, 관광 등 6차산업을 감안한 원 포인트 거대화의 검토가 필요하다. 즉, 권역별 분산투자에 대한 거양효과 및 지나친 시설투자비중 등에 대해서는 부정적으로 보인다. '선 사업타당성 검토 후 선택투자' 방식을 고려하자.

15. 축산물 종합물류센터 설치 000억원. 권역별 공판장 확충계획과 함께 검토하여 비용은 최소화하고 기능은 최대화하는 방향으로 접근하자. 경매수취가 매취로 전환될 시점에서의 기능이 구현될 것인지 미리 가늠할 필요가 있으며, 개편초반 시설•구조적 확대 보다는 조직화, 인력전문화, 갈등관리 등에 집중하자. 일관경영체계 달성시점에 거대화•전문화 관점에서 대대적 투입이 필요해지는 경향을 감안한다. 남는 돈 없이 모조리 물리적 시설투자에 집중하면 윤활류 비용은 어떻게 할 것인가? 공판장, 종합물류센터, 교육장 등에 투자되면 계열화가 완성되는지 궁금해진다.

16. 부분육 유통체계 확립에 대해. 앞서 부분육경매시장을 전국 권역별 공판장으로 확대할 때 살펴본 것처럼, 철저한 유통마인드 관점에서 지육 유통, 부분육 유통, 소포장 유통을 시장형성 정도를 감안하여 미래시장성을 보되 현실성에 비중을 두고 합리적인 연도별 점유비중과 추진방향을 설정하자. 지육 유통은 위생안전성을 담보한 포장유통으로 선도적 역할 수행측면에서 접근하고, 부분육 유통과 소포장 유통은 시장형성과 향후 시장변화를 감안하여 단계적으로 접근하자. 무엇보다도 판로 지향점은 자체판매와 중간판매 비중에서 자체판매비중을 높혀 나가야 한다는 것에 있다는 사실을 유념해야 한다. 지육은 중간유통 속성이 크다. OO가 다 직접 팔 수가 없다.

17. 소비지 판매채널 확대방향에 대해. 정육점, 정육식당 확대 및 TV쇼핑몰로는 판로확보에 한계가 엿보인다. 자체판로 30% 이상이 되도록 목표를 설정하고, 정육점, 대형마트, 슈퍼마켓, 전문식당, 음식점, 직배송 등의 요구수준에 맞춰 제공가능한 가격을 설정하고 계열화를 통해 어디까지 가격을 낮출 수 있는지 그 경쟁력을 보자. 가능한 수입육간 경쟁에 불을 당길 수 있는 단가가 도출되면 너무 좋겠다.

TV쇼핑몰(2단계)의 실질 유통단계는 그 내부 유통망이 어떠한가에 달려있으므로 현 체계에서 TV홈쇼핑을 통한 가격경쟁력 확보 보다는 판로다양성에 머물 여지가 있다. 다양한 루트 개척방향에서 접근하되, 루트의 비중을 감안하여 선택과 집중이 필요하다. 지나친 기대는 하지 말자.

18. 마트, 클럽 등 축산매장은 OO에 이관해야. 자체판매망 없이 생산 50% 점유는 의미가 약하며 다양한 판로개척 중 기존매장은 기본적으로 확보되어야 하고, 철저한 일관경영관리가 될 수 있도록 조직을 구성할 필요가 있다. 부위별, 등급별, 종류별, 품목별 판로가 상이한 점을 감안하여 기존 계통매장의 광역화 보다는 일관경영을 위한 조직화는 어떠한지 궁금하다.

19. 분사체계 Ok. 조직구조는? 조공법인 투자부문, 협의체 운영부문은 앞서 말했던 의견을 감안하고 조직정비 측면에서 구조조정 또는 조직정비 목표를 제시하며 OO 분사체계 구축계획을

마련한 후, 단계적 명퇴, 인력조정, 기능조정 방향에서 협의체 운영은 부정적으로 보인다. One Man형태의 신속하고 유연한 전문경영이 현재 가장 바람직한 모델이 아닐까 싶다. 협의체 구성인력(실무자급)은 전담분사체계 내에 파견하여 조직화 1년 목표로 운영해보면 어떨까? 협의체의 장점은 취하되 유연성에 기초한 대응력과 경영효율성은 선점할 필요가 있다.

20. OO를 분사하는 방향인지, 총괄 계열화 구축방향인지 의문이다. 판로만 땔 수도 없고 산지만 땔수도 없고, 기존 공판장을 직속화한다는 의미는 거꾸로 의문이 든다. 당연히 모든 축산조직이 계열화방향에서 일관경영화 되어야 하는데 무슨 의미인지 궁금하다.

(마무리) 딱 한가지! 계열화 기반의 일관경영체계만이 세계화 대응에 유리함을 잊지말자. 왜 계열화하는 것인지, 왜 그 방향으로 가려고 하는지, 왜 그 방향으로 갔는지에 대해 생각해보자. 20년이 걸려도 좋다. 폰테라의 경우 그 정도 걸렸다고 했는데 여러 케이스를 살펴보고 발전가능한, 미래의 어느 순간에는 우뚝 선 어떤 모습을 기대해 보는 것, 그래야 지금 살아볼 만 하지 않겠는가 싶다..^^

"한국형 대형축산기업으로 뚝심있고 천년 가는, 타의모범이 되는, 후손에게 자랑스런" 기업이 되자. Only One에 대한 기대와 부응을 만끽하면서도 자생발전적인 모델에 기대가 크다. 감사합니다.

[참고] OO의 본부·현장조직 개편방향(안)

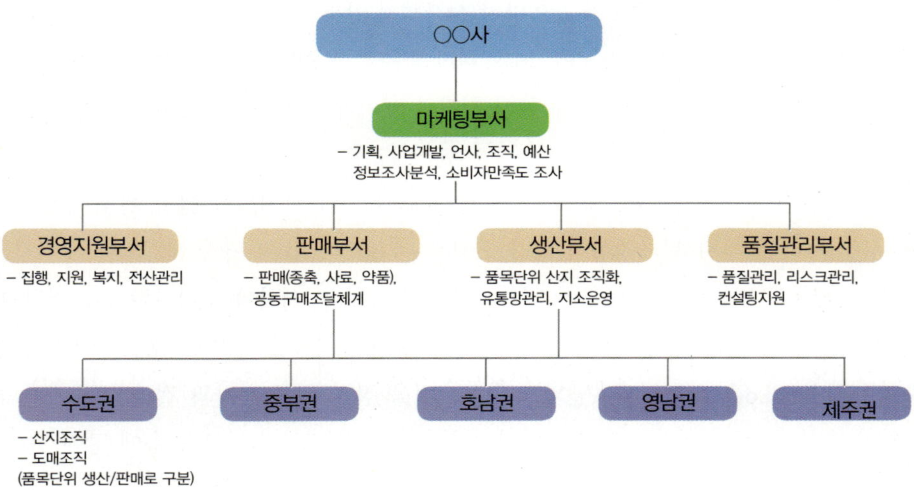

※ 잉여인력 재활프로그램 운영
– 희망자 재활프로그램으로, 판매자형과 농부형으로 운영
– (판매자형) 가맹점 운영, 전국 정육코너 5만개 소중 OO%확대방향, 가격정책, 브랜드관리정책 등 기반 및 교육, 평가 등 메뉴얼화
– (농부형) 5년이상 일정 교육통과 시 초기사업지원, 노하우 관리, 10년후 브랜드 생산전문가 육성방향 "1만명 육성계획"

※ 사업평가정리
– 기존 사업체 평가, 구조조정, 매각, 광역단위 통폐합, 정비정리, 우량육성 등. 브랜드 통합관리방향
– 폰테라, 아크로수퍼, JBS 등 대형축산기업 세계전략 벤치마킹

볼륨에 맞게 크게 봅시다.. 내부, 국내에서 아웅다웅하지 말고 세계적 기업으로 재도약합시다~

참고로, 축산물 유통실태에 대해 고민하시는 분은 제 Blog(esp. 발전연구 코너) 외에, 홍문표 의원의 '축산물 유통구조 개선 대책 및 보완과제' 보고서(2013.5.27)를 꼭 읽어보시길 권합니다. 읽어볼 만 해요. 강추요~~

OO계열화의 성패 Ⅱ, "거대한 누군가는 축산물 유통 가격부터 주저앉혀야 한다."

2013.09.01 15:11 http://blog.daum.net/meatmarketing/1105

성공은 잘 짜여진 시나리오가 반을, 그리고 합심이 나머지 반을 차지한다. 그저 하면 되는 그런 밑그림과 계획을 갖고 잘짜여진 실행계획에 맞춰 진행하면 된다는 가능성을 보여줘야 한다. 여기저기 따로놀고 다른 시각과 다른 관심사를 갖고 있다면 시작하지 않는 것이 오히려 낫다고 본다. 해보라고 하는 그런 밀려서 하는 태도 말고 자성의 소리, 현장의 소리, 국민의 바람을 모두 담아 우리가 총때를 맨다는 심정으로 해도 될까말까 하는데 좀더 철저한 계획과 미래비전을 제시해야 하리라!

소비자는 누군가가 무엇을 하든, 어떻게 하든 크게 위해적이거나 관심받을 만한 행동을 했거나 그렇지 않다면 무엇을 하든 무시하는 경향이 크다. 소비자는 정작 그들이 당장 사게되는 가격지불과 후속 만족에만 관심이 크다. 그렇다고 소비자를 무시하면 안된다. 어차피 소비문화라는 것이 이미 형성되어온 사회변화와 국내외정세, 사는 수준 등에 의해 정착되어 있다면 이 또한 알게모르게 작동한 시장논리(Market Logical Process)가 있을테니 그것을 잡기 위한 전략과 전술을 취해야 하리라 본다. 어차피 변화 속에 변화에 순응할 것인지 변혁을 일으킬 것인지는 조율 속에 답이 있다.

다만, 딱히 모르겠다면 딱 하나 '가격(Consume Price)'만 주저앉혀보자. 그러면, 다른 어떤 기대효과나 다른 어떤 말로 형용할 수 없는 딱히 다른 어떤 걱정꺼리도 다 무마될 수 있는 위치에 설 수 있으리라 본다. 대신, 거짓말 하지 말고 최대한 주저앉힐 그 가격에는 솔직하자. 한 순간에 힘들다면 산지-유통-소비로 흐르는 경로 속에 최적화한 규모의 경제를 꾸려나가자. 그러면 족하리라!

OO계열화의 성패, "거대한 누군가는 축산물 유통 가격부터 주저앉혀야 한다."

거대한 누군가가 가격을 주저앉힌다면 어떤 일이 벌어질 것인가!

거대한 누군가가 현재의 쇠고기 가격을 농장직영 정육점 수준의 가격으로 떨어뜨린다면 어떤 일이 벌어질 것인가?

거대한 누군가가 현재의 쇠고기 가격을 생산-도축가공-판매로 이르는 단순하게 결정된 가격으로 낮추어 거래한다면 어떤 일이 벌어질 것인가!

거대한 누군가가 국내산 가격을 떨어뜨린다면 수입산은 어떤 포지션을 취하게 될까?

거대한 누군가가 국내산 가격을 떨어뜨린다면 다른 국내산들은 어떤 포지션을 취하게 될까?

거대한 누군가가 국내산 가격을 떨어뜨린다면 국제물류와 시세형성에 어떤 영향을 끼칠 것인가? (수입, 수출)

거대한 누군가가 국내산 가격을 떨어뜨린다면 가격이 떨어졌는데도 불구하고 높다고 아우성치는 한우고기 시장은 어떻게 변할까?

거대한 누군가가 국내산 가격을 떨어뜨린다면 국민은 고기를 더 먹을 것인가? 덜 먹게 될 것인가? (요리의 다양성과 다양한 부위의 소비가능성)

거대한 누군가가 주저앉힌 국내산 가격은 결국 자급상황과 수급에 영향을 끼칠 것이다.

거대한 누군가가 주저앉힌 가격은 국내산 전반의 가격을 낮출 수 밖에 없는 구조로 유통을 가져가게 만들 것이다.

그렇다면, 수입산과 다른 국내산들은 긴장 안할래야 안 할 수 없는데, 왜 거대한 누군가는 '가격'에 대해 몇 %로 말하는가!

거대한 누군가가 규모화된 산지와 전국 도축가공, 유통망, 심지어 1일배송 판매망까지 갖추고 있다면 왜 이 모양인가!

Fonterra, Danish Crown, JBS, Agrosuper 등의 공통점은 처음 시작은 소작농이었다는 것과 계열화를 이끌어냈다는 것, 그리고 합심했다는 것이다. 보다 큰 미래를 위해 좁은 국내시장을 벗어나 국제로 진출하기 위한 거시적 관점에서 접근했다는데 있다.

거대한 누군가가 국내산 가격을 주저앉힌다면 그 상품이 수출하게 될 때 과연 현재와 얼마나 어떻게 달라진 모습으로 어떤 효과를 기대할 수 있겠는가? 결국 가격을 주저앉히는 것이야 말로 모든 경쟁력의 출발점이요, 목표일 수 밖에 없다. 그런데, 목표설정을 시세의 몇 %로 한다면 경쟁력은 이미 현 시장구조를 그대로 가져가겠다는 것인데, 이것이야말로 시작부터 좁디좁다 할 것이다.

거대한 누군가가 거대한 형성을 꿈 꾼다면 그에 걸맞는 시각과 도전이 필요하다.

지역 이기주의가 걸림돌이라면, 잦은 선거선출이 걸린다면 그것을 극복하기 위한 대안과 합심을 이끌어내기 위한 도전이 필요한 것이지 청사진 조차 핵심을 집어내지 못한, 현실을 인정한, 마치 "우리는 해도 안돼" 라는 시각으로 덤벼서야, 과연 "우리도 대형축산기업을 가꿀 수 있다"고 할 수 있겠는가!

지역책임자 모두 모아 폰테라로 보내서 그들이 20년에 걸쳐 이룩한 대형축산기업의 꿈을 배우게 하거나, JBS에 보내 미래인재를 직접 양성하면서 국제마인드를 갖춘 그런 시각으로 세계시장을 보는 사람들을 보고 부끄러움을 갖게 하거나, 아그로수퍼에 보내 그들이 지닌 천혜의 자원과 국가의 무관심, 철저한 실리정책 속에 국내 70%점유를 기반으로 국제시장에 내다팔아 국익을 선양하는 태도를 배우게 하거나, 지역책임제 하에서 힘겹다면 이 기회에 중앙책임제로 바꿔 나갈 필요가 있으며 이를 위해 1년이 넘게 걸린다 한 들 무엇이 문제가 될 것인가!

이미 지나온 시간이 만만치 않은 상황에서 10년지 대계의 청사진이 실행력을 갖추지 못한다면 단순히 시설투자에 그치고 말 것이다. 그렇다면 이미 놓친 시간 외에 앞으로 놓쳐버릴 10년을 어떻게 대면할 것인가? 나의 뒤처짐은 바로 남의 신장이라는 사실을 언제까지 두고 볼 것인가? 갖추고 있는 역량을 언제까지 이 정도 수준에서, 이 정도 역할에서 만족할 것인지 더한 미래로 뻗어나갈 그런 역량을 보여줄 수는 없는 것인지 궁금하다.

거대한 누군가가 없다면 바랄 수조차 없는데, 우리에게는 있지 않은가! 지금이 바로 그런 관심에 노출되어 있지 않은가, 기회와 관심이 이 보다 더 좋을 때가 과연 올 것인가! 거대한 몸집을 지닌 공룡을 지향한다면 그에 걸맞게 갖추거나 그렇지 않다면 꼬리가 하는 일을 두고보기만 해서야 되겠는가! 해볼 수 있는 밑거름이 충분하다면 그에 맞게 해볼만 하지 않을까!

언제까지 이 정도에 이 모양에 만족할 것인가!

10년을 한결같이 달리면 우리도 "대형축산기업"이다 할 수 있는 그런 그림이 필요하다.

우리도 할 수 있다.

멀리 크게 볼 수 있는 자, 합심을 이끌어낼 지휘자, 세밀한 실행력을 만들어 실현시킬 전문가. 그가 필요하다.

적극적으로 과감히 투자하는 기업체를 욕하지 말고, 거대시장에 맞설 거대한 누군가의 탄생을 기꺼이 바라봐 주어야 하지 않겠는가!

"우리는 지원하지 않습니다. 어떠한 지원도 없습니다. 그런만큼 제재도 하지 않습니다. 수출을 위해 국가를 위해 그냥 지켜봅니다" 라는 칠레관계자의 말을 이제야 이해가 된다. 소소한 터치가 왜 없겠느냐마는 그 태도와 시각이 우리와 한참 다르다는 것을 알아야 한다. 우리에겐 지나친 간섭과 우려, 색안경 낀 시각이 기본이라는 듯한 경우를 많이 보게 된다. 국제진출을 하려면 그에 걸맞는 마인드로 무장한 이들이 필요할텐데, 현 수준에 만족하고 다가올 미래조차 구태의연한 시각을 지닌 이들이 그런 태도로 임해서야 언제 우리 당당히 우리시장에서 맞서고 저들시장에서 우리것 갈고 흥정하지 않을쏜가!

크고 담대하게 주먹구구식 말고 치밀한 전략과 전술로 우리것 풀어내는 방법을 취한다면, 수급조절의 공급량과 수요량에 대해 직접적인 개입이나 타격을 가하지 않고도, 시장을 강제하지 않고도 그런 걱정자체를 하지 않아도 될 것이다.

하자. 너만의 문제가 아니라는 인식부터 제대로 하고 나서길 진심으로 바란다. 국민적 관심사가 거짓이 아니라면 단순히 한 줄 써놓은 말로 족하지 않으려면, 미래에 대한 꿈을 꿀 수 있는, 미래를 이끌 후손에게 자원과 기반을 넘겨줄 수 있는 쫌 그런 그럴듯한 거 없을까! 감사합니다.

OO계열화의 성패 Ⅲ, "한국에 어울리는 패커의 모습"

2013. 09. 03 17:00 http://blog.daum.net/meatmarketing/75

패커는 협의적으로 도축~패킹을, 광의적으로 그 여파가 미치는 출하(농가)와 판매를 통한 생산 전념, 유통마케팅, 안정적 가격형성, 물가안정 등 여럿 타깃을 목표로 추진하는 개념이라고 본다.

그래서, 패커는 수직통합을 기본적으로 지향하고 있으며 데니쉬크라운, 폰테라, JBS, 아그로수퍼 등 다른 국가의 대형축산기업은 그 모습을 경쟁력의 원천으로 삼고 있다.

자, 몇 가지 패커에 얽힌 오해와 개념을 바꿔보자. 왜 패커를 하게 되었는지, 왜 해야 하는지 그 이유에 대해 궁리해보자. 패커는 결코 협의적 의미로 시작된 것이 아님을 알았으면 좋겠으며 지향해 나가야 할 그 궁극적인 모습을 만들어내기 위해 해당 주체의 실행방안에 거는 기대가 그만큼 큰 것으로 이해해야 하리라.

첫번째는 협의의 이해를 바탕으로 작성한 일반적인 시각을, 두번째는 협동조합형 패커에 거는 기대의 모습, 그리고 세번째는 패커의 정의에 대해 살펴볼 수 있으며, 나아가 협동조합, 민간기업 할것없이 우리나라에 가장 어울리는 패커의 모습이 어떠한지 각자 그려보자.

멀지않은 미래, 당신의 생각이 실현될 수 있다. "그냥 하면 된다"의 좌우명처럼.

*함께 보시면 좋은 글. 세계 대형패커의 발전과정으로 본 우리나라 대형축산기업 도입방안 입니다. 단지, 현재도 그때와 같은 의견이라고 말하기는 어렵다는 사실을 염두에 두고 보십시오.

이상적인 패커의 모습

☐ **개념** : 축산물의 도축, 가공, 판매를 **한 주체의 책임 하**에 수행

* 주체에 따라 생산형 패커(생산자 협동조합 중심), 유통형 패커(브랜드를 중심으로 한 유통주체 중심) 등으로 구분

☐ **주요속성**

○ **생산 및 출하** : 사료공급, 컨설팅 등을 통해 **농가 관리**하고 계열화하여 농가에서 생산된 **소·돼지를 매입**~~(경매 조달 아님)~~

- 사실은 최종판매가격이 안정된 상태라면 조달방법이 조합원으로부터 받았는지, 경매로 조달했는지, 심지어 동종업체로부터 조달받았다고 해도 문제가 없음(유통에서 흔히 벌어지는 문제)
- 다만, 농협패커가 그간 경매조달을 주된 방식으로 썼기 때문에 문제로 지적된 상황으로 앞으로 고민할 점은 최종판매가격이 얼마나에 달려있다는 것이지, 조달방법은 서브차원의 문제임

○ **도축** : 패커가 소유 또는 실질적으로 운영하는 **자체 도축장**에서 도축~~(협력업체 도축 아님)~~

- 도축장의 소유개념이 중요한 것이 아니고 왜 도축/가공/패킹을 묶으려하는지 원초적 이유에 초점

○ **가공** : 자체 가공장에서 **부분육 형태**로 가공, **부산물도 1차 가공**하여 유통(**지육 유통 아님**)

- 지육이든 부분육이든 가공육이든 원래 목적에 맞게 판매가 되면 그만임. 위생안전성 기반에 다양한 형태의 유통이 되도록 하는 방향이 유통비용을 줄이고 경쟁력을 높이는데 좋을 수 있음

○ **판매** : **자체 판매망**을 통해 도·소매 유통

☐ **기대효과**

○ 도축, 가공, 판매 등의 각 주체가 가져가는 **이윤의 내부화**를 통해 유통마진 감축

○ 도축·가공·판매 등에서 발생하는 **이윤은 조합원에게 귀속**(협동조합형 패커 추진 정당성)

협동조합형 대형축산기업(패커)의 모습

☐ **개념** : 조합원이 출하한 가축을 한 주체의 책임 하에 도축, 가공, 포장·판매를 수행하는 일관경영체의 계열화 모습

* 출하와 유통의 중심비중에 따라 생산형 패커(조합원 중심), 유통형 패커(브랜드 중심)으로 구분

☐ **주요속성**

○ **생산 및 출하** : 사료공급, 컨설팅 등을 통해 고품질육 생산을 통한 농가 경영안정이 주목적임(농가는 생산에 전념)

· 농가는 생산에 전념하고 3통(혈통, 사료, 사양)을 통한 공동구매 생산표준화가 경쟁력의 핵심 요소(비용은 낮추고 품질은 높이고 가격은 안정시키는)이기 때문에 그 방향으로 브랜드정책을 추진중에 있음

○ **도축·패킹** : 축산물을 신선육(대분할 소10, 돼지7), 부산물(뼈, 내장, 혈액 등) 형태의 다양한 유통채널에 맞게 원활히 공급하여 시장가격 안정이 주목적임(유통은 공급에 전념)

○ **판매** : 자체판매와 납품으로 점진적으로 자체비중을 높혀 경영안정화 도모(대형축산기업은 지속가능한 시장가격안정에 전념)

☐ **기대효과**

○ 생산품질, 유통품질, 소비품질을 균형있게 발전시킬 수 있어 품질경쟁력을 갖추고 대응력을 높이며 물가안정에 효과적임

○ 생산자는 생산에 전념하고, 유통인은 마케팅에 전념함으로써 각 분야 전문성을 기반으로 한 국내산업 발전을 통한 국익 선양

○ 품질경쟁력의 핵심인 균일한 제품 생산을 통한 소비만족 거양

패커(Packer)의 정의

< 기업 관점 >

❶도축·가공시설과 유통망 등을 확보하여 농가 또는 생산자조직과 연계되어 고품질의 안전한 축산물을 공급하거나, 가축 사육(비육장)을 포함해 축산물 도축 · 가공 · 포장 · 배송 · 유통에 이르는 일관업무가 가능한 기업을 말한다

예) Cargill Meat Solution(미), JBS(브), Danish Crown(덴), Fonterra(뉴), Agrosuper(칠)

< 인물 관점 >

패커는 도축목적으로 가축을 구입하거나, 판매나 선적(수출)을 목적으로 육제품이나 식육을 저장 또는 가공하거나, 가공되지 않은 형태의 유통육, 식육제품 또는 축산품과 관련된 사업에 종사하는 도매중계업자, 거래상 또는 유통업자를 말한다.

[원 문] Definition of "Packer"

When used in this Act the term "packer"means any person engaged in the business (a) of buying livestock in commerce for purposes of slaughter, or (b) of manufacturing or preparing meats or meat food products for sale or shipment in commerce, or (c) of marketing meats, meat food products, or livestock products in an unmanufactured form acting as a wholesale broker, dealer, or distributor in commerce.(미국, GIPSA 발췌)

그리고, 패커에 얽힌 고민꺼리를 같이 한 번 뜯어봅시다. 두번째 쓰인 것이 '맞다'가 아님을 분명히 하고, 첫째가 '틀리다'라고 보는 그런 편향된 시각에서 벗어나 우리 주변에서 패커를 놓고 벌어지는 일련의 사고(생각)의 틀을 좀더 바꿔보자는 시각에서 봅시다.

패커추진의 정책적 의미를 고민하는 방향에서, 제가 볼 때 무엇보다도 국가정책적 관점에서 일관된 기준을 유지한 상황에서 왜 패커를 하는지, 결국엔 농가 경영안정과 패커역할의 가격안정, 물가안정, 소비만족으로 이어지는 시나리오를 기대하는 것인데, 그런 방향에서 정작 정부가 할 일, 유통주체가 할 일, 그리고 OO계열화가 할 일 등에 대해 정했으면 하는 바램입니다.

유통과정의 내부화를 통해 유통과정에 발생하는 이윤(마진)이 한 주체로 귀속되게끔 하면 좋지 않겠느냐는 시각에 대해, 제가 볼 때 사실, 유통경로상 존재하는 모든 시설과 역할을 모두 내부화해야 한다고해도 현재의 유통경로나 과정을 볼 때 그렇게 크게, 혹은 만족할 만한 수준으로 판매가격이 낮아질 것이라 기대하지 않습니다. OO계열화 자체가 폰테라(20년이 걸려도)처럼 일관경영이 가능한 대형축산기업화되지 않는 한. 내부화 그림에 가려 산지조직화, 도축가공, 판매 모두 다 나눠져 있는 상황은 더더욱 그런 기대를 할 수 없게 만듭니다.

왜, 학계에서 OO계열화에 진정 필요한 얘기보다도 패커의 정의부터 개념을 세우라고 했는지 고민이 필요하며, OO계열화에 대한 기대는 크지만 실현가능하다고 보는 면에서는 글쎄요 하는 상황에 대해 고민이 필요합니다.

그래서, 저는 청사진 또는 기본계획이 정말 미래를 담보할 수 있도록 만들어져야 한다고 봅니다. 그래야 무엇을 어떻게 할지 그려나가고 수정하지, 지역선거 때문에 조직화가 어렵다고 하는 현실을 인지한 상황 속에 그려진 그림에는 공감을 하면서도 너무 먼 미래를, 그리고 또다시 10년후에 재현될 수 있다는 그런 우려 속에 말을 아끼게 됩니다.

그러면, 각각 다른 주체가 역할을 할 때보다 마진이 줄어든다. -> 그리고, OO계열업체가 패커로서 역할을 한다면 이윤이 생산주체로 돌아가게 되므로 금상첨화다 라는 시각에 대해, 제가 볼 때 사실, 통념적으로 그리고 일반적인 시각에서는 마치 그럴 듯한 얘기입니다. 또한 그럴 수 있는 개연성은 분명히 있습니다. 다만 현재 조합매장의 가격이 정육점 보다 높은 수준을 유지하는 것은 그것이 팔리는 소비자의 구매습관과 조합이익, 기타등등이 맞았기 때문에 그렇다고 이해하는 편이 빠르다고 보며, 과연 내부화를 통한다거나 주체를 하나로 한다고 해도 운송이나 물류, 포장, 가공 어느 것 하나 손대지 않는 것이 없는데 (누구와 마찬가지로) 주체의 통합효과는 딱 하나 이윤일 수 있지만 누구와 비교하느냐에 따라 또다시 달라집니다.

가령, 식육포장처리업체와 비교하면 OO계열화가 그린 그림과 경쟁 시 (제가볼때) 안심하고 있다는 것을 느낄 수 있습니다. 어쩌면 정작 크게 반발해야할 식육포장처리업체에서 방관하는 것이 그런 이유로도 비춰집니다. 저 상태로 해봐야, 뭐 하는 그런 시각이지요. 어차피 들어갈 돈들이 다 들어간 그림을 그려냈을 때 가령 내부조직화를 정작 해야 하는 이유로 가령 필수적인 100명이 하는 일을 자동설비화하는 그런 방향이 바로 내부조직화의 핵심인데, 내부정비 없이 (또다시) 문어발식 확장(?) 또는 충원(?)을 하면, 마치 그럴듯하게 만들었다고 해도 실제 발생비용 대비 줄어들 감소비용이 크지 않은 상황에서 성공을 바라기란 요원하다는 그런 어떤 것.

이론적으로 각 주체의 역할 통합을 통한 이윤비용 절감은 맞습니다. 다만, 실행가능한 그림을 그린다는 관점에서 볼 때 정작 줄여야 할 것은 소소한 이윤이라기 보다는 총발생비용 대비 감소비용입니다. 단계를 거쳐가는 이윤도 자세히 뜯어보면 잘하고 못하느냐에 따라 천차만별인 것은 잘 아실테고, 현재도 문닫는 곳이 있는가 하면 틈새를 노리고 들어오는 업체도 있겠지요.

전 그냥 이윤 얘기 보다는 갈 방향에 대해 견지하고 그 주문을 OO계열화에 했으면 합니다. 그림은 크고 올바르게 제시하고, 소소한 이윤은 그 속의 작은 알갱이 처럼 녹아있는. 그렇지만 단순 그림에 머물지는 말아야 할. 뭐 그런거.

이러한 관점에서, 경매조달을 할 경우 경매수수료, 중계수수료 발생하므로 패커가 직접 구매하여 도축하는 경우보다 유통단계가 증가한다. 다만, 경매를 완전히 없애는 것은 바람직하지 않고, 패커를 통해서 유통되는 것은 적어도 경매를 통하면 않된다는 생각에 대해, 제가 볼 때 경매수수료 1.5%라 함은 도체경락가격 500만원 기준으로 7만5천원, 산지출하 시 광역도축망을 기본으로 해서 생축운송비 5~10만원/두 당 발생됨을 볼 때 경매로 출하한 비용을 누가 부담하느냐(주로 농가)에 따라 달라보이지만 결국 경매는 좋은 품질의 쇠고기를 골라서 산다는 장점을 갖추고 있어 마장축산물시장 업자들도 주로 이용하는 루트임을 볼 때, 경매냐 임도축이냐는 구매방법의 차이일 뿐이며 거기에 들인 비용이 비록 임도축이 싸지만 그 품질의 불안전함은 판매에도 영향을 미치니 쌤쌤이라는 등식.

즉, 농장직영 정육점이 가능한 이유는 그 품질을 보장할 수 없는 위험성을 안고 있기 때문이며 1+이상을 트리플 달성하면 때돈을 벌고 1등급 및 그 이하 등급을 트리플하면 쫄딱 망한다는 그런 등식. 도축전까지 들인 비용이 품질 대비 값싸냐 비싸냐는 결국 판매에서 비싸게 파느냐 조금 낮춰서 파느냐의 차이에 영향을 미치게 되므로, 단순히 경매조달 수수료를 빼면 비용이 낮아져 판매가격도 낮아질 것이라는 것은 사실상 현재 도매시장 출하가 계속 높아져가는 약 50%에 육박한 한우시장에서 말도 안돼는 발상일 수도 있으며, 어찌 되었든 농가에서 생산한 품질이 균일하게 높거나 어느 정도 유지된다는 상황을 갖고 접근할 경우(물론 농가가 자발적으로 OO계열화업체에 출하해야 하겠지만. 그리고 그 농가가 난 음성에 내면 얼마 받는데 여기에 내면 이 정도 가격이라 할 때 그 농가를 붙잡으려면 결국 음성가격에 준하거나 인센티브를 얹어줘야 하는데, 마치 유통이 그런 것이 당연한 일인데도 이것을 잡으려면 정말 OO계열화업체와 농가의 결속력이 장난이 아니어야 할텐데) 가능한 면도 있습니다만, 글쎄요.

다만, 여러 조건중에 타깃을 잡고 목표지향적으로 나아가려는데 경매수수료 기반으로 하겠다고 하면 이건 정말 놀랠 노자기 때문에 당연히 자립기반형으로 가야함을 말하는 것이지, 나중에 자리잡았을 때는 판매가격이 소비자가 만족할만큼 낮거나 그러하다면 누가 뭐라 할 수 있을까요?

다른 주체의 소유인 도축장을 이용할 경우 역시 도축수수료 등 부대비용이 발생하므로 이윤의 내부화 관점에서 맞지 않는다는 시각에 대해, 제가 볼 때 도축수수료를 주고 깔끔하게 도축가공장을 경영하는데 따른 인건비, 유지비, 영업비 등 부담을 털고 그 인력을 다른 곳에 집중한다면 '성공'을 위해 노력하는 방향에서 함께 고민할 사항임에도, 마치 아웃소싱이나 경제적 시각에서. 그렇지만 패커는 당연히 도축장 갖고 가공장 갖고 물류센터도 짓고 (아마 000억원??) 다 투자한다음에 흑자를 바래야 하는데 언제쯤 가능할 것인지? 누군가가 보전해준다는 것인지, 마치 미래는 밝을 것이고 식육소비는 늘어날 것으로만 보는 것같은 선홍빛 미래인지, 지금 갖고 있는 것을 최대한 활용하면서 투자는 자제하고 물류와 인력, 조직과 사업정비를 통해 최대한 효율적인 조직망을 갖춰야 하는데, 제가 볼 때 선투자 비중이 너무 큰 경향이 있어 경영효율관점에서 선투자가 지나치다는 것은 나중에 감당할 몫(조직정비나 내부조직화, 일관경영체계 등)이 너무 적은 이유로 인해 자체 도축장을 이용하니 이윤이 남는다고 봐야할지. 소비자의 일반적인 시각이 그렇듯이 투자는 푹~ 푹 하는데 글쎄 그래서 그곳에서 판매하는 소비자가격이 낮아졌나? 하고 물으면 뭐라 답할 것인지.

다시 묻습니다. 2015년 이후에는 그곳에서 판매하는 쇠고기 가격이 소비자가 만족할 만한 수준일까요? 아닐까요?

그냥 그렇습니다. 사실 균형된 시각으로 보길 바라는 마음에 반대입장에서 많이 피력했습니다만, 양쪽을 고루 보길 바라며 절대 수치에 현혹되지 말기를 바라면서, 정책은 국민혜택을 위해 추진되고 그 효과가 분명히 멀지 않은 미래에 도출될 때, 자부심을 갖아야 한다고 봅니다.

그리고, 가까운 미래에 탄생할 한국형 대형축산기업을 견제할 가격감시기능이나 시장감시, 시장조치 등은 언제쯤 말이 나올까 고대하고 있습니다. 요것도 사실 지금 얘기해나가야 할텐데 걱정이 앞섭니다. 미국은 한 100년 걸린 듯 하던데.. 흠.

OO계열화의 성패 Ⅳ. 무엇을 할 것인지 분명히 하자(축산 조직화 방향)

2013.12.12 16:31 http://blog.daum.net/meatmarketing/1305

oo계열화의 성패가 어느 덧 4번째를 맞았습니다. 한 발 한 발 나아가는데 도움이 되길 바라면서 의견을 드려봅니다. 이런 생각도 있구나 하는 방향으로 읽어주시길 바라면서.

1. 들어가면서

무엇을 원하는지 분명히 하라.

분명하지 못한 일을 바라면 될 일 보다는 갈등 때문에 가지 못할 확률이 높다.

나섬에 있어 자기가 지닌 역량부터 철저히 파악해야만이 돈을 아껴 미래의 재원으로 쓸 수 있다.

2. 무엇을 원하는가! 대전제

2017.2월까지 경제사업을 경제지주로 이관해야 하며, 금번 경제지주로 분리한 것은 제역할(국민기대에 부응)을 해내기 위한 조직기반 형성이 핵심이다.

선투자 보다는 조직정비(평가후 정비, 조정, 통폐합, 이관, 효율화, 퇴출 등)에 우선해야 하며, 핵심기능이 정립되었다고 평가될 경우 투자를 개시할 필요가 있다.

현재, 보여진 기획안은 투자를 통한 융성을 도모코자 하고 있으나, 조직기반에 기능이 정립된 후 타당성을 보고 투자해도 늦지 않아보이며, 조직화의 첫 초점은 흩어져 있는 각종 사업을 일관된 축산조직화 하는데 초점을 두어야 한다.

사업분야로 구분해서는 안되고 기능에 따른 조직화로 접근할 필요가 있다.

자세한 내용은 아래에서

3. 통합조직도 구상에 대하여

경영(지원)과 사업을 구분하여 독립적인 역할을 하면서 상호 유기적으로 연결되어야 한다.

기획본부와 마케팅본부의 기능이 중첩되어 보이며, 더 나아가 경영관리와 총무, 전산이 기획본부 역할인지 고민이 필요해 보인다.

마케팅본부를 사업파트에 둠으로써 일관된 처리를 도모코자 하고 있으나 이렇게 되면 독자적인 노선을 그려 경영부와 마찰, 갈등의 소지가 있다.

경영과 사업기능을 철저히 분리한 후, 각각의 기능이 원활히 수행될 수 있도록 업무분장을 정확히 정한 다음 각각의 전문성이 강화되도록 인력을 육성해야 한다.

기획전무는 '경영'부문으로 이해하고 있으며, 그 아래 생산본부 즉, 기획본부 아래의 경영관리부 역할을 갖고 있다거나 기획전무 직속에 공판장을 두는 것은 생산과 판매를 분리한 안으로 보여지는데,

생산(종축, 사료, 출하)~도축~가공~판매로 이어지는 일관 경영을 위해서는 '경영'부문은 철저히 미래를 그려나갈 수 있도록 그 방향에 역량을 집중하고 시설관리나 인력육성, 홍보 등에 초점을 맞출 필요가 있다. 이에 대응하는 생산부터 판매에 이르는 사업부문은 서로 유기적으로 연결되어야 하므로 '사업'부문으로 각각을 둘 필요가 있다. 가령, 생산본부(종축, 사료, 출하관리), 영업본부(공판장, 급식, 가공; 품목단위 감안)

마케팅본부가 지향하는 그 기능은 기획본부로 이관하고, 기획본부 내에 "기획마케팅부" 신설을 검토할 필요가 있다.

신사업개발부(판로개척, 수출모색, 사업개발 등) 신설을 통해 기획본부가 시설관리, 인력관리하는 일상업무에 빠져드는 일이 없도록 경계해야 할 것이며, 사업의 타당성 검토, 투입결정은 기획본부에서, 운영과 사업확대는 사업본부에서 담당하는 방향이 바람직하다.

이미 갖춰져 있는 틀과 조직을 그대로 가져오기 보다는 일관경영체계 구축관점에서 모델을 설정한 후 각각의 단위조직을 만들고, 그 단위조직의 현주소를 평가한 다음 투자와 시한을 결정하면 좋겠다.

축산조직화에서 유념할 점은 축산은 생산(임신, 비육) 만 중요한 것이 아니라 바로 출하 부터 시작되는 돈(가격)의 흐름에 면밀한 대응이 가능해야 할 것이다. 첫번째가 가격에 대한 통제력, 대응력을 갖춰야 하고, 어느 부분의 어느 유통채널을 손대면 이렇게 개선되더라 하는 그런 통제력이 중요히디/

수출 전담조직이 초기단계에 설계될 필요

판로를 국내로 한정해서는 소 약 48% 자급율, 돼지 약 70% 자급율 상황에서 내수시장의 풍랑만 거치고 말 수 있다. 거시적인 관점에서 아그로수퍼, 데니쉬크라운, 폰테라 등 다른 나라의 사례를 살펴보고 판로다각화의 관점에서 가장 큰 비중을 '수출'에 두고 육성해 나가야 한다. 현재, 수출하기 위해서는 OIE 기준에 맞춰야 하는데, OIE에서는 국가단위가 아닌 지역블록 단위를 인정한다고 하니 산지–출하–패킹–수출로 이어지는 통제관리가 지역단위로 가능할 경우 당장 수출하는 일도 가능할 것이다. 특히, 고부가가치로 판매가능한 미국, 캐나다, 호주 등 대상으로. 따라서, 이에 대해 전담하고 향후 3~5년이 지난 판로를 볼 때 최소한 10% 비중을 해외로 두고 향후 10년 후 30% 이상을 해외비중으로 가져간다면 이 또한 국내시장 가격을 낮출 수 있어 가격유지 또는 가

격하향 정책방향으로 주도해나갈 수 있는 계기가 마련될 것으로 보인다.

4. 잠깐! oo 경제지주의 지향점은? 영업이익? 사회기여?

이에 대한 명확한 설정없이는 조직화 기반 형성 및 인력육성 방향에서도 갈등을 빚을 소지가 다분하다. 정체성 확립차원에서 지향점을 정확히 인지하고 전 직원이 공감해야 할 필요가 있다.

5. 판로 다각화에 대한 집중

현재의 판로는? 자체 판매비중? 중개이익?

자체 판매비중과 중개비중을 구한 후 연단위 합리적인 판로비중을 산출할 필요가 있다. 판로다각화(투자 포함)와 함께 기존사업의 유지, 운영 못지않게 신사업, 신판로(수출 포함) 등에 대한 비용편익을 구해내야 한다.

각 유통채널별로 운용비용을 산출해야 하며, 연단위 절감계획을 도출해 낼 필요가 있다.

최종판매가격, 유통비용, 생산비용 등으로 구분하여 직접비, 간접비로 나눠 살펴본 후 절감가능한 '가격'으로 제시하고 관리해 나갈 필요가 있으며, 선투자가 높으면 그 만큼 부담비중을 낮추기 위해 판매가격에 전가될 수 밖에 없기 때문에 '최종가격을 낮춤으로써 저렴한 고품질로 수입산 경쟁우위'를 갖게 하는 방향을 꼼꼼히 체크해 봐야 한다.

각각의 유통채널은 생산부터 판로에 이르기 까지의 경로별로 관리되어야 하며, 특히, 축산물의 특징인 생축, 지육, 부분육(박스육), 정육(소포장육)이 지닌 각각의 장단점을 토대로 영업전략을 세워야 한다.

"oo이 하면 된다" 라는 인식이 국민 저변에 내재되어 있으므로 이에 대해 가격을 낮추고 품질(만족)을 높이는 방향이 향후 oo의 향방을 결정지을 것이다.

6. 사업의 기초, 인프라 구축에 대하여

성장기 목표인 이용도축 우선배정, 가공시설 확충, 물류기능 장착은 조직화 당시에 해낼 일로 보여지며, 특히, 가공시설 확충, 물류기능 장착이 시설구조적인 투자라면 이는 꼼꼼히 따져볼 일이다.

선투자 후운영 한다는 방향보다는 앞서 살펴보았듯이 축산조직화의 일관경영체계 구축방향에 있어 oo은 시설이 없어서 못한다기 보다는 지나치게 많거나 방대해서 걸림돌이 된다는 면이 크다. 즉, 이미 갖고 있는 인프라를 어떻게 활용할 것인지에 대해 초점을 맞추고 지역에 산재한 가공시설을 활용할 경우 선투자의 부담을 줄일 뿐만아니라 저비용 고효과를 낼 수 있다. oo의 경쟁력은 지역 구석구석에 배치된 시설과 물류라는 점을 간과해서는 안된다.

기획안이 전반적으로 투자 위주로 기획되어 있어 전체를 아우르는, 즉, oo이 지닌 현주소를 먼저 철저히 파악하고 분석한 후 평가를 통해 정비하는 방향으로 검토할 필요가 있다.

1년내 평가까지 완료해야 할 것이며, 재차 삼차 강조하지만 기존 인프라를 100% 가동 목표로 가져가면서 확보한 투자금과 잉여재원을 나중에 도출될 때를 대비하여 남겨둘 필요가 있다. 활용가치 극대화를 위해.

부분육 유통, 계란 유통 만 보여져서야 한계에 부닥칠 우려가 있다.

축산조직화 및 축산마케팅 방향을 다음 관점에서 나눠서 접근해야 할 필요가 있으며, 유통단계별 유통경로(유통채널)는 생산 및 공급관점, 생산품질을 높이는 방향(개량방향 또는 효율방향 고민)에서, 축산물 형태별 유통경로는생축, 지육, 부분육(박스육), 정육(소포장육) 측면에서, 판로다각화는 판매관점, 유통량에 따라 자체비중과 중개비중으로 구분하여 연차별 관리 관점에서 유통경로별 유통비용과 마진 절감방향은 최종판매가격 및 유통비용 축소, 생산비용 관리·유지측면에서. 미래지향적인 지표는 훌륭한 도전적인 합심을 일으킬 수 있으나, 현실적이지 못할 경우 투자대비 효과가 극히 떨어져 다른 사업에 부담으로 작용할 수 있으므로 기존사업의 유지•운영 및 확대방향과 함께 도전적인 사업부문은 투자를 지양하면서 철저한 사업타당성 검토 후 추진해도 늦지 않다.

"마치, 그 방향으로 갈 꺼야" 라는 기대감으로 사업을 추진하는 것을 경계하고, 군살을 빼고 탄탄하면서 유연한 몸매를 만드는 일에 초점을 두자.

판매역량 강화방향에서 이미 구축된 판로를 안정적으로 가져가면서 자율경쟁이 되더라도 운영할 수 있는 경쟁력을 갖출 필요가 있다.

클럽, 마트, 소매점, 음식점, 급식 등 다양한 루트에 대한 공급비용과 최종판매가격에 대한 책정과 관리가 가능해야 할 것이며, 또한, 무엇보다도 물량의 이동과 가격이 실시간 체크될 수 있는 시스템이 구축될 필요가 있다.

"물류의 이동과 비용, 가격을 모르고서야 어떠한 정책을 수립해도 틈이 생길 수 밖에 없다."

판매시설을 당장 확대해나가는 방향도 안정적 공급망 구축을 위해 도움이 될 수 있겠지만, 부위별 소비형태나 재고부담 등으로 부담이 늘어날 개연성과 함께 대략 30:70 중 30 정도의 자체비중을 가져가면서 점차 시장점유현황과 위험요인(재고, 관리허점 등) 제로베이스 관리방향에서 자체

비중을 100으로 옮겨가도 무난할 것으로 보인다.

다만, 이에 대해서는 우선적으로 oo이 지닌 총체적인 인프라를 구축하고 물류, 판로, 소비 등 전반적인 상황을 보고 판단해야 할 것으로 보인다.

7. 공판사업의 활성화, 위험천만

단순 시설지원 측면으로 이해하면 '공판사업 활성화' 방향을 이해하겠으나, 잘못 이해되어 공판 물량을 늘리기 위한 방향으로 이해될 경우 축산업 전체의 유통비용이 3~5% 더해진 결과로 국익에 위배된다.

품질을 평가받고 그에 대해 만족이 높아지면서 3~5% 공판수수료를 작게 보는 경향이 있지만, 산업 전체적으로 볼 때 공판의 기능은 자율적인 출하와 가격의 결정에 있다고 볼 때, 공판수수료를 없애는 방향이라면 긍정적으로 공판물량을 늘려도 좋겠으나 그렇지 않을 경우에는 위험천만한 계획으로 보인다.

공판장으로 출하하는 물량이 늘어난다고 이를 산업의 좋은 신호로 해석하는 것은 무리이며, 공판의 기능에 적정한 물량만 유통되는 것이 바람직하다.

만약, 한우의 도매시장•공판장 출하물량이 50% 내외를 지속할 경우 정부에서는 공판수수료를 일반 거래수수료 만큼 낮추거나 중장기적으로 수수료를 제로에 가깝게 만들 필요가 있다.

8. 종합 의견

oo개혁을 어느 선까지 접근할 수 있는지 명확히 제시되어야만이 그 방향에서 그나마 제대로된 기획안을 도출해 낼 수 있으리라 기대되며, 가능한 선투자 방향은 지양하고 현재 갖추고 있는 인프라에 대한 평가와 정비를 통해 경쟁력을 도출해 낸 상황에서 oo의 축산조직화 방향을 재검토하면 좋겠다.

기획안에서 보여진 투자를 통한 미래지향성은 "마치 그렇게 되고 말거야" 라는 욕심으로 비쳐지기도 할 것이며, 철저한 현재에 대한 분석이 뒤따르지 않아 조직화 방향과 규모, 범위, 미래 설정 등 모든 것에서 엇박자가 발생할 우려가 있다.

무엇을 갖고 있는지에 대해 리스트를 만들고, 각각에 대해 자체 평가의견을 받아 어떻게 운용할 것인지 oo개혁이 중앙회와 안심축산을 말하는 것인지, 지역oo의 인프라는 배제된 것인지 그것까지 검토하여 지역거점을 만들 필요는 없는지, 그 방향에서 배제된 시각은 전국유통망과 인프라를 갖춘 공룡이 취할 하순위 검토안으로 평가된다.

oo의 뿌리, 축산경제지주의 나아갈 방향은 회원과 국민을 담보한다면 그 방향에서 그 범위에서 검토가 되어야 구조조정의 효과를 볼 수 있을 것임. 너 따로 나 따로 다 떼어내고 편리하다고 느껴지는 새로 만들면 되지 하는 시각은 당장의 추진에는 무리가 없겠지만 향후 판로개척과 경쟁관계에서 부딪힐 개연성이 무척 크다.

oo개혁의 의미를 되새기면서 무엇보다도 현재 oo이 지닌 저력이 무엇인지 보여주었으면 좋겠다.

만일, 새 판을 짜서 새롭게 해야한다고 하더라도 기존에 갖고 있던 인프라를 최대한 끌어모아 계열화체계를 만들어보는 방향이 향후 1000년지 대계에 있어 도움이 될 것이다. 특히, 이미 경쟁력있는 공판기능 외에 상대적으로 부족한 판로의 다각화라거나 소비인식, 그리고 절감가능한 생산 및 유통비용에 대해 분석해서 어떻게 확충할 것인지에 대해 새 판을 짜는 방향에서 편입시킨다면 미래설계에 보다 도움이 될 것으로 보인다.

사실상 절감가능한 산지조직화(개량, 사료, 사양 등)와 생산출하관리(생산품질 관점 = 등급화출하 = 소비인식)를 어떻게 가져가느냐가 따라 이후 유통단계의 가격경쟁력을 갖출 것이다. 유통비용은 줄여봐야 업계 통상 비슷하기 때문에 줄이는데 한계가 분명할 것이며 절감가능한 부분이라면 두당 판매가 원활해야 할텐데 이에 대한 판로와 함께 간접비와 재고부담을 어떻게 줄여나갈 것인지가 유통경쟁력의 핵심요소로 보인다.

결국, '이러이러하니 최종판매가격을 몇 년간 이렇게 가져갈 수 있다' 처럼 가격경쟁력을 갖추는데 소홀히 하지말고, 그 다음에 브랜드 인지도로 프리미엄급과 노멀급으로 구분유통한다면 소매점, 음식점, 가공점 등 시장에 뿌리내리는 것은 물론 수출경쟁력을 갖춰 고품질 축산품은 미국, 캐나다, 일본, 호주, 유럽, 중국 등 상위 쇠고기시장으로 내다팔고 저지방 축산품은 동남아, 러시아, 중국 등에 판매한다면, 그 일에 앞장선다면 국위 선양 및 국부 창출에 앞장서는 역할을 기대해도 좋을 듯 하다. 그런데, 해외에 수출하는 부서는 어디에 있는지?

감사드리며,

대니시 크라운, 해외매출이 90%

2013.03.21 11:41 http://blog.daum.net/meatmarketing/688

결대니시 크라운 = 협동조합, 협동조합 = 농협

농협 = 해외매출 90% 가능할까?

우리도 남들처럼 비싸게 팔리면 해외에 팔고, 싸게 먹는 것은 수입하자. 철저한 경제논리에 따라 수급을 맞춰보면 어떨까? 언제까지 휘청댈까, 방법은 없는 것일까?

대니시 크라운, 남미-아시아에도 자회사 운영… 해외매출이 90%

프랑스조합 '인비보'

곡물 저장-거래량 순위 석권
국제 농산물 시장서 큰소리
유통 자회사가 일등공신

日 하다노市 '파머스마켓'

조합원이 판매가 직접 결정
위탁판매 수수료 15% 수준
하나로클럽의 벤치마킹 대상

출처 2013년 3월 20일 _동아일보_경제금융

국내 축산물 수급 및 가격문제 분석토론회 의견

2013.04.29 15:36 http://blog.daum.net/meatmarketing/8352

농림축산식품부 블로그, 축산물품질평가원 정보지에 게재

"녹색 선진축산 시스템으로 재도약을"

농정연구센터 월례세미나

이어 이병오 교수는 "최근 축산물 푸드시스템은 국내부문은 물론 해외부문까지 가세해 매우 복잡한 구조이고 생산•가공•유통•소비에 이르기까지 다양한 관계자들이 중층적으로 얽혀 있다"며 "어떤 현안문제 해결 시 단편적이고 임시 처방적 방식이 아닌, 푸드시스템 전체를 조망하며 종합적•장기적•체계적으로 접근해야 한다"고 조언했다.

하지만 농협 패커에 대한 우려도 제기됐다. 김창호 한우자조금관리위원회 부장은 "현재도 농협마트와 일반마트의 판매가격을 비교해 보면 큰 차이가 없다"며 "농협의 경우 생산자에겐 가격을 높게 받고 소비자에겐 저렴하게 판매해야 하는데 생산자와 소비자 모두가 만족할 수 있을지 지금으로선 의문"이라고 말했다.

이와 함께 이일규 농협중앙회 한우팀장은 "FTA 시대에 맞는 축종별 수급관리시스템이 재롭게 정립돼야 한다"며 "중장기 적정 사육두수 수준을 설정, 초과이거나 부족 시 정책을 통한 선제적 대응에 나서야 한다"고 강조했다.

또 김성호 축산물품질평가원 차장은 "'어느 것 하나없이 다 문제다'라는 시각보다는 '이것만이라도 해결한다'는 시각이 중요하다"며 "농협은 농협대로, 대기업은 대기업 대로 제역할을 다해야 한다"고 강조했다.

출처 2013년4월25일자 (제2524호) 한국농어민신문

그 내용을 자세히 살펴보면, 다음과 같습니다. 토론회에서 제시했던 저의 의견입니다. 소통과 공감 측면에서 봐주시길 바랍니다.

"안전성·품질·가격 세 가지 중 우리가 가진 경쟁력은 단연 품질이고, 축산업계도 품질체계를 공고히 다져왔습니다. 그런데 최근 하이마블링에 대한 거부감이 생겨나고 있습니다. 품질이란 시장에서 요구하는 바를 들어주는 것이기 때문에 품질체계에 어느 정도 보완은 필요하다고 보지만, 전면 개편하는 것은 산업기반을 흔들 위험이 있습니다."

발표자께서 전반적인 상황에 대한 진단이나 현황파악을 제시해주셨는데요. 실천적인 문제를 따져봐야 할 것 같습니다. 첫째, 축산업이 정부의 이야기처럼 농협을 중심으로 육성된다면 마치 우리나라 축산업이 개선될 것처럼 보이지만 현재 농협이 축산 전체에서 차지하는 비중이 그렇게 높지는 않거든요. 그리고 농협이 신경분리 이후 경제사업을 강화시키는 상황에서 축산업이 발전할 여지는 있지만 당장의 문제는 아니라고 보는 시각도 있습니다. 가령 농협이 안심한우를 키워서 향후 시장 점유율을 50% 정도 달성한다고 할 때 이는 실천적이라기보다 목표지향적인 것입니다. 현재 대안으로써 이야기되는 대형패커, 협동조합형 패커 육성은 현실적인 답이 아닌 것 같아 보입니다.

이러한 상황에서 가장 큰 해법은 무엇인지를 따지고 봐야 합니다. 축산물 가격은 널뛰고 사료값은 비싼 상황에서 우리나라에서 현실적으로 될 만한 부분에 좀 더 집중이 필요해 보입니다. 국내에서 사료값은 이런저런 역학관계로 인해 비쌀 수밖에 없기 때문에 생산기반 또한 취약합니다. 비싸게 키웠으면 유통단계에서 마진을 아무리 줄여도 소비자에게 비쌀 수밖에 없게 팔립니다. 안전성·품질·가격 이 세 가지를 놓고 봤을 때 우리가 가진 경쟁력이 과연 무엇인지를 명확히 정할 필

요가 있습니다. 일단 안전성은 구제역, AI 등이 한 번 '터지면' 사람 목숨까지 위협하는 수준이기 때문에 국제적으로 당연히 갖춰야할 요소인 것으로 인식이 되어 있습니다. HACCP은 이미 기본이 된지 오래됐습니다. 호주산은 일찍이 청정육을 강조해 마케팅하고 있고요. 경쟁력을 확보하기에 안전성의 비중은 좀 낮다고 봅니다. 가격경쟁력 또한 국내 상황에서는 아닙니다. 생산비를 줄여봐야 가격경쟁력을 갖추기에는 한계가 있는 현실에서, 결국 남는 것은 품질이고 이를 위해 오랜 기간 노력이 수반되었습니다. 품질이 꼭 등급을 이야기하는 것은 아닙니다. 시장에서 요구하는 공통된 성질, 즉 소비자가 원하는 것을 해주는 게 품질이라고 저는 생각하고, 이러한 기준에 의하면 이제까지 쇠고기는 적색육이 선호되어왔고, 연도·미각 등을 위해 근내지방이 품질판정의 주요요소였습니다. 이러한 품질기준이 산업발전과 더불어 근 20년간 유지되어오면서 축산농가는 축산농가대로, 유통분야는 유통분야대로 굉장히 품질체계가 자리잡힌 것이죠. 그런데 이렇게 노력을 통해 경쟁력을 갖춰왔음에도 최근 일부 언론이나 국민들은 하이마블링에 대해 거부감을 느끼면서 기존 체계의 지속가능성에 의문이 제기되고 있습니다. 물론 부위별 소비가 고르지 않은 상황에서 상하 레벨로 정해지는 등급제의 개념을 바꿔줄 필요는 있습니다. 그런데 이제까지 품질체계를 위해 해왔던 노력들을 다 무너뜨린다는 것은 산업 기반을 흔들 위험이 있기 때문에 보완의 방향으로 가야 할 것입니다. 일단은 품질경쟁력을 갖춰야 할 것 같고요. 이를 위해 품질경쟁력을 결정하는 주요 요소를 어디에 둬야 할지에 대한 논의가 우선적으로 필요할 것입니다. 한편 비용을 줄이는 게 목표라고 한다면 농협이 대형패커 기능을 함으로써 절약될 수 있는 비용을 추산해봐야 합니다. 우선 농협이 도축장과 가공의 기능을 묶어 생산계열화를 한다는 안을 제시한 것으로 봤을 때 도축장에서 가공장으로 이동할 때 발생하던 두당 운송비는 줄어들 것입니다. 그리고 소포장육 유통, 자체 정육점·음식점 2천개 조달 등의 계획은 일정부분 식문화를 바꿔나가고 가격을 선도하는 기능을 가질 수 있게 될 것으로 보입니다. 하지만 그것은 전체 소비시장 100% 중 일부라고 봅니다. 이미 소비자들은 대형마트나 일반 정육점에서의 소비에 익숙해져 있는 상황에서 농협의 자체 정육점이 아무리 많아진다고 해도 현재 소비되는 형태를 대표할 수 있겠는지에 대한 의문이 듭니다. 유통구조 단축에 대해서는 학계에서 연구할 필요성도 있을 것 같고요.

지금 당장 필요한 일은 먼저 불황 타개를 위한 일관체계 경영시스템 구축일 것이라고 봅니다. 한우분야 양축가와 조합의 역할, 브랜드 계열화 등을 볼 때 농협주도의 계열화가 일면 타당한 현실에서, 그 취지를 가장 잘 표출할 수 있게끔 기능을 일괄관리해야 하는 것입니다. 한 울타리에서 따로따로 경영을 하는 것은 시너지효과 상실로 이어질 수 있습니다. 둘째, 가격·품질·안전성 측면에의 차별화전략입니다. 셋째, 단편적이고 임기응변적인 방식이 아닌, 푸드시스템 전체를 조망하며 종합적·장기적·체계적으로 접근해야 합니다. 이 밖에 좀 더 세부적으로는 다양한 한우브랜드 차별화와 단일 통합브랜드 육성 검토, 성별 브랜드화 전략보다는 부위별 용도에 따른 상품화와 같은 방법이 있을 수 있습니다. 돼지고기의 경우 양적 비중을 조절하려고 하기보다는 고기의 맛과 스펙을 위한 업계 요구를 반영해 180일령, 120kg 정도를 지키는 게 권장됩니다. 사육규모 제한과 관련해서는 규모화와 전문화 방향과 맞게 가려면 업체를 타깃으로 한 정책보다는 양축가 전체가 준수해야 할 적정 사육두수 제한 방향이 바람직할 것으로 봅니다. 또한 돼지고기 부분육 도매시장 개설에 대한 시장의 요구를 들어볼 필요가 있습니다. 한우에서 부분육 시장이 활성화된 것과 비교했을 때 돼지는 그렇지 못한 측면이 있기 때문입니다.

국내 축산물 수급 및 가격문제 분석 검토의견

※ 우선, 발제의 범위가 궁금. 농협의 역할에 초점을 맞출 것인지, 산업 전반적인 발전 속에서 농협이 당장 해야할 일에 중심을 둘 것인지에 대해

□ 우리나라의 축산업 경쟁력을 어디에 둘 것인가의 문제

○ 경기침체, 소비위축, 판매부진, 사료가격 급등 등 안 좋은 소식 위주

○ 규모화, 전문화, 제도화(등급, 이력, 브랜드 등), 유통 자체 손실 등에 역점

○ 이런 상황 속에서 총체적인 통제 혹은 관리 부실 → 수급 불안, 가격 불안

- 농가는 농가대로, 유통은 유통대로, 언론은 유통폭리로 사회적 갈등 유발

□ "다 문제다. 어느 것 하나없이" 라는 시각보다는 "이것만이라도"

○ 탈출이 쉽지만은 않은 상황

○ 농협은 농협대로, 대기업은 대기업대로, 중소기업은 중소기업 대로 제역할을 다해야

○ 핵심적인 키워드가 절대적으로 필요한 상황 → 불황타개, 활로모색

- 브랜드 육성은 선택의 문제, 이력제, 안전성 등은 기본. 그렇다면 무엇?

○ 산업의 근간을 위협하고 피로를 누적시키는 요인은 단 하나!

- 육류의 불균형한 소비행태

- 그 속에서 농협의 역할을 찾아야. 단순히 물류센터만 늘린다고 해결될 사항이 아님

□ 비용절감과 차별화 동시에 추구...??

○ 비용절감은 필연적으로 질적 저하를 유발할 여지가 큼

- 가격에 따른 브랜드 차별화 방향은 바람직하나 그것이 최우선 과제인지는 검토

- 특히, 브랜드가 없어서 못 사는 상황이 아니고 너무 많아 선택의 문제가 된 지 오래

- 가령, 이런 관점에서 농협의 경우 단일 통합브랜드가 절실(안심한우? 목우촌? 횡성한우?)

○ 수많은 브랜드 중에서 한국을 대표할 만한 것은? 혹시, 한우?

○ 궁극적인 타깃을 어디에 둘 것인지 나열하기 보다는 핵심사안 1개로 말할 수 있어야 → 필요시 중점과업 순 나열(5개 이하)

□ 가치 창출방향에 있어서

○ 홍보, 광역 브랜드 등에 이어 멀티 브랜드, 과연 가치창출인지 검토

○ 당면한 사항에서 저지방육, 고급육을 차별화하여 판매하는 브랜드 전략에 유효

- 다만, 부위별 소비불균형은 업체마다 대응하기에는 한계에 도달 → 국정 포함

○ 국익 차원에서 저지방육 소비를 촉진할 대안이 도출될 필요

- 단순한 교육기관 지정, 업체 지정, 시설 지원으로 소비자 호응을 얻을 수 있는지는 면밀한 평가와 검토가 필요

□ 생산자단체 주도의 계열화 확대에 대하여

○ 생산자단체는 생산인가? 유통인가? 자급자족인가? 그 여파는?

○ 한우분야 양축가와 조합의 역할, 브랜드 등을 볼 때 농협주도의 계열화가 일면 타당

○ "좋은 소는 도매시장·공판장에 출하한다"는 등식은 이미 고착(경매비율 상승세)

- 시장자율로 형성된 "고품질 = 경매(시장평가)" 등식을 굳이 깰 필요야

○ 한돈분야 계열화 방향은 이미 진전 중

- 등급제 정산비율 24.7% 육박(계약관계에 의한 품질별 차등 정산농가 비율)

- 도드람조합, 부경조합, 하림·이지바이오·사조산업 등 각축전(계열화 약 20%)

○ 민간책임경영과 일관체계가 담보되지 못한 계열화는 경쟁력 부재사태 야기

- 조합부터 책임경영과 계열사 일관체계 경영이 담보되어야

- 불필요한 위탁경영은 보이지 않는 유통단계만 창출(예, 부산물)

□ 지금 당장 필요한 일은 "불황타개를 위한 일관체계 경영시스템 구축"

○ 계열화의 취지를 가장 잘 표출가능토록 기능의 일관관리가 핵심

- 한 울타리 따로따로 경영은 시너지효과 상실과 경쟁력 마비를 불러옴

○ <그림 5> 축산물의 경쟁력 구성요인을 연결짓는 작업이 필요

- 가격, 품질, 안전성 측면에서 차별화 전략이 필요. 단, 소비가능 범위에서

○ 미국, 축산물 푸드시스템의 변화방향에서 찾을 길 모색

- "단편적이고 임시 처방적 방식이 아닌, 푸드시스템 전체를 조망하며 종합적·장기적·체계적으로 접근해야 함"

- 불균형한 소비행태를 바로잡기 위한 중장기적 접근, 업계 각자의 역할로 제시

□ 축산물 유통의 문제점과 개선방향

○ 우리나라 현황 및 산업 전반을 잘 조명하고 있음

- 수요예측 기능 강화, 부분육 유통 확대, 패커 육성, 정육점 접근성 및 운영형태 등

○ 개선방향 첨언

< 유통구조 >

- 미국의 예처럼, 대형마트, 슈퍼마켓, 백화점, 패커는 소포장육 직접 유통방향 검토
  * 이미, 백화점, 슈퍼마켓은 운영중이며, 마트도 추진 중에 있는 상황
- 정육점은 양분시장으로 육성 검토
  * 계열화업체, 대기업 등은 비용절감 측면에서 점진적으로 소포장육 유통으로 전환될 것으로 예상
  * 소규모 정육점은 지육, 부분육을 모두 취급하고 있으면서 가격경쟁력을 유지하므로 일제 소멸보다는 시장의 다양성을 유지하는 방향으로 접근 (다만, 위생안전성 측면의 포장유통 의무화, 품질등급 표시 등은 전체 대상)

< 쇠고기 >

- 다양한 한우브랜드 차별화와 함께 단일 통합브랜드 육성 검토
  * 가령, "안심한우" 하면 한국을 대표하는 상품이 되도록 하는 일이 필요
  * 거세우, 암소, 수소, 송아지 등 성별 브랜드화 전략 보다 부위별 용도에 따른 상품화 방향으로 접근(예, 안심한우 송아지고기)
  * 다양한 브랜드화 전략은 판매용이성 등 유통주체에는 긍정적이나 대부분 소비자에게 100년 넘게 인식을 고착·확산시키는데는 뒤떨어짐

< 돼지고기 >

- 공급량 감축을 위한 비육돈 출하체중 감소 유도는 성급한 판단
  * 돼지고기 고유의 차별적 맛을 내기 위해서는 180일령, 120kg 정도가 적당 (양적 비중을 조절하기 위한 접근 보다는 스펙을 위한 업계요구를 반영)
- 기업 양돈농가의 일정 사육규모 제한방안 강구..?
  * 규모화, 전문화 유도방향과 대치되는 면이 있음. 특정 계층, 업체를 타깃으로 한 정책 보다는 양축가 전체가 준수해야 할 적정 사육두수 제한 방향이 오히려 바람직
- 돼지고기 부분육 도매시장 개설에 대한 시장요구를 들어봐야
  * 한우에서 부분육시장이 통용된 면과 달리, 돼지에서 활성화되지 못한 면이 있음
  * "규격돈은 포장처리업체로, 못난 돼지는 도매시장으로" 유입되는 현실(경매 약 10% 하향세)

돼지고기 유통과정 단가 내역, 그리고 국가가 해야만 하는 일(당위적 자세에 대하여)

2013.04.05 11:48 http://blog.daum.net/meatmarketing/731

소모성 질병상태에서 벗어나기 위한 몸부림

돼지고기 유통과정 상에 벌어지는 단가를 살펴보자. 공부하는 관점에서
우선, 가장 중요한 점은 수치는 수치일 뿐이다. 흐름만 보자는 말이다.

혹시, 누구처럼 수치만 갖고 20배니 2배니 얼토당토한 주장을 하지 말자. 그건 진짜 멍청한 일이다. 수치에서 보여주지 못한 생활상을 무시한 채 마치 전부인 양, 똑똑한 양 떠드는 것은 쓸데없다. 낭비라는 말이다. 방해만 될 뿐이다.

자, 그럼 준비가 되신 분들만 보시라~

산지부터 도매, 소매에 이르는 가격연동성에 관심이 뜨겁다. 나의 경우에는 누군가 처럼 전문가만 읽어야만 하는 마치 못보면 니가 병신(?)이라는 말처럼 안 보여도 끙끙 물어보지도 못하는 그런 산식 말고, 나의 관심사는 "이건 이렇다" 라는 초등학생에게도 설명가능한 표현식을 있는 그대로 보여주고 싶다는데 있다. 앞으로 연구결과의 내보임은 정책 보도자료처럼 눈높이를 낮출 필요가 있다.

돼지고기는 양축가가 애써 키운 돼지를 1주 내지 2주 간격으로 시장상황을 보면서 출하한다. 출하된 돼지 중 약 10%가 도매시장/공판장을 거쳐 도매가격을 형성한다.

그러면, 나머지 약 90% 돼지는 양축가와 유통업자(주로, 식육포장처리업체, 정육점, 조합, 일부 대형마트 등) 간 거래 시 기준가격으로서 적용한다. 전주 1주일 도매가격 평균치 일지, 전 3일 도매가격 평균치 일지, 금주 1주일 도매가격 평균치 일지, 어제 평균가격 일지 적용하는 기간도 다 입맛대로다. 시장의 자유

그리고, 본격적인 유통 레이스가 펼쳐진다. 백화점(3사가 약 80% 추정), 대형마트(3사가 약 80% 추정), 슈퍼마켓(3사가 약 80% 추정), 조합(농협이 약 90% 추정), 그리고 정육점(약 4만개, 1만개 폐업, 8천개 신규) 간 무한경쟁.(동일소속의 마트 내에서도 업소별 가격차이가 있듯이 가격은 변화무쌍이 맞다)

그리고, 음식점 50만개 시장을 잡는 치열한 생존싸움. 그 속에 시장이 서고 시장 속에 살고 죽고 사는 순환이 발생한다. 먹고 살기 바쁘다. 그나마 그래도 도대체 산지, 도매, 소매단계 과정에서 돼지가격이 얼마일까?

궁금해졌다.

그리고, 수치로 계산한 것이 아래에서 보듯 유통가격이 있고, 본 블로그에도 있는 유통비용도 있으며, 무엇보다 유통구조 파악과 물류 조절의 핵심인 유통경로별 유통량이 있다. 반드시 필요한 일이 되었다는 말.

모르는 일에 안다고 할 수 없듯이 정책을 펴려면 실태를 알아야 하는데 (그것도 아주 잘 파악해야 제대로된 정책이 세워지는 관계) 국가는 이처럼 국민을 위한 일을 하기 위해 개개인(유통주체)의 정보를 모아 전체 시장을 조명할 수 있는 장치가 반드시 필요하다.

"어, 포장처리 6만원이고 대형마트 13만원이면 2배, 우와~" 하면서 아직도 욕하는가!

아니길 바라면서 큰 방향 큰 흐름 속에 파악해야만 하는 필연적 이유 때문에 수치를 표현했다는 사실을 잊지 말자.

우리는 수치를 위해 사는 것이 아니라 수치를 얻어 잘 살기 위해 궁리하려고 살고 있다. 수치에 속아 수치로 우롱하고 남을 탓하고 여론을 조성하는 일련의 파렴치한(?) 적 행위는 하루빨리 멈춰야 한다는 말이다.

마지막으로 수치를 이해하는 올바른 자세는 왜 이 단계에서는 이렇게 산출되었을까 라는 시장을 이해하려는 자세에서 봐야 한다. 누구처럼 결과값 또는 평균값 만 놓고 평하지 말고, 그렇게 수치를 통해 유통이 왜 이럴 수 밖에 없는지 파고들다보면 보인다. 어쩔 때는 신이 내린듯이 해법도 보여줄테다. 현 현상의 답은 부위별 소비불균형이 심화된데 따른 비용부담 전가와 출구(판로)의 한계 때문이다.

Think about it

그것을 풀기 위한 팁을 드린다면 균형있는 부위별 소비가 일어나도록 자조금, 정책자금, 연구자금 등이 모두 합목적성으로 묶어 컨트롤타워(시장감시, 기획 및 신속대응의 통합)를 통해 펼쳐질 때 가능하다. 들어온 수입육 보고 뭐라 하지말고 고마운 수입육으로 대우도 해주면서 우리것도 내다 파는 상생협력적인 대외관계가 필요해진다(단방향적 관점을 하루빨리 내려놓자) 단방향적인 의식과 대응, 그리고 무분별한 질타와 무식한 논리대응은 버리자.(마치 소모성 질병에 걸린 듯하다)

그런 탈자기주의와 순국가주의적인 인재를 모아 그 컨트롤타워에 보내 일하게 하자. 절대 소속 없이, 돌아갈 곳 없이 뼈를 묻으라고 하자. 그래야 이권 개입도 최소화할 수 있으리라

물가를 잡는다고 농산물 전체를 놓고 펼치는 총력전도 좋겠지만, 어쩌면 각기 다른 상황을 인식하고 "축산물" 만을 위한 컨트롤타워(가령, 축산공사)를 통할 수는 없는 것인지 이것부터 고민하자.

책임제. 그것은 각기 다른 환경 속에 각기 다를 수 밖에 없는 대응이 필요한 일인데, 기능상 편리하게 한데 묶어놓았다고 볼 수도 있기 때문이다.

이렇게 한다면 수급과 가격을 잡을 수 있다.(이러고도 못 잡으면 추진주체 탓일지 방법이 없을지는 그때 고민하자)

통제가능함에 대해 어떻게 할 것인지 고민하자.

미국, 일본도 이렇게 못했고, 못한다. 우리니까 가능하다. 그리고 그 제반여건이 좋다. 할 수 있다는 가능성이 있다는 말이다. 선진기술과 지식 중에서 배울 것은 배우되 우리 것, 우리 사정에서 할 수 있는 건 모조리 했으면 좋겠다. 최소한 시도라도 해봐야 실험 중에 떨어질 떡고물(파생성과)도 생기지 않을까!

돼지고기 유통과정 단가 내역

■유통단계별 돈가 흐름 (단위 : 원/100g, 배수)

구 분	산지가격	도매가격	소매가격	
			식육판매점	음식점
100g당 가격(원)	226	297	1,536~2,787	5,221~6,356
– 산지가격 대비(배수)	–	1.3	6.8~12.3	23.1~28.1
– 도매가격 대비(배수)	–	–	5.2~9.4	17.6~21.4
– 식육판매장 대비(배수)	–	–	–	1.9~4.1
거래단위(평균)	생축 112kg	지육 85kg	삼겹살 600g	삼겹살 200g

*'13.2월 소비자 가격조사 결과(소비자시민모임·축산물품질평가원)

*'식육판매점'은 백화점, 대형마트, 슈퍼마켓, 조합, 정육점 등 유형에 따라 가격 차이 발생

*'음식점'은 고급형과 대중형(예, 정육식당)에 따라 가격 차이 발생

■돈육 부위별 단가 내 (단위 : 원/kg, kg, %)

구 분	포장처리단계			최종판매단계				
	단가(원/kg)	중량(kg)	비율(%)	대형마트	조합	정육점	중량(kg)	비율(%)
안심	4,500	1.4	1.6	10,800	12,000	13,000	1.2	1.4
등심	4,000	7.7	8.8	10,800	12,000	10,000	7.4	8.4
목심	13,000	5.7	6.5	17,400	22,000	16,160	5.4	6.2
삼겹살	14,000	11.1	12.6	18,400	23,000	16,160	10.6	12.1
갈비	4,700	3.9	4.4	13,800	10,000	13,000	3.6	4.1
앞다리	4,500	11.7	13.3	14,800	11,000	10,000	11.3	12.9
뒷다리	3,000	18.2	20.7	7,800	7,000	8,330	17.8	20.3
특수부위	13,000	0.5	0.5	36,600	28,000	20,000	0.4	0.5
합계	60,700	60.2	68.4	130,400	125,000	106,650	57.7	65.9

*2012년도 축산물 유통실태('12.7), 축산물품질평가원

*당시 응대업체의 조사값으로 가격흐름 관점에서 참고용으로만 활용

돼지고기 삼겹살의 유형별 소비자 가격 (100g/원)

구 분		'12.12월 (1차 가격조사) 소비자 가격	'13.2월 (2차 가격조사) 소비자 가격	'12.12월 '13.2월 평균 소비자 가격	정육점 가격 대비 가격차이	'12.12월 대비 '13.2월 가격 변동율(%)
식육판매점	백화점	2,840	2,787	2,814	1,232(1.8배)	▼1.9%
	대형마트	1,999	1,970	1,985	403(1.3배)	▼1.5%
	슈퍼마켓	1,707	1,719	1,713	131(1.1배)	▲0.7%
	농협계통 매장	1,788	1,672	1,730	148(1.1배)	▼6.5%
	정육점	1,627	1,536	1,582	–	▼5.6%
음식점	정육식당	5,194	5,221	5,208	3,626(3.3배)	▲0.5%
	일반 음식점	6,324	6,356	6,340	4,758(4.0배)	▲0.5%
도매(지육)*		348	297	–	–	▼14.7%
산지(생축)**		269	226	–	–	▼16.0%

*도매단계(지육) : 축산물품질평가원, 조사기간 전주('12.12.10~14 과 '13.1.28~2.1) 도매(지육, 돼지탕박) 평균 가격, 등외제외

*산지(생축) : 축산물품질평가원, 조사기간 전주('12.12.10~14 과 '13.1.28~2.1) 농가수취가격(돼지탕박) 평균 가격

박근혜 정부에 바란다는 유통 전문가들의 제언에 대해

2012.12.25 13:47 http://blog.daum.net/meatmarketing/511

골목상권에 지원금을 주는 단기적인 처방보다는 유통구조를 바꿔주는 대안을 제시하고 있다.

1. 소상공인 전용 물류센터 설립
2. 도매시장을 지역별로 설립
3. 협동조합 중심으로 공동슈퍼마켓 운영

위에서 제시한 안들을 보면 모두가 새롭고 신선하다. 설립한다는 것은 없던 것을 만들어 육성을 꾀한다는 말이고, 공동 운영은 사적 이익을 나눠 공동운명체를 만들자는 것인데 우리나라 유통이 변하려면 이것을 못하랴 마는 어쩌면 그만큼 도전적이기 때문에 구조만 바꾸려는 시도가 될 수도 있다. 이제까지와 다른 방식이 아닐 수 있다는 말이다. 투자는 지금, 효과는 나중. 즉, 장기적인 플랜으로 접근하는 방안일 수 밖에 없는 한계가 있다.

자, 그렇다면 요런 장기적인 플랜의 속성을 단기에 효과를 볼 수 있는 방법은 없는 것일까?

1. 성공모델을 만들어내는 일
2. 성공모델을 모태로 관심과 호응을 유도하는 일(자연스런 선순환 학습구조로 만들어 주는 작업을 말함)

어쩌면 우리가 하는 모든 일의 성공은 사람에게 달려있다.

누가 하느냐에 따라 잘 되기도 하고 실패하기도 한다. 소상공인 전용 물류센터라는 것은 이미 명칭에서도 보이듯이 협소하다. 전용 이라는 말은 달리 말하면 한계를 띄고 있다. 무한한 경쟁시장에서 전용이라 함은 그것을 운영할 주체에게 더 넓은 시장을 포기하라는 말일 수 있다. 다시 말해, 소상공인 전용이라는 이용자 관점이 아니라 전용 물류센터를 운용해야 하는 운용자 관점에서도 살펴봐야 한다. 가령, 처음 축산물종합처리장을 도입했던 취지는 위생안전성을 담보로 부분육 유통을 활성화하는데 초점이 맞춰졌지만 시장의 미성숙 내지 부담감 때문에 결국은 지육 유통까지 허가해주면서 시장에 휘말려 들었다. 별다른 차이가 없게 되었다.

이처럼, 물류센터 등 거대한 무엇인가를 새롭게 만드는 일은 우선 시설투자 부터 돈도 많이 들고, 당장 그것이 시장에서 역할을 할 것이라는 기대보다는 향후 5년 또는 10년 안에 역할을 기대할 수 밖에 없기 때문에 좀더 거시적인 안목으로 투자해야 할 것이다.

그리고, 그 판단에서는 협소한, 또는 제한적인 요소는 가능한 제외하고 목적을 가장 잘 발휘할 수 있는 형태의 것으로 만들어 소상공인 전용 물류센터의 한계 보다는 당당히 대형유통업체 물류센터와 경쟁할 수 있는 무엇을 만들어 내야 할 것이다.

그래서, 이렇게 저렇게 따지다 보면 이미 역할을 하고 있는 농협이 우선 눈에 들어오게 되고, 또다른 대안으로 협동조합이라는 공동 운명체를 떠올리게 된다. 즉, 이미 시장에서 활동하고 있는 조직에게 물과 거름을 주어 경쟁력을 갖추게 하는 것에 기대게 된다.

그런데, 농협에 대한 기대는 논외로 하고, 새롭게 시작되는 '협동조합'이라는 공동 운명체에 기대가 큰데, 그만큼 우리에겐 낯설다는 문제점을 안고 있다.

많은 부분이 시도되지 못했고, 다른 나라에서 성공했으니까 우리나라도 성공할 것이라는 기대감만 안고 시작하기 에는 우리나라 실정을 좀더 이해한다면 그것도 어렵다는 점이다. 생협, 그리고 어리청정이라...

새롭게 만들어질 협동조합은 공급자 중심 보다는 그것을 이용하는 소비자에게 전적으로 환원되는 체제가 되면 좋겠다.

"골목상권에 지원금 주기보다 구조부터 바꿔라"

박근혜 정부에 바란다
유통 전문가들의 제언

박근혜 대통령 당선인은 후보 시

박근혜 당선인의 소상공인 지원 공약

1. 소상공인진흥기금 조성
2. 2017년까지 골목 가게 2만개 현대화
3. 전통시장 주차장 보급 확대
4. 온누리상품권 발행 규모 2017년까지 1조원으로 확대
5. 소상공인진흥공단 설치
6. 전통시장 포털 시스템 구축

"자생할 수 있는 토대 키워야"
영세업자 전용 물류센터 등
유통 단계 줄여 가격 낮추고
협동조합 수퍼로 마트에 대응

지난달 16일 경남 사천시 사천읍시장을 방문한 박근혜 당시 새누리당 후보가 채소를 사며 이야기를 나누고 있다. 박 대통령 당선인은 온누리 상품권 발행 규모 확대 등의 전통시장 활성화 대책을 공약으로 내놨다.

출처 2012년 12월 24일 _ 조선일보 _ 경제

당장 눈앞의 이익 보다는 유통의 원활과 낭비를 절감한 효과를 지역사회가 누리는 형태가 좋겠다. 그래서, 저번에도 언급했듯이 지자체가 협동조합 육성에 관심을 갖었으면 좋겠다.

1. 우선, 지자체 내에 운용되는 모든 포인트, 마일리지 등 보상시스템을 한 군데로 모을 방법을 찾

기(신용카드, 맴버쉽 등 모두 포함)

2. 해당 지역에서 가장 널리 쓰이는 소비형태를 좀더 쉽고 편리하게 묶어보기(각 동 단위의 소비형태까지 파악해야 하고, 동사무소가 시장을 판단하고 제시하는 역할을 할 수도 있음을 감안하기. 무엇보다 중심운영자가 핵심)
3. 그 안에 속한 업체(소상공인 등)는 지자체가 차별을 두고 육성하기

그래서, 무엇보다 시민들의 동의와 공감이 필요하다. 가까우면서도 믿을 수 있는 소비처, 굳이 마트의 편리성을 찾지 않고 그곳에서 소비했을 때 느낄 수 있는 만족감(착한 소비를 말하는 것이 아님, 좀더 실제적인 플러스 알파요소, 소비가 본인과 가족에게 도움된다는 것과 실제 그러한 것)이 중요하다.

결국, (개인적으로 바라는) 유통구조의 혁신은 이미 존재하는 상인들을 어떻게 편가르기해서 좀더 효율적이고 절감하는 방식을 꾀하자는 것인데 지금까지 말한 생각 정도는 갖고 추진했으면 하는 바람이다. 정말, 새로운 형태의 변화가 필요한 시점이다.

구조 혁신이라고 해서 투자가 크고 효과는 나중인 대책 보다는 당장 피부에 와닿는 실천적인 방안이 도출되었으면 좋겠다. 함께 고민하고 만들어가는 시장친화적인 형태가 되면 더욱 좋겠다.

1++ 등급 함정에 빠진 한우, 두 배 비싼 1등급 달걀의 불편한 진실... 그리고 나아갈 길 모색

2013.08.20 16:14 http://blog.daum.net/meatmarketing/1071

1++ 등급 '함정'에 빠진 한우(한겨레, 2013. 8. 20)
1등급 달걀의 불편한 진실(KBS TV, 2013. 2. 4)

양면성에 대해 엿 볼 기회. 긍정과 부정에 대해 엇갈린 반응.
이것만이 옳다, 그르다를 판가름할 기회.

"옳고 그르다"에 대해 생각해보자. 한 쪽으로 치우치다 보면 욕을 하게 된다. 내 말이 진리라고 요구를 하다보면 감정이 격해져 화를 낸다. 그 때는 늦다. 무엇이 진실인지가 중요치 않게 된다.

등급제는 수입육과 국내육, 경쟁력, 가격과 품질, 시장상황, 육류 소비 등 여러가지 여건 속에서 태동했다. 수입육이 넘나들고 노려도 쇠고기의 경우 약 50% 수준에서 자급상황을 유지하고 있다. 자, 잠깐! 난 옹호론자만은 아니다. 단지, 이것저것 같이 고민해야 한다는 것을 말하고 싶을 뿐.

미국산 Choice급 등심, 호주산 등심, 프랑스산 삼겹살, 브라질산 닭봉 등 수입산이 넘쳐난다. 이미 음식점 시장의 상당부분을 수입산이 가져갔다는 말이 심심찮게 들려오고 "아니, 도대체 한우 가격이 얼마나 떨어졌는데 수입산을 쓰느냐?"고 욕해봐야 들쑥날쑥한 가격 탓에 안정적인 거래를 할 수 없다는 음식점 사장님들의 말에도 수긍을 하게된다. 수입산은 우리나라 국민의 육류 소비를 위해 반드시 필요한 사항이다. 없다면 아주 비싼 값에 일부 계층에 사는 사람들만이 먹는 소비로 바뀔테다. 극과 극으로 보질 말고 상생과 함께 어울리는 방향에서 접근하자.

수입산은 타국의 미지의 땅, 알기 어려운 문화와 풍습을 지닌 사람들의 입맛을 사로잡기 위해 각종 마케팅을 펼친다. 청정하다, 안전하다, 맛있다 라는 등등의 강조점을 가져가려고 한다. 이것은 이국 땅에 들어와서 팔려는 입장에서는 당연한 일이다. 우리도 외국에 팔고자 하는데 잘 팔지 못해서 문제지 팔고 팔아 이익을 낸다고 뭐라 할 국민이 있을까!

국내산은 수입산을 얕볼 수 없다. 특히, 우리나라 처럼 씨~뻘건 피가 뚝뚝 떨어지는 한우고기를 좋아하는 호전적인 국민으로서는 없어서 못 먹는다 고는 인정해도 맘껏 먹어보라고 할 때 마다 할 사람이 그리 많지 않을 것이다. 수입산은 먼 타국에 와서 팔기 위해 노력, 엄청난 노력과 고민을 하고 국내산은 터전을 지킨다는 미명아래 일면 유통마진이네, 폭리네 하면서 자책감에 빠진다. 잘해 봅시다 하면서도 잘 하기 위해 자신을 지키고 남을 욕하는 경우도 있다. 가장 필요하다고 인정하는 그 것 하나조차 일치단결하지 못하는 경우도 비일비재하다.

수입산과 국내산의 입장은 차이가 크다. 그 차이를 분명히 인식한 다음 시장을 저울질 하고 '등급'을 논하고 '미래'를 걱정해야 한다.

팔기 위해 노력하는 자와 지키기 위해 노력하는 자의 입장부터 차이가 난다. 무엇을 지키려고 그다지도 양보와 타협을 하는지 모르겠지만 여럿 우여곡절 속에 가격의 등폭락 속에 그 변화 속에 이제는 당연한거 아닌가 싶도록 매너리즘에 빠진듯 하다. 설마, 할 분도 있겠지만 어느 태생이 폭풍과 격랑만 있을쏜가! 잘하다가도 못할 수도 있고 못하다가도 반짝 상승할 수도 있는데 지나친 생각일지는 몰라도 난 "왜 이렇게 못 낫니" 라는 말을 내내 듣는 듯하다. 우리가 그렇게 못났는지 그렇게나 부족한지 말이다.

비교가치와 경쟁우위. 등급은 비교가치를 내세운 국가적 마케팅 전략이다. 국민을 속이기 위해 건강을 훼손하기 위해 만들어 낸 결과물이 아니다. 마치 그렇다는 듯이 주장하시는 분들이 있는데 그분들은 한우고기를 드실 자격이 없다. 아니, 진작 없었어야 한다. 그래야 한우고기 맛을 몰랐을 테니 말도 하지 않았겠지.

자, 요것이 옹호론쪽의 입장이라면 그 반대에 있는 입장도 들어보자. 그렇게 어렵고 험난한 길을 걸어왔다고 해도 지금 당장 문제로 지적한다면 고쳐야 하는 것 아닌가! 한다. 맞다.

국가적 마케팅전략이 구시대에 걸맞았다면 신시대에 맞는 새로운 전략을 구상할 때라고 요구하는 듯하다. 과거의 유지를 바라는 사람들, 과거의 영광 속에 향수를 만끽하는 사람들, 미래를 도전적으로 열고자 하는 사람들, 이도저도 눈치만 보는 사람들, 그리고 아무생각조차 하지 않고 무덤덤한 사람들, 그 사람들 속에서 그 사람들을 생각하면서 미래의 후손을 생각하면서 새로운 전략을 짜야 할 때라고 말한다.

등급을 버려라! 과감히. (반어적 표현)

1980년대 이웃한 일본과 바다 건너 미국을 벤치마킹 한 결과, 탄생한 결과가 '등급'이다. 그 시대, 그 때 그 사람들의 20년, 30년 내지 100년지 대계를 설계한 결과다. 없던 '무'에서 '유'를 창조하기 위해 앞서 시행했던 국가들을 살펴보고 우리나라가 처한 상황과 여건을 감안하여 일본과 미국, 경쟁국을 대상으로 설계했다. 식량, 사료, 자급, 유통, 지역발전 등 어느 것 하나 놓치지 않기 위해 고심했다. 최우선 목표는 살아남기(육류 자급상황 내주지 않기), 고기를 즐길 수 있도록 하기, 안 먹던 부위도 맛있게 해서 먹기 등으로 정한 듯 싶다.

그 때 그 당시의 씨~뻘건 피가 뚝뚝 떨어질 것만 같은 '온통 적색육'의 본실, 등심은 국거리가 최선이었다고 한다. 그런데, 국거리 용도가 구이용도로 바뀌었다. 20년만에. 대단하지 않은가! 이 얼마나 놀라운 노력의 결실인가!

못 먹고 배불리 먹을 수 조차 없고 맛도 모르고 먹을 수만 있다면 행복해 했던 그 때, 우리는 자주 잊는 듯하다. 우리의 행복은 누군가의 노력과 땀의 결실이라는 사실을. 농부는 가뜩이나 힘든 육신에 더해 치열하게 열공해야만 했다. 왜? 소 한마리면 대학 보냈던 시절에서 소 한마리를 팔아봐야 한 학기 등록금으로 변화된 시대로 건너왔기 때문이다. 그 속에서 같은 값이라면 2~3년을 들인 노력에 더해 '최고'를 그려내는 장인들이 있었으니 그분들이 바로 산 증인이다. 혹시나, 그분들이 이 소리를 들으면 "뭔 소리랴? 배가 불렀구만" 할지도 모를 일이다.

새로운 것은 옛 것을 토대로.. 10%? 20%?.. 혹시 90%?.. 설마... 100%?

'품질'이라 함은 소비자의 요구정도와 만족이라고 했듯이 그 요구수준이 이미 만나는 사람 중에 2/3 이상에서 비슷한 말들을 쏟아내고 전파하고 있다면, 어떻게 해야 할까? 이미 앞서 말했듯이 고민하자는 입장이다. 이것이 문제야 라고만 해서는 부적격하다. 비판만으로는 부족하다. 누구나 아는 문제를 던지면 그것을 담는 사람은 무척이나 곤혹스러울테다. 문제야, 문제야, 문제야 하는 그 무리 속에서 만족할 만한 그 대안을 뽑기란 사실상 낙타가 바늘구멍을 지나간다는 말과 다르지 않다.

수입육, 국내육. 이젠 비교우위 마케팅전략에서 상생 알뜰전략으로 바꾸자~!

이런 용도로는 미국산 00부위가 좋고요, 바라시는 국물을 내실 때는 00산 00부위도 추천드려요. 가격이 저렴한 고기를 맘껏 먹을 수 있도록 소비자 입맛에 국가차별을 없애고 용도부위에 따른 차이를 부여하면 어떨까. 이를 위해 다국간 공동연구를 통해 솔직히 인정토록 하는 방향도 좋겠다. 뭐, 정답을 내자는 것이 아니라 공동연구해서 한국인에게 알맞은 요리와 부위를 알려주는 일, 재미있지 않은가? 궁금하지 않은가? 이런 용도일 때는 이것이 최상이요, 이것이 보통인데 저런 용도일때는 요것도 좋고 저것도 좋고 그 정도하면 어떨까?

그런데, 국정방향에서는 쉽지 않을 수 있다. 국가는 자국을, 자국은 국내산을 옹호해야 하는 입장인데 세계화는 개방을 가속화 시키고 있지만 보수 또한 만만찮게 강대해 지고 있다. 찬반이 반반이 되는, 갈등이 언제 터질지 모르는 활화산지대에 우리는 살고 있다. 한 표의 차이로 새정부가 들어서고 팽팽한 줄다리기 끝에 낙첨되었듯이.

부대끼고 갈등을 빚고 오해를 사고 욕을 하고 비난하는 그런 일련의 생활 속에서 솔직히 상생 알뜰전략이 왠 말인고. 이상일 수밖에 없을 수 있다.

그렇다면, 좀 낮춰보자. 옛 것의 비중을 약 10%만 놓고 보고 새로운 요구를 각각 쪼개 50% 범위에 차이를 두고 담은 다음, 미완성된 60%를 갖고 여러 입장이 다른 곳에 줘 보자. 심지어 외국협회, 외국 대형축산기업 등에도 줘보자. 던져보자. 이슈가 되는지 갈등이 되는지.. (1단계)

여기서는 미완성이 핵심이다. 60% 수준의 무엇인가 윤곽은 보이는데 딱히 정답은 아닌, 그렇지만 동의를 하면 바로 실행가능한 상태라고나 할까~!

2단계. 정치는 빼고 100% 식문화 관점과 미래를 살아갈 후손을 생각하는 마음으로 "K-Food"를 정의해보자. 수단인지, 도구인지, 전략인지, 단기적인지, 여러 방향에서 육류의 자체적인 패턴과 종속적인 패턴을 구분하여 각각에 맞는 가치를 부여할 방법을 생각하자. 밖에서 어필하는 K-Food 만으로 머물지 말고 내부에서도 인정하는 K-Food의 등식을 미쉐린 평가처럼 만들어보자. 최고의 인정은 별도의 기관에서 실시하고 식품 자체의 성질에 대한 평가만으로 유통,소비되는 것 보다는 평가 시 요리방법과 시설, 요리사의 자질 등으로 판가름나는 그 부분을 감안해서 인정해주는 방향으로 발전시켜 보자. 농장인증, 가공업체 인증, 판매장 인증 등 헤썹 말고 '마이스터' 처럼 '장인'으로 또는 '맛집' 보다는 큰 개념으로 인정해주는 방향으로 접근하면 어떨까? 음식점 외의 판매장에 대해서도 최종소비단계에서 팔고 있는 제품의 취급사항, 진열, 판매방식 등에 대해 평가하고 인정해 주자. "이 정도면 최고수준에서 관리된 만큼 그 제품의 품질을 인정할 만하다"라고 하면 소비자는 보다 쉽지 않을까? 범람한 인증 속에 하나를 더하자는 말이 아니라 K-Food 속에는 식품의 모든 속성(인증, 등급 등)을 녹여내야 한다. 단순하고 확실하게!

그다음, 우리가 이미 알고 있듯이 수직적으로 비교하는 '등급'을 수평적으로 활용되도록 '선택(Choice)'권을 확대하는 방향으로 산입했으면 싶다. 이때 무엇보다도 절대 이 수준은 신선품으로 팔면 안된다는 구분은 패킹단계(도축 또는 집하단계)에서 반드시 정하도록 하고, High Level의 추구는 시장 자율에 맡기며 국가는 적정 수준, 안심하고 먹어도 되는 수준만 제시하는 역할로 분담토록 하자. 앞서 봤듯이 제품 자체의 평가 보다는 환경, 취급, 핸들러 등을 고루 살핀 '인정'으로 평가토록 하고, 용도와 부위에 따른 소비가 가능토록, 마치 구워먹으면 맛있어 라는 등식은 이젠 깨지도록, 삼겹살에 소주~ ㅋ 하던 그 때의 그 맛에 더이상 향수를 느끼지 않도록 뭐 그것은 그것으로 족하더라도 참, 음식궁합도 감안해보고, 사람들이 즐거이 즐길 그 어떤 제품들을 순수하게 즐기도록 하는 일. 어쩌면 등잔밑이 어두운 것처럼 이미 다 알고 있으면서 놓치고 있지는 않은가 싶다.

자, 다음 글을 읽어보자. 제목에서 할 말을 찾아 주~욱 쓰다보니 정작 아래아랫글에 대한 할말은 지쳐버려서 못 쓰겠다. 다만, 찬반 속에, 갈등 속에 정작 무엇을 어떻게 할 것인지 놓치지 않는지 재확인하는 마인드를 갖자.

"1++A, 학점보다 어려운 한우 등급제", 자중지란할 축산물 유통과 부국강병 논할자 누구냐!

2013.09.28 18:10 http://blog.daum.net/meatmarketing/1155

1화. 발단

마블링에 얽힌 건강과 웰빙추구에 대한 소비자 요구, 마블링은 무조건 나빠 라는 일반국민의 시각, 조금만 더 생각하면 되는데 단박에 파악이 안되면 복잡하고 어렵다고 보는 시각, 유산은 이어지고 계승은 발전을 통해 나아가야 함을 알면서 단순한 시각의 변화를 안타깝게 바라보는 사람...

어느 영화였던가! 냉동고 속에 방치된 채 미래의 어느날 깨어난 주인공, 바느질 기술을 덤으로 배우고 나온 이 때, 자동차를 타니 의미심장한 노래가 들여온다. 아이스크림 먹어.. ?

2000년대 즐겨들었던 재즈, 락 등은 사라지고 아이들 동요같은 단순한 가사의 노래가 유행을 탄다는 것인데...

'한우 등급' 탐색어 맵

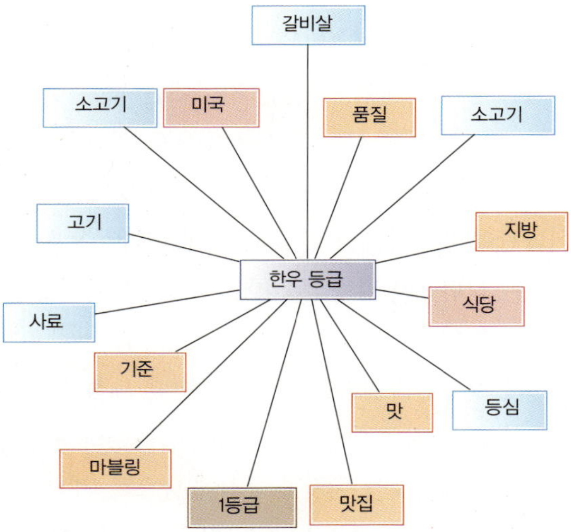

* 소셜 메트릭스 조회결과

과연, 현행 축산물등급제가 어렵다는 것에 대해

미국, 캐나다 등 나라 마다 자기에 맞는 등급체계를 갖추고 있다. 결코 타국 기준에 맞추지 아니하고 자국 내 상황에 적합한 기준을 정해 운용한다. 생산의 수율, 사육기간, 투입요소(사료 등), 사양용이성, 사육후 출하시 이윤추구 극대화 등 생산자에게 필요한 생산지표의 제공, 소비자의 건강과 행복, 올바른 식습관 속에서 전통식문화와 새로운 식문화 반영을 감안한 입맛 부여, 그것을 위해 발빠르게 공급하는 유통인에게 상품의 이동편의성, 물류효율성, 각 부위의 전부 소비가능한 산업 육성 등 돈(가격)과 유통, 수급과 그 안정적인 운영을 목표로 축산물등급제를 운용하게 된다.

적극적 의미에서는 축산마케팅 구현을 위해, 소극적 의미에서는 자국산업 보호를 위해 운용한다. 소비자는 즐길 권리가 있다. 행복을 추구할 권리가 있다. 알권리가 있다... 수많은 권리를 충족시키기 위해 등급제가 태동했다.

"적정한 지방의 섭취는 건강한 삶에 필수적이다. 콜레스테롤 또한 적정수준이 유지되어야 한다." 라는 지방 배타적인 시각이 경고받는 날은 오지 않을 것인가! 이제까지 배운바에 따르면, 극단적으로 배타적인 사고와 유행은 반대급부의 피해를 입히고 마치 그것이 진실인양 살게 되는데, 웰빙의 진정한 의미는 무엇일까? 지방을 먹지 않는 것과 지방을 빼내는 것인가?

삶의 즐거움은 균형된 시각과 소비습관에 있다고 보는데, 일방적으로 난도질되는 '지방'은 우울한 자폐아를 보는 듯하다. 넌 필요없어 하는 듯하다. 넌 악이다 라고 정한 듯하다. 만약, 지방이 없다면... ?

기름, 휘발유, 석유, 들깨, 참깨, 식용류, 윤활유, 끈적끈적함, 매끄러움, 유연함... '지방'을 떠올리면 이런저런 단어들이 생각나는데, '적육' 속에 함유된 질김, 뻗뻗함, 단단함 등을 기어코 먹기 위해 탄생한 습관이 바로 맛을 만들어냈고, 그 결과 레어로 익혀야만 먹을 수 있게 되었다.

적육과 지방이 어울리는 상강육, 마치 눈이 내린 듯한 황홀감, 탄성을 자아내는 녹는 맛. 그렇지만, 희소성! 한 점을 먹고 즐겨야 할 희소가치를 200g 이상을 먹는다거나 량으로 섭취하려면 당연히 느끼함과 거북함이 나올 수 밖에 없고 첫 키스의 맛은 씁쓸한 헤어짐을 만들어낸다.

가령, 건강한 삶과 행복 추구에는 올바른 식습관이 필요하다는 말인데, 마치 떠먹여줘 하는 심산인 듯 보이기도 하고 마치 넌 이제 필요없어 하는 극단적인 방향으로 흐른다. 그로인해 얻은 혜택과 발전, 경쟁우위는 드러나지 않은 채 무시당하고 만다.

걱정스럽게도, 마치 바꾸라는 요구에 당연하다는 듯이 바꿔버렸다가는 20여년 노력의 결과가 한 방에 묻혀버리는 한우 암소감축과 모돈감축으로 인한 자구체에 비할만 하다. 하나의 변화, 특히 시장흐름과 역행하거나 일방적인 손질은 이미 갖고 있는 것을 버림과 동시에 앞으로 가질 그 소망조차 얻지 못한채 흐지부지 될 수 있다. “그러게 누가 하라고 했나?” 하는 단순한 말로 회피하는 세태를 너무나 많이 봐 왔지 않은가!

세상은 변한다. 당연히. 다만, 그 변화 속에는 과거의 역사, 유산이 된 우리의 얼과 한이 녹아든 산업을 담보한다는 것이다. 소비자 지향적인 정책이나 삶의 질을 바꾸는 것은 맞다고 본다. 그렇지만 앞서 말했듯이 소비자 편향적인 시각은 유통과 생산에 반대급부의 반작용과 무거움을 주게 될터, 과연 소비자는 누구 덕에 먹고 마실 수 있는가!

축산물등급은 농가가 출하한 시점, 유통업자가 팔려고 물건을 매입하는 시점에 결정한다. 왜? 농가에게는 그 동안의 노고에 대한 댓가를 주고, 유통인에게는 앞으로 있을 이윤추구가 가능토록 설계하는데 있어 기초자료를 주기 위함이다. 지육 상태에서 품질을 논할 어떠한 방법이 없다면 당장 농가와 유통인의 불편을 어떻게 할까. 소사육 농가의 경우 2~3년 동안의 수고스러움에 대한 대가를 주고 “잘 팔아주쇼” 한다. 생산품질의 가치는 이제 유통으로 넘어가게 된다. 유통품질로 전이된 생산품질 가치는 마지막 소비에 이르게 되어 하나의 가치를 형성한다. 그것이 이름이 되어 브랜드로 이어지거나 입소문을 통해 번져나간다.

'한우 등급' 탐색어 연관어

No.	연관어	분류
1	맛	속성
2	1등급	심리
3	소고기	상품
4	고기	상품
5	마블링	속성
6	등심	상품
7	식당	장소
8	지방	속성
9	맛집	속성
10	품질	속성
11	소고기	상품
12	기준	속성
13	사료	상품
14	미국	장소
15	갈비살	상품

* 소셜 메트릭스 조회결과

각자의 입맛이 다르니 그것을 충족시키기 위해 유통이 변한다.

그렇게나 많은 문제를 안고 있는 등급제의 폐해를 직접적으로 입었다거나 "난 몰랐어야" 하는 소비자가 알든모르든 속았다는 사실여부에 따라 피해를 입었다고 봐야할지, 이미 알든모르든 즐길 것은 즐겼고 나름 필요에 의해 소비했을 터인데, 과연 100개로 나뉜 것을 딱 2개로 나눈다고 한들 소비행태의 변화가 바뀔까? 소비의 변화는 습관적이면서 비탄력적이다. 마치, 산지가격이 떨어지면 당연히 소비지가격도 떨어져야 하는 것이 아니냐는 연동성을 상식적으로 인정해달라고 말하더라도, 소비의 비탄력성만 할까!

나이, 지역, 습성, 입맛, 기분, 명분, 이유 등에 따라 제각기 맛이 다른 것이 인지상정 '맛'일텐데, 설마 입맛을 통일해달라는 것은 아닐 것이고 소비를 원활히 하자는 취지로 등급구분의 축소를 요구하는 듯한데, 산업의 속성은 세분화를 못해서 문제지 이미 달성한 세분화된 힘을 굳이 단순화하는 방향에 대해서는 수, 우, 미, 양, 가로 구분된 학업성적을 미, 양, 가로 나누자는 말과 같다.

세분화의 필요이유는 모두가 알고 있듯이 세분화된 각각의 상품이 가진 유통과 소비의 무게가 다르다는데 있다. 합쳐진 1등급 이상의 범위는 그 속에서 변이가 너무 큰 나머지 가격형성과 판단을 흐리게 되고 가격차이를 모르게 되니 1등급 이상으로 합쳐진 등급은 소비자에게는 이해하기 너무 어려운 숙제를 안겨주게 된다. 현재의 근내지방도 4번 이상을 모두 하나로 합치면 유통과정 중에 어떻게 세분해서 팔 것이며, 그것을 어떻게 소비자에게 제때 팔 수 있을까!

근내지방도 No.9의 상품가치를 No.4로 하향평준화하는 것, 과연 학점의 문제일까? 학위의 문제인가! 평준화의 의도는 무엇인가?

이미 할 수 있고 해내고 있는 세분화된 쇠고기 시장의 면모를 단순히 4개가 편해 라는 식으로 바꾸자는 것인데, 이미 소비자에게는 1++, 1+, 1, 2, 3, 등외등급의 6개 중에서 2등급 이하는 미국에서 가공육 원료로 사용되는 등급체계처럼 쓰이거나 미국에서는 어려운 국거리나 탕류로 부가가치를 높이게 되는데, 1등급 이상을 굳이 국거리로 봐야할지, 구이로 먹어도 충분한, 미국에서 즐기기 어려운, 미국으로 일본 화우고기가 팔리고 역수출하고 있음을 볼 때 적육 등심의 스테이크를 즐길 수 밖에 없는 미국, 캐나다에 하이퀄리티가 충만한 한 점 슬라이스된 1++ 한우고기를 소포장해서 맛보게 한다면 그 맛에 녹아들텐데, "이 고기는 한 점이 최상의 맛을 구현합니다. 혹시, 3번째 먹으면서 첫 맛을 기대한다면 욕심일 뿐입니다. 욕심을 버리고 한 점 맛에 즐거움이 있으니 많이 먹더라도 3점까지만 드십시오" 하는 마케팅을 하면 어떨까?

축산 유통마케팅은 세분화된 시장에서 더한 부가가치를 만들어내고 다양한 변수로 인한 불안정함을 잠재우는데 유리하다.

우리는 지금 무엇을 하고 있는가?

마블링 = 지방 = 나쁜놈 하고 있는가?

맛 = 습관 = 올바로 즐기기를 하고 있는가?

만약, 전자라면 그만 읽기를 권하며 당신이 생각한 그대로 살아도 좋겠다. 그렇지않고 후자라면 제발 산업여건, 정책방향, 식문화, 생산유통소비 각자의 입장, 그리고 국가경쟁 및 수출로 구현할 부국을 놓고 고민해보자.

아직도 마케팅의 범위를 국내로 한정한 자기주의가 만연한 듯하다. 누구를 위하면 결국 누군가는 피해를 입게되고, 너무나 모호하게 위하는 소비자 지향주의는 소비자 각자가 품은 생각이 단편적으로 제공된 광고, 뉴스 등에 의한 것임을 볼 때 이제까지 꿋꿋히 계승발전해온 유산을 단순히 판단해서야 되겠나 싶다. 유산과 가치를 정확히 세분해서 각각의 품은 바 뜻대로 풀어주면 될 일을 단순히 하자는 생각에 등급도 줄이고 근내지방도 낮춰야 한다면 어떻게 될까? 국내육을 놓고 한창 힘빠지는 일에 매진하니 수입육이 웃겠다.

가령, 1++ 한우고기는 외국에 팔자. 팔 수 있는데 못파는 것과 팔지 못하는 차이를 알았으면 싶다. 우리가 누린 한우고기의 맛을 외국인에게 어필하려면 과연 '적육+스테이크'가 좋을까? '1++ 한우등심 + 구이'가 유리할까? 유통의 기본이 바로 차별성임을 잊으면 안된다.

그런데, 1++ 한우고기가 팔기 어렵다는 말은 들어보았나 모르겠다. 없어서 못 팔고 높은 가격 때문에 일상에서 즐기기 어려운 것이 오히려 문제라고 보는데, 차라리 1++ 한우고기 가격을 50%로 낮춰 대중이 즐길 수 있도록 하자고 고민하자.

이미 잘 유통되는 1++ 한우고기를 1등급으로 낮춰 가치를 무시하고 평준화된 가치로 인한 모호한 기준으로 유통의 혼란과 소비의 불편을 꾀해야 하겠는가! "어, 같은 1등급 인데, 그게 더 좋아보이네" 하는 말이 심심찮게 보일텐데, 그럴 때는 누가 감당해야 하나 몰라.

말한 자와 감당할 자가 다르니 그 입장 차이를 놓고 총체적인 산업관점에서 살펴보자. 가치는 키우고 미래이익이 부국이 되는 방향으로.

쉬운 말 속에 숨겨진 속뜻이 20여년을 넘어오는 동안 남아있는 것이라고는 1++ 라는 이름 뿐이다. 이미 1+를 만들어낸 사람도, 1++를 만들어낸 사람도, 그것에 모든 것을 걸고 노력한 농부도, 1+를 1++ 가치로 팔기위해 노력한 유통인도, 1++를 먹고 만끽했던 소비자 모두가 사라진 듯하다. 잠잠하기만 하다. 조용하다. 마치 유행타는 웰빙에, 아직도 먼 친환경에 속아 마치 지금 당장 그런 것처럼 이미 갖고있는 유산을 찢으려고 한다. 어떻게 봐야할까? 이제는 조금은 신중했으면 좋겠다. 소비자단체도, 관계자도, 그 이름만 남은 1++의 내면을 좀더 보고 당당히 만났으면 좋겠다. 자기가 아는 것을 실현시키기 위해 만나지 말고, 우리나라 입장에서 1++ 입장에서 어떻게 해야 할지 논해보면 좋겠다.

회의 석상에서 태도를 보면 그렇다. 한 번 말하고 끝나는 사람들, 조용히 듣는 사람들, 말하기 좋아하는 사람들, 말 속에 동의와 반대가 있어도 그저그렇듯이 흘러가는 회의시간들, 놓치기 일쑤인 대응들, 그리고 기회로 이용코자 하는 사람들. 각자의 입장이 있다.

입장을 부정하고 싶지는 않다. 나조차 그 입장에서 자유로울 수 없기 때문이다. 다만, 회의할 때는 주장을 하기 보다는 함께 고민하는 입장에서 남의 얘기를 들어주고 그 이야기의 내면과 마음을 봤으면 좋겠다. 같은 고민을 하는 사람이 왜 저렇게 말할까 해보자.

최대가치를 실현시키기 위해 변화가 필요하다면 그 인위적인 변화는 당장 나타나기 보다는 멀고먼 최소한 2~3년이 흐른, 한우농가까지 전달된 그 실천을 위해서는 적어도 10년은 흘러야 할텐데, 과연 '소비자' 지향의 추구가 과연 '농부'를 위하는 것일까!

소비자의 망말 한마디는 사료툿 한 올의 농부 마음을 갈가리 찢어버리고 마는데, 아무리 한과 얼에 익숙한 우리네 속마음일지라도 그렇게 대해서야 되겠는가! 자신의 말 한 마디에 얽힌 농부와 유통인의 무게를 더했으면 좋겠다. 그리고, 스스로 자격이 되었을 때 말하자.

그리고, 내가 볼 때 쇠고기 등급 단순화는 지금 당장의 문제가 아니다. 준비를 해 나가면 된다는 것이다. 최소 10년을 놓고 20년 이상의 계획하에 추진될 일이다. 수출을 열고, 그동안 이룩한 우리의 경쟁력을 어떻게 부가가치로 창출해낼 것인지, 그만한 터전이 만들어 졌는지 생각한 다음 못먹고 헐벗은 사람에게 이익이 환원되고 즐기는 사람을 위하기 보다는 즐기기 어려운 사람을 끌어들이는 방향으로 고민하자.

그리고, 혹시나 이 일로 인해 취할 공이 있다면 그 수혜자가 적합한 자격이 있는지, 농부와 유통인을 함께 말할 수 있는지 물어보자.

1++ 한우고기를 세계인이 No.1 할 날이 멀지 않았는데, 우리가 그 가치를 버려서야 하겠는가 말이다.

2화. 소회

무조건적인 단순화 작업이 유행이다. 그렇게 하면 족하다고 보는 듯하다. 세분화 경쟁력과 이미 원활한 유통상황에서 굳이 건들였을 때의 여파와 그 폐해를 어떻게 감당할 것인지, 표시단순화로 인한 소비자 혜택이 클 것인가? 그일로 입게 될, 감당해야 할 농부와 유통인, 그리고 그결과에 자유롭지 못한 소비변화까지. 2008.2월에 시작하여 2011.9월에 적용된 모든 육질등급을 표시하고 난 후 해당 등급에 동그라미 하라는 조치로 부족한 것일까? 등급단순화의 목적이 무엇인지 모르겠다. 특히, 한우의 등급은 한돈의 등급과 다르다. 한우는 등급에 따라 정산을 받는데, 한돈은 등급으로 정산받는 비율이 10% 내외에 불과하다.

한우의 등급 무게는 같은 값의 한돈, 육계, 계란 모두를 합해도 같을지 모르겠다. 그만큼 신중해야 한다. 쇠고기 개방에 안전할 수 있었고 가격이 하락한 장기국면에서도 그나마 버티고 있는 이유가 어디에 있다고 보는 것일까!

필요하다면 고민하면 된다. 그렇지만 무분별한 여론조성이나 일방적인 시각의 전파는 '마치 해야만 하는 숙제'로 만들게 되어 걱정이다. 정작 봐야 할 것을 보지못하고 안해도 될 것을 압력에 눌려 하게 될 수 있어 불안하다. 제발, 당신의 말 한 마디에 한우산업이 움찔함을 알았으면 좋겠다.

누가 감히 등급을 논하는가! 나와보라. 당당히 맞서자.

3화. 무게

속상하다. 우리가 이정도 밖에 안되나 싶어 안타깝다. 현상과 이면, 갖음과 버림 사이에서 국익과 사익을 구분하면 좋겠다. 정작 무엇을 고민해야 할지, 우리 한우산업은 제 궤도에 올랐나? 이제 막 안정세에 들어섰는데 마치 정점에 도달한 듯 파헤치고 찢어대니 관심이 좋은 것만은 아니다. 차라리 10년만 내버려두지 싶다. 제도의 변경과 수정이 잦은 우리나라 습성을 이 기회에 바꾸자. 한우의 2~3년 사육과 소비기간을 감안하여 한우는 10년, 한돈은 5년을 최소한의 기간으로 정하자.

그리고 충분히 논의한 다음 반대논리도 다시 검토하고 다시 검토한 다음에 바꾸자. 특히, 마블링 정책은 나쁜 놈이 아님에도 불구하고 마치 이놈만큼 나쁜 놈이 있을까 싶을 정도가 되었다.

마블링 정책에 대해 떳떳하고 당당하게 맞서자. 유통인 교육, 농부 교육, 소비자 교육에 못지않게 언론에 종사하는 기자들, 감히 한우 등급을 논하는 사람들에게 제교육을 시키자. 평시 교육도 없으면서 무슨 자격을 논하고 무슨 변화를 말할 수 있을쏜가!

한우 등급제에 대해 교육 받은 분, 손 들어보자. 알기 위한 배움이라도 청하고 난 후 자기의 주장을 합리화하는 것이 보다 바람직한 자세가 아닐까 하는 말이다. 남에게 들어서 라거나 남들이 다 그렇게 얘기한다더라 하거나 "뭐, 그게 당연한거 아닌가!"하는 단순한 말들 속에 유행을 타면 우리는 마치 그래야 하는거 아니야 라는 단순논리의 모순에 빠지고 만다. 이제까지 노력해온 사람들은 무엇이 되는가? 산업 속에 일하는 무게를 더해 각자가 하는 말을 가려했으면 좋겠다. 관련 기사에서 보면, 시작과 종결이 한우농가의 말로 이뤄져있다. 정말 한우농가들이 모두 원하는가? 과연, 한우농가의 생각이 등급제를 전부 말할 수 있는가? 혹시, 기준을 개정해야 하는데 한우농가가 반대하더라 라는 시각에서 글의 서두와 말미에 배치했다면 논리야 찾았을지 모르겠지만, 앞서 살핀바와 같이 등급제의 총체적인 무게에서 한우농가가 과연 얼마나 차지할까?

세상은 마치 그런 듯이, 마치 그래야 하는 듯이에 치우치는 경향이 크다.

물론, 현행 등급제도의 기준 외에도 다양한 시각과 속성을 이해할 수 있도록 등급에 얽힌 부농과 소농, 대상과 소상, 신선육, 부산물, 수입육, 가공육 등 다양한 구성만큼이나 다양한 시각을 느낄 수 있도록 축산물유통 교육으로 시켜야 한다. 교육기회를 늘려 올바른 판단을 도왔으면 좋겠다. 정작 해야 할일과 관심이 필요하다. 우리 한우산업은 이미 대졸을 앞두고 있는데 초등생 수준에서 평가해서야 되겠는가! 가까운 일본에라도 가보길 권한다. 그들은 지금 무엇을 이야기하고 무엇을 원하는지, 정작 무엇을 고민하고 있는지. 동일한 쇠고기 자급상황에서 과연 일본은 해법을 어떻게 풀어나가려고 하는지 궁금하지 아니한가?

전체 그림 속에 각자의 역할과 사명, 그 의미와 던지는 말의 무게를 알게 하자. 그러면 족할 듯 하다.

One point. 자중지란할 축산물 유통, 부국강병은 어디 있는가? 그 자부터 찾아라.

마치 그런듯이 흘러가는 한쪽 시각에 더해 무게를 더해본다. 우리, 자중지란할 축산물 유통을 내려놓고 우리수준을, 부국을 위해 정작 필요한 일을 고민해도 한참 늦었다. 소비자 지향주의에 치우쳐 지나치게 투자비중이 높아보인다. 우리나라가 잘 사는가? 아직도 헐벗고 굶주린 국민이 없는가? 마치, 못 본다고 없다고 여기는 듯하다. 축산분야에 부국강병조차 없는 현실 속에서 무슨 이따위인지, 제발 부국강병을 먼저 키우자.

세계적인 한우농가, 축산기업, K-Food(축산식품), 한류의 열풍이 지속가능한 발전을 하려면 먹거리만 한게 있을까!

못하는 것과 안 하는 것, 해보지도 않은 것과 하려고 노력하는 것의 차이가 '부국'을 판가름한다. 인위적이지 않도록, 하려는데 못하게 말리는 규제나 풀어주면 족하다. 사골곰탕집을 세계에 뿌리내리자. 곰탕과 김치만한 조합이 있을까? 한류를 통해 우리가 즐기는 것이 바로 세계화다 라는 것을 배웠지 않은가! 그러면, 냉동고를 꽉 채운 사골이 제가격을 받아주니 고기값도 낮아지더라 할 터이다. 그러면 국민이 행복하고 국가가 발전한다.

가격과 수급에 대한 이야기

2013.08.23 14:27 http://blog.daum.net/meatmarketing/1089

(촉발) 우유값 인상과 각자 입장에서의 갈등

우유값 인상을 둘러싼 논란이 뜨겁다. 상황을 어떻게 봐야 할 것인가? 농가, 소비자, 그리고 유통업자. 모두 입장이 있는데 가격이 올라가는 근본 이유가 도대체 뭐지? 뭘까? 가격이 올라가서 문제라는 건데 일시적인지 지속적인지에 따라 해당 입장이 또다시 극명히 갈릴텐데. 도대체 왜 그런지 궁금해진다.

가격은 올라가기만 하고 내려가지 않는다..!! 라고 소비자가 인식하는 상황 속에서 지금의 갈등은 어쩌면 누구나의 문제라고 보는데. 왜 이다지도 가격은 올라가야만 하는 것인지 그 근본적인 이유나 알고 싶다.

쉽지는 않겠지만 일시적이라는 가정하에 가격을 인상한다면 소비자도 수긍하고 농가도 반대할 이유도 없을 것이고, 유통이야 말할나위 없고. 쉽게 풀어낼 수 있으리라 기대된다.

그렇지만, 어디 그런가? 소비자가 한 두번 당했다고 여기나 말이다. 어쩌면 하나로마트내 뭐내 여론 또한 반발이나 반응을 보기 위한 방편일 수도 있는데, 가격인상이 장기적이라거나 예측불허라고 한다면 글쎄. 소비자 입장에서 누구를 탓해야 하는지 고민할 듯 하다.

가격은 올라가기만 하고 왜 내려가지 않는 것일까~!

누구의 문제일지, 누군가의 문제일지, 누구나의 문제일지에 따라 접근 또한 달라질텐데 어쩌지? 그 동안 조치한 일이 그 얼마나 많을 것이며 수급조절이다, 가격안정심의다, 가격조절이다 뭐다 안 해본 일도 거의 없을텐데. 정말 도대체 왜 이런지, 우리만 그런 것인지 궁금하다.

그런데, 혹시... 우유는 총량제로 조절하고 있지 않나? 이미 충분한 량을 생산 가능한데 지나치게 많아지면 곤란한 상황이라서 조절하고 있는 것 아닌가? 만약 그렇다면 수급조절이 가능하다는 말이고 양적인 부분에서 이익을 더 추구해야 한다면 해야할텐데. 혹시, 수출은 되나? 잘못 알고 있나? 우유 지식이 짧다.. ㅡㅜ

이것저것 궁금해진다. 총량제라고 한다면 그 틀 속에 묻혀 가격만 갖고 논하는 것인지, 총량제는 부득이 필요한 일이었다면 그 이상의 제도나 대안은 없는 것인지, 없다고 여기는 것인지, 없을 수 밖에 없는 상황인지.

뭐 어찌 되었든, 주유소도 거리제한 풀어버리니 이용이 얼마나 편해졌는가? 특히, 휘발유, 경유, LPG할 것없이 다양한 상품군에서. 하긴, 여기에서도 휘발유 가격이 올라가기만 하고 내려가지를 않으니~~ 원.

소비자는 그래서 불만이라는데. 누구누구는 이제 그만 절대 다수의 소비자 불만도 해결해줘야 하지 않나? 불매운동 없다고 절대다수의 불응이 없다고 막상 닥친 현장 사람들(농가, 유통)에게 초점을 맞추면 글쎄 언제까지 국내산 우유만 먹을지. 하긴, 누군가의 문제였다면 쉬이 해결했을테지.

가격인상에 바라는 소비자 생각과 불만을 잠재워줄 그런 계기가 없을까! 싶다.

가격과 수급에 대한 이야기

(생각꺼리) 조용하면 조용한대로 불만이 없다 여기는 듯하고 가타부타 말이 많으면 심각하다는 듯이 반응한다. 이번 기회에 어떻게든 올리면 족하다 하는 듯하다. 아니면, 그럴 만한 사정에 빠졌다고 인정할 수도 있겠다.

그런데, 이번 기회에 올라가기만 하는 가격을 잡아줄 그런 대안 없을까? 만약 필요하다면 자급 상황과 국내산 비중, 가격경쟁력을 감안한 적정 수준의 논의도 필요하다.

언제까지 비싼 값을 국민이 치루어야 하는지 혹시나 다른 부분은 모두 괜찮은데 요것만 그런 것인지, 그것이 아니라면 하나하나 문제꺼리에 대해 가격안정 측면의 수급과 수입, 국내생산, 그리고 그 지원과 준수사항을 정해 나갈 수는 없는 것인지. 충분한 양을 생산할 수 있다면 그 양을 풀어낼 가격과 소비, 이익을 나누면 족할. 하긴, 쉬웠다면 했겠지.

이미 생활 모든 분야에서 다국화된 상품군을 놓고 국내 생산의 어려움으로만 호소하게 되면 당장이야 누구누구는 좋겠지만 절대다수의 국민 지갑은 계속 비기만 하는 상황. 급여는 올라도 우유값 올리는 것은 봐줄 수 없다는 주부의 시각, 그러그러한 상황을 놓고 시장에 진출했겠거니 하는데, 그러고보니 통신비도 그렇고 가스값도 그렇고 휘발유값, 뭐 다 그러하네.

이렇게나 힘든 상황인가! 우리나라가 OECD에 가입한 거는 왜지? 어느 정도 수준이지? 정말 가격안정이 안된다면 그 원인에 대해 고민이 필요하다. 고민? 어떤 거? 과연, 모였다 헤어지는 뭐 그런 거?

가격과 수급에 대응하는 시나리오를 짜본다. 끄적끄적.

1부. 준비상황 보고 – "적(수급)이 어느 만큼 왔는지 보고하라"

1. 가격이 널뛰는 이유를 파악하라.

계절적 요인인지, 일시적 현상인지, 누군가의 장난인지, 독과점인지, 이상기후인지에 따라 가격이 널뛸 수 밖에 없는 이유와 그렇지 않은 이유로 구분해보고 당연한 이유라면 그것을 대비해 나가면 될 일이며 당연하지 않다면 과감히 조치하면 될 일. 나설 때와 나서지 말아야 할 때를 위해 그 이유를 정확히 파악해야 한다.

2. 수급조절의 핵심은 유통흐름.

동맥경화(큰 유통줄기의 막힘 현상)와 멍(모세혈관 파열; 세부적인 유통접점의 힘든 상황), 혈류(유통흐름 원활정도, 정체이유), 각 장기상태(적시에 적재적소에 유통되는지; 아이들 급식, 군납, 일반음식점, 판매장 등) 등 유통실태를 제대로 파악해내고 그 원인을 진단해야 한다. 유통의 흐름도 제대로 못 집어내면서 무슨 어떤 대응책이 가능할까 싶다. 업계의 시각에 쏠리지 않거나 균형을 잃지 않기 위해 실태는 기본이다.

3. 수급조절의 대명제를 정확히 정할 것.

국내산을 고집해야 하는가의 문제에 대해 수급조절을 하기 위해 대명제 정의 시 정확히 정해야 한다. 보다 큰 의미의 국가적 사태인 수급조절인지(물가안정), 아니면 보다 작은 의미의 국내산 육성인지에 따라 접근법이 다르다. 달라야 한다. 그래서 수급조절협의회의 주관자(관련협회)에 대해 난감해진다. 할 것인지, 한다면 어떻게 할 것인지 주목해 보자. 한 때의 한 번 만나고 마는 그런 바람이 아니길 빈다.

4. 수급조절을 하려면 '수입육' 인식부터 확고히 세운상태에서 나서야 할 것.

수입산을 나쁘다고만 봐야하는지에 대해, 아이들 교육이나 일반 국민의 인식에 대해 우려스럽지는 않은지, 무덤덤하게 갖게되는 '수입산 나빠'라는 인식은 이미 도가 지나치지는 않은 상태인지, 정확한 판단을 내리기 위해서는 냉철함이 우선되어야 할 텐데, 어쩌면 국내산에 지나치게 집중된 시각을 갖고 있지는 않은지. 미래인재를 놓고 국내산에 대한 인식과 수입산에 대한 인식을 정해야 할 일.

이미 수입산으로 돌아선 음식점 시장 등을 볼 때 국민의 정서를 감안해야 하는데, 가격을 잡기 위해서는 이미 놓쳐버린 아니면 놓치고 있는 음식점 시장을 잡기 위한 전략이 필요.

"도대체 국내산을 음식점에서 기피하는 이유가 뭐지?" 알아봐야 할 것.

편중된 생각은 국제화 사회에 도움이 안 될 일이며, 그렇게 인식했다가는 가뜩이나 편협해지지는 않을런지, 대국적인 관점에서 챙길 것(가령, 수급)은 잘 챙겨야 하는데 상대적으로 보잘 것 없는 어떤 것(가령, 국내산)에 치우치지는 않았는지, 그렇게 해오지는 않았는지 또는 그렇게 하도록 했는지는 않은지.

국가가 나선다면 반드시 국내산을 위해 해야 하는지, 국민을 위해서는 안 되는 건지에 대해.

정작 해야 할 것을 하기 위한 마음가짐의 문제. 처한 상황에 따라 그것을 할 수나 있을런지, 중구난방 말만 때론 고성만 오고가지는 않을런지. 밖에서 보는 수급조절협의회에 대한 시각은 어떠한지

2부. 대응상황 보고 – "방어가 얼마나 효과적인지 보고하라"

5. 수급조절은 적시에 적재적소에 가야하는 것에 달린 것.

수급조절은 결국 시간과의 싸움. 누군가 원할 때 그 만큼 때론 부족하거나 조금 많아도 상관은 없겠지만 아예 없으면 문제가 되는, 그로인해 물리고 물린 유통네트워크에서 이상징후가 발생하면 1단계, 2단계 내지 3단계까지 여파가 미친다면 그야말로 국가적 경색에 빠지지 말란 법은 없는 것.

참고로, 축산물은 주로 3~4단계로 소비자에게 전달되고 있는 상황. 이러하니 2~3단계까지 여파가 미친다 함은 소매~도매에 까지 영향이 있다는 말. 말 그대로 축산업 전체를 놓고 판단해야 할 일.

유통 1단계 내에서 자발적으로 처리해낼 수 있다면 그것으로 족하면서 그만큼 탄탄한 유통시장을 갖췄다고 평해도 부족하지 않은 것. 그렇다면 굳이 필요한 조치가 없는 것. 그렇지만 세상사 쉽지만은 않듯이 이또한 될 것이란 기대를 하지 않는 것이 보다 바람직한 것. 어처구니 없게도 갖가지 상황은 벌어지고 벌어질 것이고 벌어진 것도 쌓여가는 실정인 것이 '유통' 상황.

부산물 유통에서 막히고 터지고 쌓이다보니, 평시 쌓여있던 저지방육이 덤탱이를 쓰게 되고, 부족하다 할 때 풀어놓은 방어선(수입)으로 이미 쌓이고 쌓인 수입산과 주저앉은 가격을 놓고 경쟁해야만 하는, 그로인한 몇 십년을 놓고 키워온 자급 생산량 지대를 스스로 멀리 던져버린, 복구에

시간이 무척이나 걸릴, 그렇다고 신선육은 그것대로 비싸다 뭐다 말들이 무성하고 주저앉은 생산자판매가격으로 인해 더한 욕을 먹어도 싼 일이 된 것.

마치 좋은 거는 하나도 없는 사태인 것. 파고들 수록 골치만 아파오는, 그런대로 잘 살고 있지 않았나 싶은데 물꼬가 터지니 제대로 한 방 먹은 것.

2년 전부터 준비한 식육가공품판매업은 이미 구태의연한 상황에 빠지고 몰릴대로 몰린 유통업계는 생산자의 욕과 소비자의 원성을 사는 것이 당연해지는 것. 마치 당연하다는 듯이 그렇게 여론이 조성된 것. 우유값 만해도 그러하다. 무엇을 어떻게 할 것인가! 잘 할 수나 있을까 싶을 정도로 상황도 여건도 인식도 별루인 것.

6. 실타래를 한 올 한 올 풀어내듯이 파헤져야.

엉킨 실타리를 풀어 내듯이 정확한 유통맵을 그려놓고 하나하나 대입하고 빼고 나누고 곱해서 적시에 적재적소에 가야할 물량을 공수받는 방법과 공수한 상황, 그리고 소비가 가능한 기간으로 계산해 보는 것.

이때, 가격은 국제시세에 따라 정할 것. 어렵다 어려워 하는 상황, 그동안 힘들었다고 한 상황들 모두 들어주다가는 가도 못한 상황에 빠질 것. 때론 과감하게 지르고 볼 일. 물론 준비가 되었다면.

그런데, 품목단위 수급조절협의회 위에는 뭐 없나? 품목단위 유통이 각기 다르다손 쳐도 국민이 먹을 때는 오리고기, 돼지고기, 닭고기, 소고기, 개고기, 말고기 할 것없이 '고기'로 보거나 곱창, 순대, 국밥 등 '외식'으로 보는데, 큰 줄기는 각 품목단위의 수급조절 보다 좀 더 큰 육류 물가안정, 보다 더 큰 국가 물류를 제대로 뜯어봐야 할 일.

부식비, 반찬비, 인건비 등 간접비 비중이 높아 음식점 가격이 요동치지 못하듯이 소비습관이 어디 쉽게 바뀌랴!

수출과 국내소비로 나누고 50만개 음식점과 5만개 판매장, 3만개 집단급식소로 어떻게 공수할 것인지, 무엇을 어떻게 언제 공수할 것인지, 그럴 때 비용은 얼마나 할 것인지, 어떠한 요인의 문제를 잡아내기 위해 무엇을 해야 하는지 그것을 끄집어 낸다.

그리고, 다시 음식점, 판매장, 집단급식소 등에 납품하는 식육포장처리업체, 조합, 정육점 들에게 매입매출을 어떻게 관리했기에 이러냐고 묻기. 다만, 지육, 부분육, 부산물 및 생축 각각의 이동경로에 따른 매입매출 관계와 적재되는 그럴수 밖에 없는 어떤 구조적 요인이나 잘못이 업체에 있다면 그냥 두고 그렇지 않다면 체크해 보고 적시에 조치해야 할 것.

그리고, 다시 생산농가에게 묻기. 소비상황, 유통상황이 이러이러하다고 전하고 알아서 잘 하쇼 하기. 그러면 족할 일. 이젠 축산업 세금 총액을 소비/유통/생산으로 3분 하기.

애국은 물가안정에 있고 혜택은 업계가 가져가고 피해는 고스란히 국민이 부담해야 하는 일. 이것이 비정상적인 상황. "비정상을 정상화"하는 것이 바로세우는 일이라고 대통령께서 말씀하셨다면 그것을 하면 될 일.

국가는 크게 살펴보고 정책을 정해 큰 줄기로 움직이도록 유도하는 일. 각 주체는 각자 맡은 역할을 다하고 지나치게 다른 역할에 왈가왈부 하지 않는 일. 마치 생산이 유통을 하면 직거래라는 둥, 유통이 계열화를 하면 생산이 다 잘 될 것이냐는 둥, 소비자가 인터넷 구매하면 쌀 것이냐는 둥 마치 그렇게 여겨지는 현상에 대해 그런 것과 아닌 것을 풀어주는 것.

국가는 다양성에 대한 실험을 해야 할 일. 농장직영 정육점을 부동산중개업소 마냥 주변에서 흔히 볼 수 있다는 것은 그것이 돈이 된다는 것, 경쟁력이 있다는 것. 지금 상황에서 그렇게 될 수 밖에 없다면 그것으로 족한 일. 국가가 굳이 나서지 않아도 시장에서 하고 있는 일. 그런데, 여기에 패커를 부어버리면 어떻게 될까? 긍정일까? 부정일까? 글쎄.

국가는 큰 그림을 거대한 업체를 경쟁력 갖춘 무엇인가를 묶고 규모화, 전문화해야 할 일이라고는 해도 시장에서 벌어지는 일에 그 여파가 미친다면 그것을 좀 더 세세히 들여다보고 각각의 시장 구조가 어떻게 변화할 수 있는지, 과연 그 방향이 누군가의 손실과 소수의 이득으로 형성되는 것는 아닌지 살펴봐야 할 의무가 있다.

농장직영 정육점, 여러분 손 들어봐여~~!!

심심찮게 보이는데 몇 개나 있는지, 그들의 유통루트를 그대로 인정하고 좀더 뿌리내리도록 놔두거나 저해할 요인을 하지 않는 것. 협동조합형 패커가 잘 되길 바라면서도 그 여파로 인한 시장 구조 변화에 대해 우려함은 당연하듯이, 잘 되길 바라면서도 지나치게 잘 되면 독과점 될 수도 있는 것. 세상의 고리를 하나로 만들면 마치 통제도 쉽고 조절도 쉽고 가격도 내려가리라는 기대를 하게 되는데 글쎄. 과연 그러했는지? 그럴 듯한지?

다만, 세상의 고리를 하나로 만들 영역이 국내 1개라고 해도 전 세계로 볼 때는 또다시 바둑알 하나 인 것. 그래서 고민이네. 바닥부터 묶고 묶어 가야 할 길이 멀리 세계시장이라고 할 때 지금 그려놓고 그려놓는 그림이 과연 통용될 것인지, 여전히 과정으로만 머물러야 하는지. 좀 더 그럴듯한 생각들을 모을 수는 없는 것인지. 그냥 지래 포기하고 마치 그것이면 나한테 족해 라고 하는 것은 아닌지. 우린 더한 미래도 더한 꿈도 꿀 수 있고 끈 꿈을 실현시킬 의지도 있다. 어떠신가? (이제 그만, 창조미래를 향한 발걸음을 내딪을 때다)

농장직영 정육점은 자기 밥벌이, 국가의 틀 속에서 자영업 하는 것. 국가는 다국간 경쟁 속에 그 역할을 가격과 수급에만 둔다면 이런 그룹은 많을수록 좋은 것. 절대 통제불가능한 상황은 촛불시위에 맞먹는 은둔한 힘!

그렇지만, 활용하기에도 버거운 이해소통을 하려하면 골치가 아픈, 그래서 접근도 어렵고 활용도 어려운 마치 그것으로 족한 상황에서 점치듯이 해야만 하는 그런 관계.

그래서, 넘버 1이 필요할지도, 넘버 10 범위 내에서 육성해내야 할지도. 도대체 했는데 무엇을 했는지 시장상황 파악이 어렵다면 그것만큼 헛~ 짓도 없을 텐데. 기획가가 자신을 잃어버리면 이상한 엘리스를 만들게 되는데.

어찌 되었든 각자가 하고 있는 역할과 관심을 국가가 나서려 한다면 전체 유통맵을 그려놓고 대응태세를 갖춰야 하는 일, 그것이 단지 시작일 뿐이라는 것~!

3부. 적시 대응 – "각자의 자구책 내놔. 공동분담 원칙, Ok?"

7. 수급조절은 유통 각 주체의 자구책을 기본으로 공동분담 원칙 아래 국가가 개입할 것만 개입하는 것.

"시장 상황이 엉망입니다. 너무 힘듭니다" 라는 사태를 딱 1년만 눈 감고 기다려 보기.

그러면 알게 되겠지. 뭐가 진실인지, 아닌지. 절대 지원 없어야 함.

"시장 상황에서 이것이 문제입니다." 라는 사태는 그 여파까지 가늠한 다음, 일거에 확~! 해치우기.

아닌 거는 아닌 거지. 뭘 걱정해? 하고 보자. 할 것은. 고민할 시간도 아깝다. 짜잘하게 하지 말기

다만, 불로이익 취하는 자, 상대적인 이익을 취하게 되는 자, 지나치게 피해를 입는 자 등을 고려하기

"시장 상황에서 이 가격으로 인상할 수 밖에 없습니다" 라는 사태에 대해 해봐~ 하기.

그리고, 앞서 우유값 얘기에서 한 것처럼 단기적 가격인상과 중장기적 인상을 놓고 대응하기.

대책세우는데 해를 넘기면 안됨. 소비자가 적응해버리고 말고 관심이 멀어지면 굳이 건드나 하게 되겠지.

4부. 무대응 – (응답하라.. 응답하라...) 해도 " ... "

8. 수급조절은 국가의 무대응이 정답일 수도. 이제까지 해온 것에 지나친 것이나 앞으로 할 것 중에 지나친 어떤 것이 없다고 판단한다면 그냥 두고 볼 일. 자연스런 정비가 이뤄지도록 하고 다시 벌어지지 않을 대안을 벌어진 일을 놓고 바로세우기

개입하지 않아도 될 때는 담당자 모두에게 한 1년 공무출장 보내기(권장).

여러분, 식육가공품 판매업에 주목

2013.07.06 11:07 http://blog.daum.net/meatmarketing/976

월간한돈에 게재

돼지 1마리에서 생산되는 삼겹살의 양을 아시나요?

돼지 1마리에서 생산되는 고기량을 출하평균체중 114kg 기준으로 보면 약 87.8kg입니다. 그 중에서 삼겹살은 약 10.6kg이면서, 생체중량 대비 약 9.3%, 정육량의 약 12.1%에 불과하지요.

돼지 1마리 구성비율

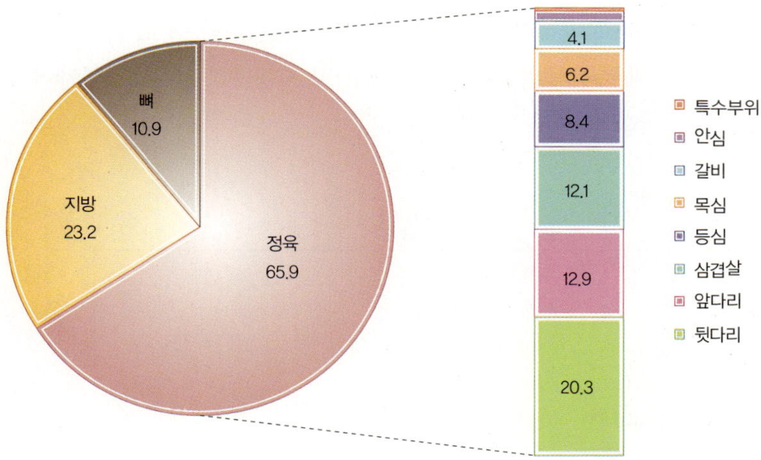

지금은 돼지고기 생산량이 풍족하다 못해 남다보니 삼겹살 가격 또한 평년 수준으로 100g 당 2,000원 안팎에서 형성되고 있지만, 우리의 식성 때문에 또다시 언제 삼겹살이 '금겹살'로 둔갑할지 모르는 상황입니다. 어쩌면 불안불안 언제 터질지 모를 폭탄을 안고 있는 상황입니다.

우리는 삼겹살을 즐겨먹습니다. 너무나 삼겹살만!

그렇다보니, 삼겹살은 수요에 비해 공급이 딸리거나 경쟁이 치열해지니 가격이 점점 비싸지고, 상대적으로 소비자가 덜 찾는 나머지 부위, 특히 다리살은 한없이 싸지고 재고로 남는 상황이 발생합니다.

이처럼 불균형한 소비습관의 고리를 확~ 끊을 대안은 없을까요?

그렇다고, 삼겹살 좋아하는 사람들에게 일일이 찾아다니면서 "다른 부위 드세요" 라고 홍보하는 것도 한계가 있습니다. 그래서, 작년말 고심 끝에 나온 대안이 식육가공품 판매업입니다.

"식육가공품"이란 판매를 목적으로 하는 햄류, 소시지류, 베이컨류, 건조저장육류, 양념육류, 그 밖에 식육을 원료로 하여 가공한 것으로서 대통령령으로 정하는 것을 말하는데요, 종전 식육판매업에서 신선육 위주로 판매해오던 관행적인 식문화를 식육가공품 판매업으로 신선육 외에도 햄, 소시지, 돈가스, 떡갈비, 닭꼬치 및 양념육 등으로 다변화하겠다는 것이죠. 소비자가 즐겨 찾는 다양한 식육종류를 일상에서 쉽게 구할 수 있도록 하겠다는 것으로 이해됩니다.

식육가공품 판매업을 쉽게 접할 수는 없지만, 이미 우리 주변에 있습니다. 현행 법상 영업행위는 가능하지만 조금 많이 까다롭다보니 시장파급이 생각보다 많지 않은 상황입니다. 시장성이 없어서인지, 접근이 힘들어서인지, 우리 소비문화는 바뀌기 힘든 것인지에 따라 달라질 텐데, 우선 영업자의 시장접근을 보다 쉽게 하기 위해 범정부, 이해관계자가 합심하여 추진 중에 있는 사항을 알아보도록 하겠습니다.

2012년 11월 30일, 드디어 기다리고 기다리던 소식을 접하게 되었습니다. 농림수산식품부 공고 제2012-573호 및 -574호를 통해 축산물위생관리법 시행령 및 시행규칙 일부개정령안이 입법예고된 것입니다.

돼지고기 소매가격

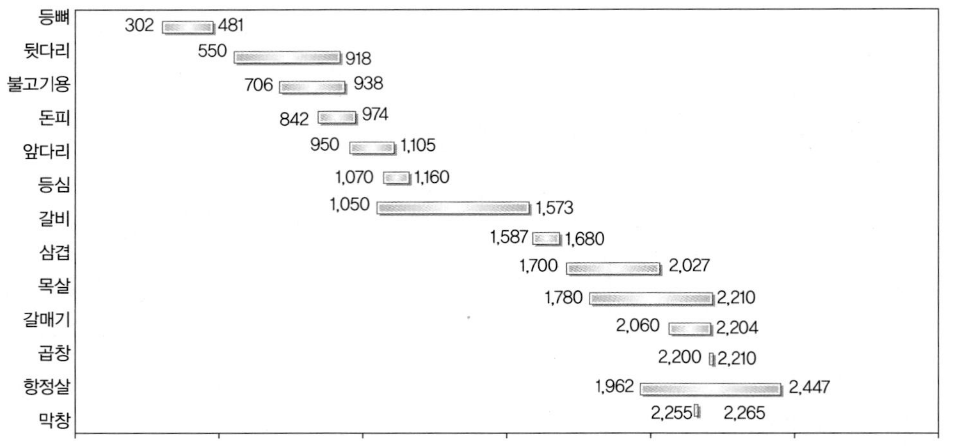

MB정부 말기, 담담하고 차분한 말기의 분위기 보다는 활력이 넘쳐흐릅니다. 2012년 11월 16일, 물가관계장관회의에서 논의되어 정부 부처 내부에서 최종 합의된 내용으로 모두가 바라는 일이 일어났지요. 다만, 현재도 진행중인 사항으로 너무 더디군요. 아직 발효가 되지 않았으니. 우리나라의 돼지고기 소비는 삼겹살, 목살 등 선호부위에 편중되어 있어 특정 선호부위는 수입까지 해야 소비요구에 부응할 수 있고, 등심, 안심, 뒷다리, 앞다리 등 저지방•고단백 부위는 소비되지 않고 남으니 재고로 쌓이는 등 심각한 수급불균형에 따라 상시 시장가격 변동폭이 커지고 불안해지면서 특정 선호부위에 대한 가격편중은 갈수록 심화되고 나아질 기미가 보이질 않습니다.

그래서 시작한 일로, 추진 중인 여러 대책들의 숨통을 확~ 터줄 대안이요, 돼지 1마리를 모두 소비하는 육류시장을 조성•촉진함으로써 좀더 나은 삶을 살아보자는 것이지요.

현재, 축산물 유통구조 개선대책, 돼지 가격안정대책, 육가공산업 발전대책, 한EU FTA 등 대응대책 등 많은 대책들이 수립되었으며 추진중에 있습니다. 골자는 결국, 먹거리(식품)의 약 50%를 차지하는 식육의 경쟁력을 높이는 일로 가능한 육류소비가 늘어나는 추세에 더해 육류자급력을 높이면서 불안정한 가격추이를 잡아보자는 것. 그래서, "돼지 1마리를 모두 소비하는 식문화"를 조성하자는 것. 어쩌면 직접적인 효과를 보기 위한 대안으로서 국토를 놓고 벌이는 최후의 만찬과 비슷하게 생각되어지는군요. 그만큼 의미가 크다는 말입니다.

돼지고기 1마리 중량가중치 환산평균가격, 부위별 전가비용 및 가격비중

구분	(단순)평균가격 (①:원/100g)	거래중량(%)	100%환산:②	환산 평균가격 (③:①×②/100)	1마리 전가비용 (③=④-①:원 /100g	1마리 가격비용 ⑥=③/④:%)
목살	1,995	6.2	9.5	189	757	15.3
삼겹	1,864	12.1	18.5	345	625	27.8
갈비	1,634	4.1	6.3	102	395	8.3
안심	1,312	1.4	2.1	28	73	2.3
등심	1,115	8.4	12.8	143	123	11.6
앞다리	1,028	12.9	19.7	203	211	16.4
뒷다리	734	20.3	31.0	228	504	18.4
계(평균)		65.4	100.0	④1,238		100.0

* 산지/도매가격은 축산유통종합정보센터, 소매가격은 에누리닷컴.2013. 7. 4일 기준

* 돼지 8개 부위 중 특수부위 제외

힘든 2등급, 등외등급 등 낮은 등급육과 1마리를 판매하고 남게 된 앞다리, 뒷다리, 등심, 안심 등 저지방•고단백육 부위를 모아 소비자 접점인 판매장(정육점)을 육류종합식품점 형태로 바꿔나가고, 그에 따른 연관 육류산업도 다변화시켜 상품을 다양화하고, 소비자 기대에 부응함으로써 육류산업 재도약을 모색해 보겠다는 것. 이때, 소규모 정육점이 활로모색 측면에서 고려할 일은 바로 5인 이상이 모여 협동조합을 구성, 지역경제에 도움을 주면서도 육류종합식품점으로서 제역할을 하기 위해 필연적인 수급과 가격을 소비시켜줄 시장을 확보하는 일로 보이는군요.

그럼으로써, 농부는 생산에 열중하고 소비는 유통인이 책임지는 경제부국이 될 수 있으리라 기

대됩니다. 우리 힘냅시다. 그리고 관심 갖고 참여하십시오.

이젠 "식육가공품 판매업"이 어떤 곳인지, 왜 하려고 하는지 알겠지요?

이제 우리 캠핑 갈 때, 국내산 고기로 만든 햄소시지를 챙겨보는 것은 어떨까요?

고기가 익는 내내 군침이 돕니다. (꿀꺽)

또 한가지 팁을 드리면,

정부(농식품부)에서는 축산물위생관리법 상 식육가공품 판매업의 제도적 뒷받침 외에도 육성책을 마련 중에 있다고 하니 축산물판매업 사장님들은 관심을 갖고 준비합시다.

지육 1마리를 신선육으로만 팔기에는 분명히 한계가 있습니다. 팔고 남아 재고로 쌓여가는 '다리살'을 보면서 한숨 짓지 말고, 소비자의 입맛이 당기도록 제품을 다각화합시다...^^

소비자 여러분, 국내산 고기로 만든 햄, 소시지 한 번 드셔보세요.

"너무 맛있어요"

식육부산물 시장을 살리는 길

2013.06.07 00:01 http://blog.daum.net/meatmarketing/907

미트저널에 게재

돼지의 하루 도축물량은 약 62천두, 소의 하루 도축물량은 약 3천두

2013.4월 기준으로 2012년 동월 대비 돼지 15.0%, 한우 13.0% 낮아진 값으로, 2011년 구제역으로 인해 돼지 1/3이 매몰된 후 절치부심한 끝에 회복되고 있습니다. 그렇지만,

육류의 공급량이 급격히 높아져 오히려 축산업 전반을 흔들고 있는 상황입니다.
많아진 공급량이 농가를 비롯 유통업계 전반을 강타하고 있습니다.

한우암소 도태사업, 돼지 모돈감축, 육계 종계감축 등 육류의 공급량을 조절하기 위해 정부 및 축산업계가 합심하여 근원적 처방을 강구 중에 있습니다. 그 처방으로 현재 처한 어려움을 극복하

고 가시적인 효과를 보기 위함입니다.

소비량을 늘려 공급량을 조절하는 선순환적인 수급조절은 사실상 오래 걸리고, 수입육과의 경쟁관계와 국내육의 한정된 자급상황에서 선방적인 관측과 수급조절을 통한 물가관리가 후속으로 추진 중에 있습니다. 농림축산식품부 이동필 장관이 취임사에서, "농식품의 소비 촉진과 공급 확대가 조화되어 농업인과 소비자의 이익이 균형을 이룰 수 있는 방향으로 농산물의 안정적 수급정책을 지속적으로 추진해 나가겠다"고 말한 것에서도 알 수 있는 대목입니다.

소·돼지 출하두수 및 도매가격 변화

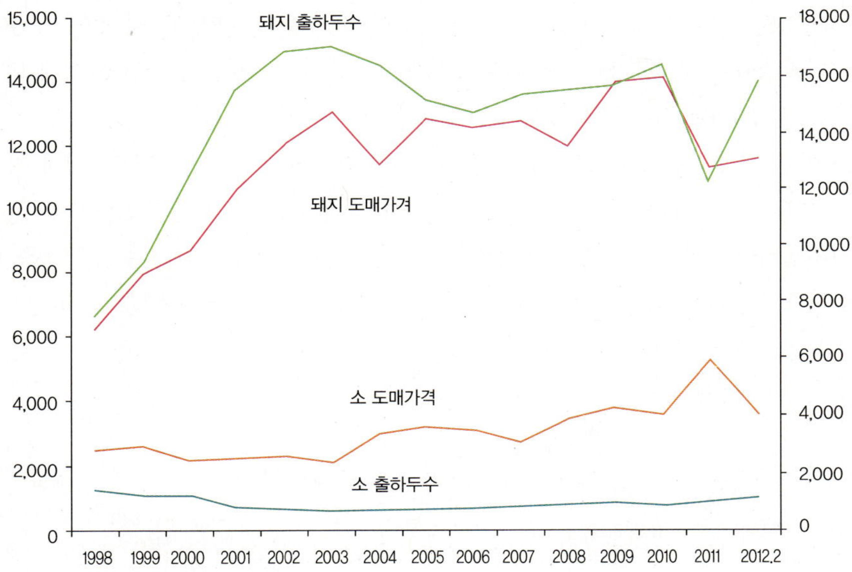

그렇다면, 식육과 땔래야 땔 수 없는 부산물 시장은 어떨까요?

소·돼지 출하물량의 급증은 결국 고기 외의 산물인 내장(간·심장·위장·비장·창자 등)과 머리·다리·꼬리·뼈·혈액 등 식용이 가능한 부분의 생산량도 늘렸을텐데,

한정된 부산물 소비시장에서 공급량이 급증하면 어떻게 될까요?

소비는 원활하지 않고 공급은 많아지는 상황, 그렇게 되면 모두 잘 알다시피 소비가 전부 되지 않으니 일부 물량은 냉동고로 직행하여 재고로 쌓이고 부담이 늘고 있는 상황이겠지요.

공급량이 많아져 소비를 촉진해도 부족한 이때, 일부 언론에서는 3,500원 짜리 돼지머리 1개를 7,000원에 팔고 있다며 떠들어 가뜩이나 어려운 상황에 소비침체까지 가져오게 되어 식육부산물유통업체의 줄도산으로 이어지고 있습니다.

높아진 공급량에 빨간불이 켜진 한우산업

2013.3월 현재 한우는 2013년도 총 판정두수 973천두가 예상되는 가운데, 출하 경락가격은 12,512원/kg을 보이고 있습니다. 이는 14년 전인 1998년도에 948천두로 고점을 찍었던 그 때의 상황을 떠올리게 합니다. 출하두수가 많아 공급량이 높아지면 자급상황도 좋고 국민에게도 좋은 것이 아니냐는 질문을 할 수도 있겠지만, 소비되지 못하는 상황에 공급이 급격히 늘면 가격은 주저앉고 수급이 불안해져 소비마저 주춤거리게 되는 원인이 됩니다. 2011.10월 구제역 발생에 따른 여파에 모두가 고심했던 이유가 거기에 있습니다.

1998년도 한우 출하두수는 총 948천두로 출하 경락가격은 약 7천원/kg 이었습니다. 당시 상황도 마찬가지 였습니다. 1980년대 후반부터 출하두수가 줄어들기 시작하여 1990년대 초에 약 300천두(출하가격 약 7천원/kg)로 저점을 찍은 후 다시 상승세로 전환되어 1998년 고점을 찍게 되었지요. 이렇게 출하두수는 10여년 간격으로 크게 순환됨을 보여주고 있습니다.

2013.3월 현재, 한우는 973천두로 예상되는 가운데 그나마 1998년 고점을 찍었던 당시 가격인 약 7천원/kg의 1.8배 정도 높아진 가격을 형성하고 있습니다만 어느 순간 주저앉을 수도 있는 긴장감이 엿도는 상황입니다. 그래서, 현재 한우 업계는 암소번식우 도태사업을 벌여 공급량을 즉각 줄이겠다며 직접적으로 손대고 있고, 여기의 성패는 15만호 한우농가의 참여에 달려있습니다.

한우 출하두수에 따른 도매가격 변화

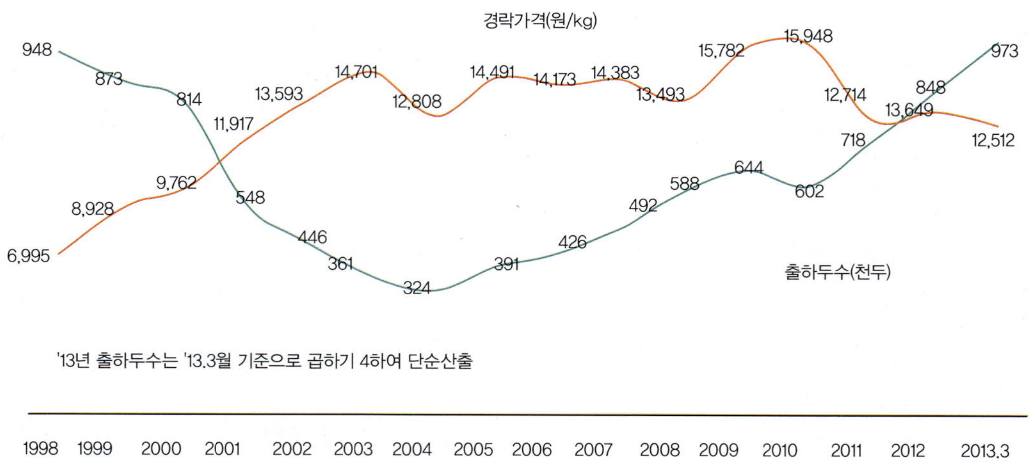

'13년 출하두수는 '13.3월 기준으로 곱하기 4하여 단순산출

높아진 공급량에 헉헉대는 부산물 유통시장

한우는 출하되어 상품화될 때 여러 가지로 변모합니다. 우선, 우리가 즐겨먹는 고기(정육)가 있

을테고 흔히 부산물이라고 부르는 머리, 내장, 가죽, 우족, 사골, 지방 등이 나옵니다. 버릴 것이 한 군데도 없지요.

앞서 살펴본 것처럼, 한우의 공급량이 늘어났을 때 모두 다 소비만 된다면야 더할나위 없이 좋겠지만 한우고기를 찾는 소비가 붐을 타고 일어나야 할 텐데 가계의 상황 또한 그렇게 낙관적이지만은 않지요. 오히려 웰빙 바람에 적색육이 직격탄을 맞으면서 소비가 주춤한 상황인 면도 있습니다.

한우고기의 공급량이 늘었습니다. 가격이 싸진 만큼 고기를 구워먹고 쪄먹고 탕으로 해서 먹습니다. 그런데, 늘어난 공급량 만큼 고기 소비는 어찌어찌 되고 있는 모양새인데, 늘어난 공급량 만큼 소비가 풀리질 않아 가격이 주저앉고 유통시장을 헉헉대게 만드는 주범이 있으니 바로 '부산물' 입니다.

한우 출하두수에 따른 사골 도매가격 변화

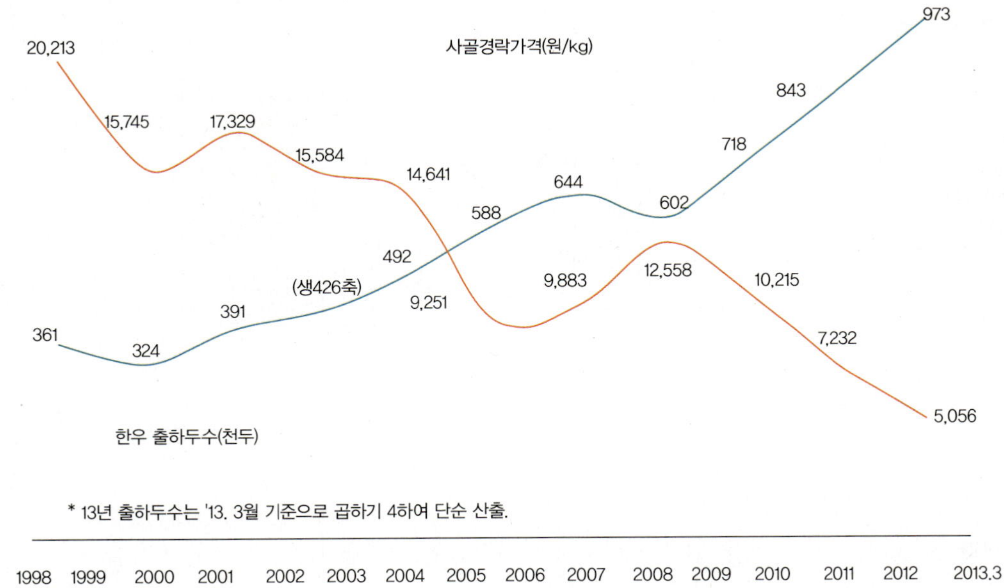

식육부산물의 일반특성

식육 부산물은 지방이 적을수록, 사육기간이 짧을수록 품질이 우수한 특성이 있어 육우, 한우거세, 한우암소 순으로 높은 가격을 형성하고 있습니다.

등급이 높을수록 식육의 선호도가 증가하는데 비해 부산물은 배합사료 위주의 사육에 따른 지방 증가로 인해 저등급 부산물을 오히려 선호한다고 합니다.

※ 도매시세(소내장) : 육우 110천원/두, 한우거세 80천원/두, 한우암소 70천원/두

※ 도매시세(돼지) : 머리 3,000원/두, 내장 2,500원/두, 족 4,500원/두

식육부산물의 유통경로

양축농가에서 소와 돼지를 출하하면, 약 43%의 생우와 약 10%의 돼지는 도매시장·공판장으로 향해 중도매인에 의해 시장으로 퍼져나가고, 나머지 약 57%의 생우와 약 90%의 돼지는 양축농가로부터 구입한 유통주체(식육포장처리업체, 식육판매업체, 조합 등)에 의해 도축장을 통해 도축제경비를 부담하여 임도축한 후 본인이 받아 유통시키게 됩니다.

이때, 도축과정에서 나온 부산물은 도축장 경영자 또는 중도매인에게 넘겨져 도축을 의뢰한 신청인이 부담할 도축제경비를 부산물가격으로 정산하여 도축장에서 유통되는 형태를 보입니다.

도축장에서 부산물을 매입하는 도매주체의 약 70%가 마장축산물시장을 비롯한 축산물전통시장에서 담당하고 있다고 하는군요. 이렇게 매입된 부산물은 일반음식점, 2차가공·수출·기타, 대형마트·정육점 등으로 유통이 되어 소비자와 만나게 됩니다.

식육부산물 유통경로

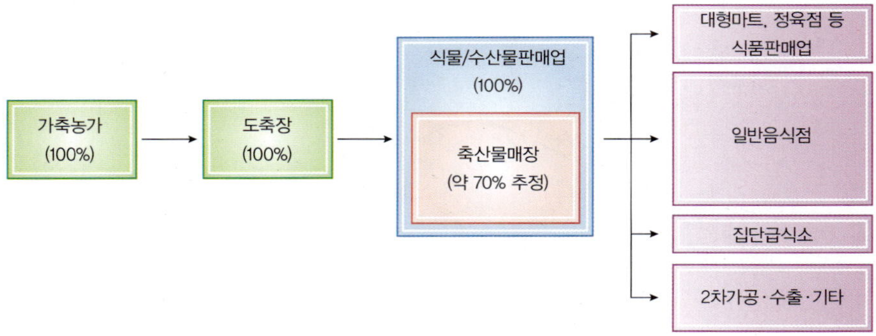

식육부산물의 거래관행 짚어보기

1900년대초 부산물 거래를 원활히 하고자 한시적으로 "1지육 1부산물 거래(지육을 가져가는 업자가 부산물도 무조건 매입해야 하는 형태)"를 운용한 바 있지만, 이 또한 당시의 문건에서 보면 이미 사라져야 할 구시대적 산물임을 알 수 있습니다.

1991.6월 당시 공정거래위원회는 지육에 부산물을 끼워파는 행위는 '불공정거래행위의 유형 및 기준' 제5조(거래강제) 제1호에 저촉된다고 확실히 밝히고 있습니다.

'1지육 1부산물 거래'는 위법이라고 밝힌 공정거래위원회 문건

공 정 거 래 위 원 회

특수 10650-625 (503-9511) 1991. 6. 13.
수신 사단법인 한국축산부산물업중앙회 회 장 박 용 식
(서울시 강남구 대치동 1022-2)
제목 질의회신

1. 귀회가 축부 91-40 ('91.5.28)으로 당위원회에 질의해온 내용과 관련입니다.

2. 일반적으로 시장에서 축산부산물은 축산물과 별개의 상품으로 각각 유통되고 있고, 또한 귀회가 첨부해온 "서울특별시 축산부 도매시장 업무규정" 제6조 제3항에도 지육경락자에게 부산물 구입여부에 대한 선택의 자유를 부여하고 있는점등을 감안하면 귀회가 질의서에서 제시한 바와같이 축산물도매시장이 지육경락자에게 경락된 지육에 해당하는 부산물까지 무조건 함께 구입하도록 하는 행위는, 그행위자체 만으로 판단하면, 소위 "끼워팔기" 라고 하는 판매행위에 해당될 소지가 있습니다.

3. 당위원회는 독점규제 및 공정거래에 관한 법률 (통칭 "공정거래법") 제23조 제1항에 의해 고시된 『불공정거래행위의 유형 및 기준』 제5조(거래강제) 제1호에서 "거래상대방에 대하여 자기의 상품 또는 용역을 공급하면서 정상적인 거래관행에 비추어 부당하게 다른 상품 또는 용역을 자기 또는 자[illegible] 사업자로부터 구입하도록 하는 행위"를 "끼워팔기"로 규정하고 [illegible] 강제하는 행위"의 한 유형으로 규제하고 있음을 알려드리니 그[illegible].

접수번호 제 27 호
접수일시 91년 6월 15일 14시 00분

공 정 거 래 위 [illegible]

*자료 : 한국부산물업중앙회

또한, 식육부산물 유통과정에서 벌어지는 세척비 명목의 부당이익에 대해서는 다음에서 보듯이 정부의 개선의지를 알 수 있습니다만 현재 제대로 운용되는지는 글쎄요. 1993년 행정쇄신위원회는 특정업체가 챙기는 세척비 등 부당한 유통마진이 발생되지 않도록 범정부 차원에서 조치를 취했습니다.

세척비 등 부당이익 철폐의지를 보여준 1993년 행정쇄신위원회 문건

□ 刷新方案

○ [illegible] 유통상의 문제점이 해소될 수 있도록 도매시장(지정도매인)이 직접 부산물판매업자에게 공급하는 방안으로 개선

※ [illegible]시장에서 일체의 유통비용(세척비등)이 발생치 않도록 조치

□ 必要措置事項 및 推進日程

○ 농림수산부, 서울시 및 3개 도매시장이 구체적 시행방침 및 일정을 협의하여 추진

*자료 : 한국부산물업중앙회

가령, 돼지머리 도매가격이 약 3,500원/개으로 거래될 때 마장축산물시장 부산물업체가 가져와서 팔게 될 때의 원가가 약 7,500원/개에 달한다고 하니 운송비 얼마를 제하더라도 다소 과해보

이는군요. 그 거래과정을 살펴볼 필요가 있어 보입니다.

식육부산물의 거래형태

식육 부산물은 도축장이 출하농가 및 도축신청인에게 매입하여 그 가격을 정산해주고, 도축장에서 직접 운영하거나 중도매인을 통해 식육부산물전문판매업자와 6개월 단위 계약을 통해 유통되고 있다는 군요. 두·내장은 부산물판매업자를 통해서, 가죽·지방은 가공업자를 통해 유통되고 있습니다.

식육부산물의 도매가격은 음성공판장의 부산물 거래가격을 기준으로 전국 시세가 형성되고 있습니다.

음성공판장 부산물 거래형태를 보면, 식육부산물전문판매업자와 공판장이 계약을 통해 거래가 이뤄지는데 쇠고기 부산물의 경우 부산물업자 116명이 도축순서에 따라 414회를 반복·순환하면서 복불복으로 매입하는 형태로 운영되고 있답니다.

돼지고기 부산물의 경우 일일 계약물량비율(1~10%) 만큼 매입하는 형태로 운영된다고 하는데, 최근 80여명에 달했던 부산물판매업자가 20여명으로 줄었다고 하니 그 어려운 상황을 가늠할 수 있습니다.

돼지 부산물 유통현황

값싼 수입부산물이 증가하고 국내 부산물 공급량이 급증함에 따라 제때 판매되지 않아 부산물판매업자의 재고부담 늘어 날로 어려운 상황입니다.

어떤 상황인지 돼지 부산물판매업자를 만나 보았습니다.

두·내장의 경우 5,500원/두에 구입하여 운송비 및 부산물작업비 3,300을 들여 9,800원에 팔고 있었습니다. 이윤이 1,000원 안팎이었습니다. 점포유지비, 인건비, 재고부담비용 등 간접비를 포함하지 않은 가격으로 잘 하는 판매업체와 그렇지 못한 업체의 희비가 극명한 상황입니다.

돼지 부산물 유통비용(1두 기준)

구분	구입비용	유통비용	판매비용	이윤
두 · 내장	5,500원	○ 직접비 : 3,300원 – 운송비 2,000원/두 – 부산물처리비 1,300원/두	9,800원	1,000원
족	4,500원	○ 직접비 : 3,300원 – 운송비 2,000원/두 – 부산물처리비 1,300원/두	5,000~7,000원	500~1,000원

*2013.3월 현재. 재고량 없이 전 부위를 판매했을 때 기준. 간접비 미포함(마장동 돈부산물상인회)

구입가격		판매가격		비고
내장	2,500원	곱창(대장)	1,000원	2근
		소장	1,000원	2근
		오소리	700원	1개
		소장	700원	1개
		간 · 허파	400원	
		(소계)	3,800원	
머리(고기)	3,000원		6,000원	
가죽	4,000원		–	
족	4,500원		5,000~7,000원	

*자료 : 마장동 돈부산물상인회

소 부산물 유통현황

2013.3월 현재, 수요 대비 공급량이 증가하여 소매가격은 낮아지는데 비해 도매가격은 2011년 대비 80% 정도 상승한 값이라고 합니다. 그래서, 한우거세 부산물의 손해를 한우암소 부산물에서 충당하는 상황이라고 하네요.

최근 "기름대창(대창 속에 지방을 넣어 중량을 2배로 늘려 판매)"으로 보도되어 다른 부산물까지도 판매가 부진한 상황입니다.

폐기되는 부산물(간·지라 약 40%, 양 20%)도 높은 수준이고, 지방의 판매가격도 300원/kg(돈지방 100원/kg)으로 종전에 비해 2~3배 하락했다고 합니다.

소 부산물 유통비용(1두 기준)

<table>
<tr><th>구분</th><th>구입비용</th><th>유통비용</th><th>판매비용</th><th>이윤</th></tr>
<tr><td>한우거세</td><td>80천원</td><td rowspan="2">ㅇ 직접비 : 12,300원
– 운송비 11,000원/두
– 부산물작업비 1300원/두
* 내장용기 130천원/년 별도</td><td rowspan="2">75천원~
125천원</td><td>–17천원~33천원</td></tr>
<tr><td>한우암</td><td>60천원</td><td>3~53천원</td></tr>
</table>

*2013.3월 현재, 내장 판매업자 기준, 간접비 미포함(마장동 소부산물상인회)
*전 부위를 판매했을 때 기준(구이용과 전골용 판매에 따라, 간·지라 등 폐기에 따라 편차)
*내장은 신선한 상태로 신속하게 처리되어야 하므로 운송비가 높은 경향(1일 5회 운행)

구입가격		판매가격		비고
내장	60~80천원	곱창(소장)	12~56천원	4근(전골곱창), 8근(구이곱창)
		대창(대장)	6~12천원	4근(기름대창), 2근(일반대창)
		양(제1위; 반추위)	6천원	깐양으로 판매시 6천원 탈피비 발생
		양(제2위; 벌집위)	6천원	2근
		천엽(제3위)	9천원	3근
		홍창(제4위)	6천원	2근
		간	10천원	
		허파	2천원	
		지라	2천원	
		막내장(직장)	10천원	4근
		(소계)	75~125천원	
머리(고기)	37천원			탈피비 8천원, 운송비 4천원
가죽	40~55천원			
족	60천원			
지방	300원			최근 2배 정도 가격 하락
계	200~240천원			

*전 부위를 판매했을 때 기준(구이용과 전골용 판매에 따라, 간·지라 등 폐기에 따라 편차)

*자료 : 마장동 소부산물상인회

자, 여러분 이런 상황을 극복하려면 어떻게 해야 할까요?

딱 하나만 기억합시다.

식육 부산물, 우리 것이 최고여!

아무것도 모르고 구워먹는 곱창, 막창, 오소리, 양, 천엽 등에 식육부산물유통업자의 존폐가 달려있습니다.

여러분, 내가 먹는 곱창 한 점 한 점이 부산물판매업체의 희비를 가져온다는 사실을 상기해 주시고, 다른 나라에서 남아 파는 수입산 부산물보다는 국내산 부산물을 찾아 드시오.

사골국물 맛은 직접 끓여낸 한우가 최고여~ !

우두, 우족, 우피, 우내장 등 많은 부산물이 쌓여 냉동고를 꽉 채우고 있습니다. 먹어 소비해야 하는 부산물이 오히려 돈을 잡아먹고 있는 형국입니다. 알뜰살뜰한 우리, 버릴 수도 없고 팔리지도 않으니 냉가슴만 앓습니다.

이렇게 어려울 때에는 원산지를 꼭 좀 보시고, 사골농축액 보다는 부모님께 직접 끓여드리면 어떨까요? 온 국민, 집집마다 사골 끓이는 연기가 모락모락

사골농축액 90%(사골 : 뉴질랜드산, 가용성고형분)

우정육 10%(호주산), 사골농축액 3.50%[사골농축액(사골, 호주산) 88%, 정제염, 고형분함량 52%]

여러분, 한우 사골로 푹 과서 드셔보세요. 국물 맛이 아주 끝내줘요~

그리고, 사골 가격도 많이 싸졌다고 하네요. 10여 만원 하던 사골 세트가 4~5만원에 구입할 수 있다고 하니 여러분, 지금 바로 전화하세요. 마장축산물시장으로.

숨통을 뻥~ 하고 티워줍시다!

정부를 비롯 한우협회, 축산물 전통시장, 축산물품질평가원 등이 모여 "부산물 소비촉진" 캠페인을 벌이길 바라면서, 헉헉 대며 나자빠지려는 유통을 살리면 생산도 웃고 소비도 웃는 행복한 국가가 만들어 집니다.